21 世纪全国高职高专电子信息系列技能型规划教材

电子电路工程训练与设计仿真

孙晓艳　主　编

华旭奋　周　洁　副主编

北京大学出版社
PEKING UNIVERSITY PRESS

内 容 简 介

本书与高职高专电子工艺实习和电子技术课程设计等实践课程相配套,结合电子技术技能训练、课程设计、EDA 技术,以操作工艺为主线,突出对学生进行规范化的工程技能训练。

本书包括 6 个项目:电子工艺基础知识,常用电子仪器仪表的使用,电子产品制作、调试与检验工艺,电子电路仿真,电子电路设计与实践基础,电子电路设计实例,共 18 个技能训练任务。本书在内容上注重广泛性、科学性和实用性,注重培养学生分析和解决实际问题的能力、工程实践能力和创新意识。

本书可作为高职高专院校电气、电子信息、计算机、机电一体化等专业的实验教材,也可作为课程设计、电子设计竞赛和开放性实验的实践教材,同时可供从事电子工程设计和研制工作的技术人员参考。

图书在版编目(CIP)数据

电子电路工程训练与设计仿真/孙晓艳主编 . —北京:北京大学出版社,2014.3

(21 世纪全国高职高专电子信息系列技能型规划教材)

ISBN 978-7-301-23895-0

Ⅰ.①电⋯ Ⅱ.①孙⋯ Ⅲ.①电子电路—电路设计—高等职业教育—教材②电子电路—计算机仿真—高等职业教育—教材 Ⅳ.①TN702

中国版本图书馆 CIP 数据核字(2014)第 020580 号

书　　　　名:	电子电路工程训练与设计仿真
著作责任者:	孙晓艳　主编
策 划 编 辑:	邢　琛
责 任 编 辑:	李娉婷
标 准 书 号:	ISBN 978-7-301-23895-0/TN・0109
出 版 发 行:	北京大学出版社
地　　　　址:	北京市海淀区成府路 205 号　100871
网　　　　址:	http://www. pup. cn　新浪官方微博:@北京大学出版社
电 子 信 箱:	pup_6@163. com
电　　　　话:	邮购部 62752015　发行部 62750672　编辑部 62750667　出版部 62754962
印 刷 者:	北京富生印刷厂
经 销 者:	新华书店
	787 毫米×1092 毫米　16 开本　19.25 印张　450 千字
	2014 年 3 月第 1 版　2017 年 7 月第 2 次印刷
定　　　　价:	39.00 元

前 言

　　电子技术是高等院校电类专业教学中的一门重要的、实践性很强的专业基础课，本书是为该课程的实践课编写的教材，旨在通过实践环节的锻炼，使学生巩固所学理论知识，提高实际动手能力、工程设计能力及应用创新能力。本书根据电子技术的发展及电子实训课程的改革要求，结合当前基础电子领域中的一些新技术和新方法编写而成，加强了EDA技术的应用。考虑到高等职业教育技能训练的特点，本书内容尽量与国家职业技能鉴定规范相结合，充分体现高职高专人才培养的特点，力求融传授知识、发展能力、提高素质为一体，以操作工艺为主线，对学生进行规范化的工程技能训练，以提高学生的综合素质，多角度、全方位地体现高职教育的教学特色。

　　本书在编写内容选用上遵循"突出应用性、强调技能培训、体现先进性"的原则，把握实用性、新颖性和可操作性的原则，注重提高学生的实际动手能力、综合应用能力和岗位适应能力，并培养学生的生产实践能力，因此采用了"项目驱动、任务引领"的形式，通过对典型项目的学习和实践制作，引导学生在"做中学"，在"教、学、做"一体化的训练中了解电子工艺基础知识、电子技术课程设计的方法，掌握常用电子仪器仪表的使用以及电子产品制作、调试与检验工艺，学会使用电子电路仿真软件 Multisim 11.0 和 PROTEUS 7.8，提高电子电路故障分析与处理能力。

　　本书内容可按照32～48学时安排。推荐学时分配：项目1为4～6学时，项目2为8～10学时，项目3为4～6学时，项目4为4～8学时，项目5为2～4学时，项目6为10～14学时。教师可根据不同的使用专业灵活安排学时，课堂重点以具体任务导入，进行任务分析，并在任务相关知识点中介绍任务原理、任务操作技能、计算机仿真和测试方法等，通过任务的实施步骤将实践技能的训练与理论知识相融合，对学生的实践技能进行多层次的培养，充分提高学生系统开发的综合实践能力，使学生掌握电子电路分析、仿真、制作与调试等关键技术，能够对电子产品从设计、制作到安装、调试的全过程有完整而系统的认识，进而为以后从事电类专业工作奠定良好基础。在设计性任务中，给出具体技术要求和部分参考电路，以促使学生自主钻研，自行完成电路的设计、安装和调试的全过程。本书每个任务后附有任务小结和习题，与知识内容紧密配合，深度适当，可安排学生课后阅读和练习，以检验自己对任务相关知识的掌握程度。

　　本书由无锡职业技术学院孙晓艳担任主编，华旭奋、周洁担任副主编，戴新敏担任主审。作为无锡职业技术学院电子技术基础精品课程建设项目之一，本书的编写工作得到了学院领导的大力支持，在此表示衷心的感谢！同时感谢自动化21291班孙铎、李凯同学及控制学院的部分同学在本书编写过程中参与了部分典型案例仿真与制作工作，提供了宝贵的第一手材料。在编写本书的过程中，我们参考了许多资料，在此也向这些资料的作者致谢！

本书可作为高职高专院校电气、电子信息、计算机、机电一体化等专业的实验教材，也可作为课程设计、电子设计竞赛和开放性实验的实践教材，同时可供从事电子工程设计和研制工作的技术人员参考。

　　限于编者的水平和经验，加上时间仓促，书中难免有疏漏和不妥之处，敬请各位专家和读者提出宝贵意见。

编　者

2013 年 12 月

重 要 说 明

  由于 Multisim 软件提供了两种符号标准，即 DIN 标准和 ANSI 标准，两种元器件的图形符号有所不同，本书在构建仿真电路时使用 ANSI 标准，如读者想要切换到 DIN 标准，可以执行菜单命令 Options→Global Preferences，在弹出的对话框中单击"Parts"标签，然后在 Symbol Standard 下方将 ANSI 改选为 DIN 即可。

  由于 Multisim 软件的限制，Multisim 软件中的国际通用符号可能与国家标准GB/T 4728《电气简图用图形符号》所规定的图形符号略有差异，读者可参考相关资料。

目录

CONTENTS

项目 1　电子工艺基础知识 ……………………………………………………… 1

　　任务 1　常用元器件的识别与检测 ………………………………………… 1

　　任务 2　电子产品装配工艺 ………………………………………………… 51

　　任务 3　装配前的准备工艺 ………………………………………………… 69

项目 2　常用电子仪器仪表的使用 …………………………………………… 82

　　任务 4　万用表 ……………………………………………………………… 82

　　任务 5　交流毫伏表 ………………………………………………………… 89

　　任务 6　示波器 ……………………………………………………………… 91

　　任务 7　函数信号发生器 …………………………………………………… 101

　　任务 8　直流稳压电源 ……………………………………………………… 104

项目 3　电子产品制作、调试与检验工艺 …………………………………… 108

　　任务 9　收音机的安装与调试 ……………………………………………… 108

项目 4　电子电路仿真 ………………………………………………………… 121

　　任务 10　NI Multisim 11.0 仿真 …………………………………………… 121

　　任务 11　PROTEUS 7.8 仿真 ……………………………………………… 153

项目 5　电子电路设计与实践基础 …………………………………………… 174

　　任务 12　电子电路设计基础 ………………………………………………… 174

项目 6　电子电路设计实例 …………………………………………………… 192

　　任务 13　八路数字显示优先报警电路的设计 …………………………… 192

　　任务 14　拔河游戏机电路的设计 ………………………………………… 209

　　任务 15　篮球 24s 倒计时器 ……………………………………………… 221

　　任务 16　晶体管交流小信号放大器 ……………………………………… 236

　　任务 17　波形发生电路 …………………………………………………… 253

　　任务 18　直流稳压电源 …………………………………………………… 270

附录 1　Multisim 快捷键 ……………………………………………………… 285

附录 2　Multisim、PROTEUS 元器件中英文对照 ………………………… 287

附录 3　Multisim 菜单栏 ……………………………………………………… 293

参考文献 ………………………………………………………………………… 298

项目 1

电子工艺基础知识

教学目标

本情境是学习电子工艺的重要环节，通过对电子线路板的分析，掌握电路板上常用电子元器件的性能、识读方法和型号的含义，结合实际了解电子元器件的选用和检测方法；通过对电子产品的装配工艺方面理论知识的学习，过渡到电子产品装配的操作技能，为后面制作实际电路板打下基础。

教学要求

1. 会辨识常用电子元器件。
2. 会选用常用电子元器件。
3. 会检测常用电子元器件。

项目导读

电子工艺是指根据电子学原理，运用各种机械、电子设备与工具，利用电子元器件设计和制造具有某种特定功能的电路或系统的方法和过程。

通过学习常用电子元器件的识别与检测、电子产品装配工艺和装配前的准备工作这三方面电子产品制造工艺的基础知识，不仅培养学生掌握电子产品生产操作的基本技能，充分理解工艺工作在产品制造过程中的重要地位，还能够使学生从更高的层面了解现代化电子产品生产的全过程，了解目前我国电子产品生产中最先进的技术和设备。

任务 1 常用元器件的识别与检测

1.1 任务导入

在我们的生活中，电子产品已经无处不在。电子产品的核心就是电子电路，而组成电子电路的关键就是成千上万的电子元器件。电子元器件的性能直接关系到电子产品的使用质量。例如，手机主板中一个小小的贴片电阻如果发生故障，那么有可能整个手机无法正常使用。

如图 1.1 所示为一块电子电路板，我们如何知道电路板中有哪些元器件？它们的型号参数是什么？如何检测这些元器件的质量好坏？通过任务 1 的学习我们就会找到答案。

图 1.1　电子电路板

1.2　任务分析

　　电阻器简称电阻，是电子电路中常用的元件之一，在电路中用于降压、分流、分压、滤波(与电容器组合)、耦合、阻抗匹配、负载等。国际单位为欧姆，简称欧(Ω)，在实际的电路中，常用的单位还有千欧(kΩ)和兆欧(MΩ)。三者的换算关系为

$$1\text{k}\Omega = 1000\Omega, \quad 1\text{M}\Omega = 1000\text{k}\Omega$$

　　电位器是由一个电阻体和一个转动或滑动系统组成的。在家用电器和其他电子设备电路中，电位器用来分压、分流和作为变阻器。在晶体管收音机、CD唱机、电视机等电子设备中，电位器用于调节音量、音调、亮度、对比度、色饱和度等。它作为分压器时，是一个三端电子器件；它作为变阻器时，是一个两端电子器件。

　　电容器具有充放电能力，在无线电工程中占有非常重要的地位。在电路中它可用于调谐、隔直流、滤波、交流旁路等。电容的国际单位为法拉，简称法(F)。常用的单位有微法(μF)和皮法(pF)等。电容之间的换算关系为

$$1\text{F} = 1000\text{mF}, \quad 1\text{mF} = 1000\mu\text{F}, \quad 1\mu\text{F} = 1000\text{nF}, \quad 1\text{nF} = 1000\text{pF}$$

　　电感是闭合回路的一种属性。当线圈通过电流后，在线圈中形成感应磁场，感应磁场又会产生感应电流来抵制通过线圈中的电流。这种电流与线圈的相互作用关系称为电的感抗，也就是电感。电感器是将电能转换为磁能并储存起来的器件，在电子系统和电子设备中必不可少。其基本特性如下：通低频、阻高频、通直流、阻交流。电感器在电路中主要用于耦合、滤波、缓冲、反馈、阻抗匹配、振荡、定时、移相等。电感量的基本单位是亨利(H)，简称亨，常用单位有毫亨(mH)、微亨(μH)和纳亨(nH)。它们之间的换算关系为

$$1\text{H} = 10^3\text{mH} = 10^6\mu\text{H} = 10^9\text{nH}$$

　　变压器是利用电磁感应的原理来改变交流电压、交变电流和阻抗的器件，主要构件是一次线圈、二次线圈和铁心(磁心)。当一级线圈中通有交流电流时，铁心(或磁心)中便产生交流磁通，使二次线圈中感应出电压(或电流)。变压器主要用于电压变换、电流变换、阻抗变换、隔离、稳压(磁饱和变压器)等。

二极管是由半导体材料制造的 PN 结构成的。因此称为半导体二极管。因其化学结构为晶状体，又称为晶体二极管，其核心是一个 PN 结，基本特性是单向导电性。

晶体管可以分类两类：一类是双极型晶体管，另一类是场效应晶体管。双极型晶体管又称半导体晶体管，内部由两个 PN 结组成，有 NPN 和 PNP 两种结构，外部通常为三个引出电极。场效应晶体管又称单极型晶体管。

集成电路的引脚比较多（远多于三根引脚），引脚均布。集成电路一般为长方形的，功率大的集成电路带金属散热片，小信号集成电路没有散热片。集成电路通常用 IC 表示。在国产机器电路图中，还有用 JC 表示的。最新的规定分为几种：用 A 表示集成电路放大器，用 D 表示集成数字电路等。

显示器件主要介绍一位、二位和四位 LED 数码管，LED 点阵，液晶显示器模块；电声器件可以分为两大类：一类是将电能转换为声音的换能器件，如扬声器、蜂鸣器等；另一类是将声音信号转换为电信号的换能器件，如麦克风、电话机的话筒等。继电器主要介绍直流电磁继电器。

1.3 任务知识点

1.3.1 电阻

1. 认识电阻

1）普通电阻

电阻的电气图形符号如图 1.2 所示。

（1）碳膜电阻。

$$\overset{R}{-\boxed{}-}$$

图 1.2 电阻的电气符号

碳膜电阻常用符号 RT 作为标志，R 为代表电阻，T 代表材料是碳膜，碳膜电阻成本较低，电性能和稳定性较差，一般不适于作为通用电阻。但由于它容易制成高阻值的膜，所以主要用作高阻高压电阻。其用途同高压电阻。碳膜电阻一般为四环电阻，底色为土黄色或绿色。如图 1.3 所示为碳膜电阻实物图。

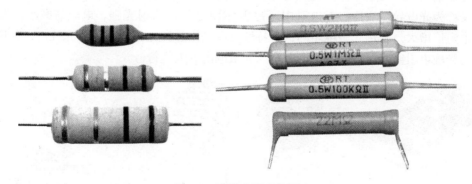

图 1.3 碳膜电阻实物图

（2）金属膜电阻。

金属膜电阻在电路中常用符号 RJ 作为标志，R 代表电阻，J 代表材料是金属膜。金属膜和金属氧化膜电阻的用途和碳膜电阻一样，具有噪声低、耐高温、体积小、稳定性和精密度高等特点。金属膜电阻通常为五环电阻，金属膜电阻底色为蓝色或者红色。如图 1.4 所示为金属膜电阻实物图。

（3）绕线电阻。

绕线电阻有固定和可调式两种。特点是稳定、耐热性能好，噪声小，误差范围小。一般在功率和电流较大的低频交流和直流电路中做降压、分压、负载等用途。其额定功率大都在 1W 以上。如图 1.5 所示为绕线电阻，其标称值为 50Ω，额定功率为 50W。

图 1.4　金属膜电阻实物图

图 1.5　绕线电阻

（4）贴片电阻。

贴片电阻(SMD Resistor)是金属玻璃釉电阻中的一种，是将金属粉和玻璃釉粉混合，采用丝网印刷法印在基板上制成的电阻，具有耐潮湿、耐高温、温度系数小等特点。

其标称阻值直接标注在电阻的表面，如 102 是 5% 精度阻值表示法：前两位表示有效数字，第三位表示有多少个零，基本单位是 Ω，102＝1000Ω＝1kΩ。1002 是 1% 阻值表示法：前三位表示有效数字，第四位表示有多少个零，基本单位是 Ω，1002＝10000Ω＝10kΩ。图 1.6 所示为贴片电阻。

2）特殊电阻

（1）光敏电阻。

光敏电阻是利用半导体的光电导效应制成的一种电阻值随入射光的强弱而改变的电阻，又称为光电导探测器。在电路中通常用"RL"表示。入射光强，电阻值减小；入射光弱，电阻值增大。利用光敏电阻的这个特性可以制作各种光控电路或者光控灯。如图 1.7 所示为光敏电阻实物图，如图 1.8 所示为光敏电阻的电气符号。

图 1.6　贴片电阻

图 1.7　光敏电阻实物图

图 1.8　光敏电阻的电气符号

（2）热敏电阻。

热敏电阻是敏感元器件的一类，在电路中通常用"RT"表示。按照温度系数不同分为正温度系数热敏电阻（PTC）和负温度系数热敏电阻（NTC）。热敏电阻的典型特点是对温度敏感，不同的温度下表现出不同的电阻值。正温度系数热敏电阻在温度越高时电阻值越大，负温度系数热敏电阻在温度越高时电阻值越小，它们同属于半导体器件，常用于各种简单的温度控制电路中。如图1.9所示为热敏电阻实物图，如图1.10所示为热敏电阻的电气符号。

图 1.9　热敏电阻实物图　　　　　　　图 1.10　热敏电阻的电气符号

（3）压敏电阻。

压敏电阻是一种限压型保护元器件。在电路中常用字母"RV"表示。压敏电阻的最大特点是当加在它上面的电压低于它的阈值 U_N 时，流过它的电流极小，相当于一只关死的阀门，当电压超过 U_N 时，它的阻值变小，这样就使得流过它的电流激增而对其他电路的影响变化不大从而减小过电压对后续敏感电路的影响。利用这一功能，可以抑制电路中经常出现的异常过电压，保护电路免受过电压的损害。如图1.11所示为压敏电阻实物图，如图1.12所示为压敏电阻的电气符号。

（4）水泥电阻。

水泥电阻是用水泥（其实不是水泥，而是耐火泥，这是俗称）灌封的电阻。水泥电阻有普通水泥电阻和水泥线绕电阻两类。水泥电阻通常用于功率大、电流大的场合，有2W、3W、5W、10W甚至更大的功率，像空调器、电视机等功率在百瓦级以上的电器中，基本上都会用到水泥电阻。水泥电阻缺点在于体积大，使用时发热量高，不容易散发，精密度往往不能满足使用要求，稳定性差等。如图1.13所示水泥电阻标称阻值为 22Ω，额定功率为5W。

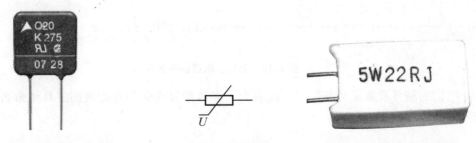

图 1.11　压敏电阻实物图　　　图 1.12　压敏电阻的电气符号　　　图 1.13　水泥电阻实物图

（5）排阻。

排阻就是若干个参数完全相同的电阻，它们的一个引脚都连到一起，作为公共引脚，其余引脚正常引出。所以如果一个排阻是由 n 个电阻构成的，那么它就有 $n+1$ 只引脚，一般来说，最左边的那个是公共引脚。它在排阻上一般用一个色点标出来。在图 1.14 中，排阻型号为"A104J"，其中"A"表示排阻，标称值与误差等级的表示方法与普通电阻相同，104 即 $10 \times 10^4 \Omega = 100k\Omega$，表示排阻中每只电阻的阻值为 $100k\Omega$，J 表示误差等级为 $\pm 5\%$，此排阻共有 9 个引脚，其中 1 脚为公共引脚，用色点表示。如图 1.15 所示为排阻的电气符号。

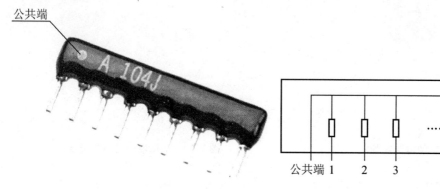

图 1.14　排阻实物图　　　　　　　　图 1.15　排阻的电气符号

2. 读取电阻的相关参数

1）电阻的型号命名

根据我国有关标准的规定，电阻、电位器的命名由四部分组成，如图 1.16 所示。

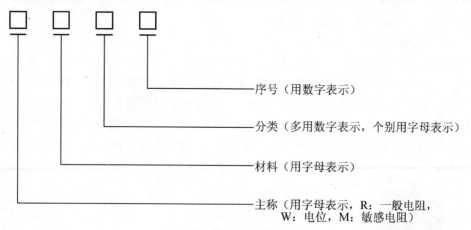

序号（用数字表示）

分类（多用数字表示，个别用字母表示）

材料（用字母表示）

主称（用字母表示，R：一般电阻，
　　　W：电位，M：敏感电阻）

图 1.16　电阻、电位器的命名

它们的型号及意义见表 1-1。此表为大多数型号命名的基础规则。具体命名可以参考不同品牌规格书。

表1-1 电阻的型号命名法

第一部分：主称		第二部分：电阻体材料		第三部分：类别或额定功率				第四部分：序号
字母	含义	字母	含义	数字或字母	含义	数字	额定功率	
R	电阻	C	沉积膜或高频瓷	1	普通	0.125	1/8W	用个位数或无数字表示
				2	普通或阻燃			
		F	复合膜	3或C	超高频	0.25	1/4W	
		H	合成碳膜	4	高阻			
		I	玻璃釉膜	5	高温	0.5	1/2W	
		J	金属膜	7或J	精密			
		N	无机实心	8	高压	1	1W	
		S	有机实心	T	特殊（如熔断型等）			
		T	碳膜	G	高功率	2	2W	
		U	硅碳膜	L	测量			
		X	线绕	T	可调	3	3W	
		Y	氧化膜	X	小型			
				C	防潮	5	5W	
		O	玻璃膜	Y	被釉			
				B	不燃性	10	10W	

示例：RJ71-0.125-5.1kI 型的命名含义：R 电阻-J 金属膜-7 精密-1 序号-0.125 额定功率-5.1k 标称阻值-I 误差 5%。

2）电阻的阻值和误差的表示方法

（1）直标法。

直标法是将电阻的类别及主要技术参数直接标注在它的表面上，如图 1.17(a)所示。有的国家或厂家用一些文字符号标明单位，如 3.3kΩ 标为 3k3，这样可以避免因小数点面积小，不易看清的缺点。

（2）色标法。

在圆柱形元器件(主要是电阻)体上印制色环，在球形器元件(电容器、电感器)和异形器件(如晶体管)体上印制色点，表示它们的主要参数及特点，称为色码(Color Code)标注法，简称色标法，如图 1.17(b)所示。

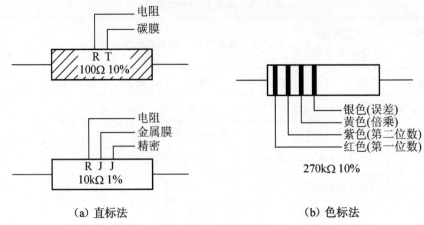

（a）直标法 　　　　　　　　　　（b）色标法

图 1.17　电阻标识法

用色码（色环、色带或色点）表示数值及允许偏差——国际统一的色码识别规定见表 1-2。

表 1-2　色码识别定义

颜色	有效数字	倍率（乘数）	允许偏差/（%）
黑	0	10^0	—
棕	1	10^1	± 1
红	2	10^2	± 2
橙	3	10^3	—
黄	4	10^4	—
绿	5	10^5	± 0.5
蓝	6	10^6	± 0.25
紫	7	10^7	± 0.1
灰	8	10^8	—
白	9	10^9	$-20 \sim +50$
金		10^{-1}	± 5
银		10^{-2}	± 10
无色			± 20

普通电阻阻值和允许偏差大多用四个色环表示。第一环和第二环表示有效数字，第三环表示倍率（乘数），第四环与前三环距离较大（约为前几环间距的 1.5 倍），表示允许偏差。例如，红、红、红、银四环表示的阻值为 $22 \times 10^2 = 2200（\Omega）$，允许偏差为 $\pm 10\%$；又如，绿、蓝、金、金四环表示的阻值为 $56 \times 10^{-1} = 5.6（\Omega）$，允许偏差为 $\pm 5\%$。如图 1.18 所示为四环电阻色标法。

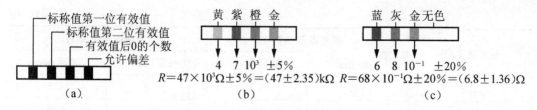

图 1.18　四环电阻色标法

精密电阻采用五个色环标志，前三环表示有效数字，第四环表示倍率，与前四环距离较大的第五环表示允许偏差。例如，棕、黑、绿、棕、棕五环表示阻值为 $105 \times 10^1 = 1050\Omega = 1.05\text{k}\Omega$，允许偏差为 $\pm 1\%$；又如，棕、紫、绿、银、绿五环表示阻值为 $175 \times 10^{-2} = 1.75\Omega$，允许偏差为 $\pm 0.5\%$。如图 1.19 所示为五环电阻色标法。

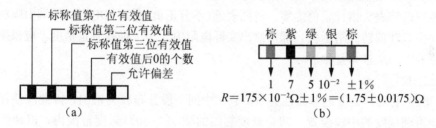

图 1.19　五环电阻色标法

（3）电阻的额定功率。

当电流通过电阻时，电阻因消耗功率而发热。如果电阻发热的功率大于它所能承受的功率，电阻就会烧坏。所以电阻发热而消耗的功率不得超过某一数值。这个不至于将电阻烧坏的最大功率值就称为电阻的额定功率。

与电阻元件的标称阻值一样，电阻的额定功率也有标称值，通常有 1/8W、1/4W、1/2W、1W、2W、3W、5W、10W、20W 等。如图 1.20 所示为不同额定功率值的电阻符号。

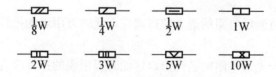

图 1.20　电阻的额定功率值符号

当有的电阻上没有额定功率标志时，我们就要根据电阻体积大小来判断，常用的碳膜电阻与金属膜电阻的额定功率和体积大小的关系见表 1-3。

表 1-3　碳膜电阻和金属膜电阻外形尺寸与额定功率的关系

额定功率/W	碳膜电阻(RT)		金属膜电阻(RJ)	
	长度/mm	直径/mm	长度/mm	直径/mm
1/8	11	3.9	6～8	2～2.5
1/4	18.5	5.5	7～8.2	2.5～2.9

额定功率/W	碳膜电阻(RT)		金属膜电阻(RJ)	
	长度/mm	直径/mm	长度/mm	直径/mm
1/2	28	5.5	10.8	4.2
1	30.5	7.2	13	6.6
2	48.5	9.5	18.5	8.6

3. 检测电阻(以 MF47 为例)

1) 检测固定电阻

用 MF47 万用表测量前,需对其调零,选择要使用的挡位,将红、黑两根表笔短接,调节调零螺母使表头指针阻值为零。将两表笔(不分正负)分别与电阻的两端引脚相接,根据此时表头指针偏转的指示值,即可测出实际电阻值。为了提高测量精度,应根据被测电阻标称值的大小来选择量程。

测试经验:

(1) 由于电阻挡刻度的非线性关系,它的中间一段分布较为精细,因此应使指针指示值尽可能落到刻度的中段位置,即全刻度起始的 20%~80% 弧度范围内,以使测量更准确。根据电阻误差等级不同,读数与标称阻值之间分别允许有 ±5%、±10% 或 ±20% 的误差。如不相符,超出误差范围,则说明该电阻变值了。

(2) 测试时,特别是在测几十千欧以上阻值的电阻时,手不要触及表笔和电阻的导电部分。被检测的电阻从电路中焊下来,至少要焊开一端,以免电路中的其他元器件对测试产生影响,造成测量误差。色环电阻的阻值虽然能以色环标志来确定,但在使用时最好用万用表测一下其实际阻值。针对水泥电阻的检测,由于它通常也是固定电阻,所以检测水泥电阻的方法与检测普通固定电阻完全相同。

2) 检测光敏电阻

(1) 用一黑纸片将光敏电阻的透光窗口遮住,此时万用表的指针基本保持不动,阻值接近无穷大。

(2) 将一光源对准光敏电阻的透光窗口,此时万用表的指针应有较大幅度的摆动,阻值明显减小。

(3) 将光敏电阻透光窗口对准入射光线,用小黑纸片在光敏电阻的遮光窗上部晃动,使其间断受光,此时万用表指针应随黑纸片的晃动而左右摆动。如果万用表指针始终停在某一位置不随纸片晃动而摆动,说明光敏电阻的光敏材料已经损坏。

测试经验:针对方法(1),测试值越大说明光敏电阻性能越好。若此值很小或接近零,说明光敏电阻已烧穿损坏,不能再用。针对方法(2),此值越小说明光敏电阻性能越好。若此值很大,表明光敏电阻内部开路损坏,不能再用。

3) 检测热敏电阻

用万用表 $R \times 1$ 挡,具体可分两步操作:一是常温检测(室内温度接近 25℃),将两表笔接触热敏电阻的两引脚测出其实际阻值,并与标称阻值相对比,二者相差在 ±2Ω 内即为正常。实际阻值若与标称阻值相差过大,则说明其性能不良或已损坏;二是加温检测,测量热敏电阻值时，可通过人体对其加热（如用手拿住），使其温度升高，观察阻值变化。如果体温不足以使其阻值产生较大变化，则可用发热器元件（如灯泡、电烙铁等）进行加热。当温度升高时，其阻值增大，则该热敏电阻是正温度系数的热敏电阻；若其阻值降低，则是负温度系数的热敏电阻。

测试经验：

（1）不要使热源与热敏电阻靠得过近或直接接触热敏电阻，以防止将其烫坏。

（2）标称值是生产厂家在环境温度为25℃时所测得的，所以用万用表测量标称值时，亦应在环境温度接近25℃时进行，以保证测试的可信度。

（3）测量功率不得超过规定值，以免电流热效应引起测量误差。测试时，不要用手捏住热敏电阻体，以防止人体温度对测试产生影响。

4）检测压敏电阻

用万用表的 $R \times 1k$ 挡测量压敏电阻两引脚之间的正、反向绝缘电阻，均应为无穷大。

测试经验：如测得的阻值不是无穷大，说明有漏电流。若所测阻值很小，说明压敏电阻已损坏，不能使用。

1.3.2 电位器

1. 认识电位器

电位器阻值单位与电阻相同，单位为 Ω，在电路中用字母 R_P 表示，其电气符号如图1.21所示。

1）线绕电位器

线绕电位器具有接触电阻小、噪声小、功率大、精度高、耐热性强、稳定性好、温度系数小等优点。缺点是分辨力低，阻值偏低，高阻时电阻线很细，易断；绕组具有分布电容和分布电感，不宜用于高频。适用于高温、大功率及精密调节电路，精密线绕电位器的精度可达0.1％，大功率电位器的功率可达100W以上。型号为WX。如图1.22所示为线绕电位器的实物图。

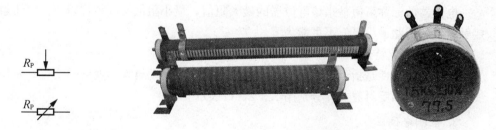

图1.21 电位器电气符号　　　　　图1.22 线绕电位器的实物图

2）合成型碳膜电位器

合成型碳膜电位器的阻值连续可调，因此，它的分辨率很高，理论上为无穷大。阻值范围宽，为100Ω～4.7MΩ。易制成具有符合需要的具有阻值变化特性的电位器。功率一般低于2W，有0.125W、0.5W、1W、2W等，若做到3W，体积显得很大。精度较差，一般为±20％。对于低于100Ω的电位器，比较难于制造。由于黏合剂是有机物，耐热性和耐潮性较差，寿命低。如图1.23所示为合成型碳膜电位器的实物图。

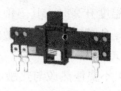

图 1.23　合成型碳膜电位器的实物图

3) 合成实芯电位器

结构简单，体积小，寿命长，可靠性好，耐热性好。阻值范围在 $47\Omega\sim4.7M\Omega$，功率多在 $0.25\sim2W$，精度有 $\pm5\%$、$\pm10\%$、$\pm20\%$ 几种。缺点是噪声大，起动力矩大。这种电位器多用于对可靠性要求较高的电子仪器中。起轴端尺寸与形状有多种规格，有带锁紧和不带锁紧两种。型号为 WS。如图 1.24 所示为合成实芯电位器的实物图。

图 1.24　合成实芯电位器的实物图

2. 读取电位器的相关参数

电位器除与电阻器有相同的参数外，还有以下特定的几个参数。

1) 最大阻值和最小阻值

电位器的标称阻值是指该电位器的最大阻值，最小阻值又称零位阻值。由于触点存在接触电阻，因此最小阻值不可能为零。

2) 阻值变化特性

阻值变化特性是指阻值随活动触点的旋转角度或滑动行程的变化而变化。常用的有直线式、对数式和反对数式，分别用 X、Z、D 表示。

3. 检测电位器

1) 电位器标称阻值的检测

首先，测量两端的两片焊片之间的阻值，也就是其标称阻值。看其是否与标注值相符合。

其次，检查电位器的开关接触是否良好。用万用表低阻值挡来测量，表笔接两焊片，调节开关通断，观察万用表阻值的变化。

最后，测量电位器的动触点的接触情况。测量端点为中间焊片和两端的任意一片焊片。测量时，缓缓旋转转轴，观察电位器的阻值是否在零与标称阻值之间连续变化。若万用表指针读数连续变化，则电位器动触点良好，否则该电位器动触点的接触不良，或电阻片的碳膜涂层不均匀，有严重污染。

2) 同轴电位器的检测

同轴电位器的测量与通用电位器原理相似。性能良好的同轴电位器，标称阻值应相等或近似相等，在旋转轴柄时误差（组织误差）极小，且无阻值突变的情况。

1.3.3 电容器

1. 认识电容器

1) 电解电容器

电解电容器是电容器的一种，金属箔为正极（铝或钽），与正极紧贴金属的氧化膜（氧化铝或五氧化二钽）是电介质，阴极由导电材料、电解质（可以是液体或固体）和其他材料共同组成，因电解质是阴极的主要部分，电解电容器因此而得名。如图1.25所示为电解电容器的电气符号。如图1.26所示为铝电解电容器的实物图，如图1.27所示为贴片铝电解电容器的实物图。

钽电解电容器标识为"CA"，其温度稳定性和精度较高。如图1.28所示为钽电解电容器的实物图，如图1.29所示为贴片钽电解电容器的实物图。

同时，电解电容器正负不可接错。电解电容器的极性，注意观察在电解电容器的侧面有"—"，是负极，如果电解电容器上没有标明正负极，也可以根据它的引脚的长短来判断，长脚为正极，短脚为负极。

图1.25 电解电容器的电气符号

图1.26 铝电解电容器的实物图

图1.27 贴片铝电解电容器的实物图

图1.28 钽电解电容器的实物图

2) 瓷介电容器

瓷介电容器用高介电常数的电容器陶瓷（钛酸钡—氧化钛）挤压成圆管、圆片或圆盘作为介质，并用烧渗法将银镀在陶瓷上作为电极制成。瓷介电容器没有极性之分，型号为CC或CT。如图1.30所示为瓷介电容器的电气符号。

图 1.29　贴片钽电解电容器的实物图

图 1.30　瓷介电容器的电气符号

（1）瓷片电容器。

瓷片电容器是一种用陶瓷材料作为介质，在陶瓷表面涂覆一层金属薄膜，再经高温烧结后作为电极而成的电容器。通常用于高稳定振荡回路中，作为回路、旁路电容器及垫整电容器。如图 1.31 所示为瓷片电容器的实物图，104 表示其标称容量为 10×10^4 pF $=0.1 \mu$F，30 表示其标称容量为 30pF。

（2）独石电容器。

独石电容器是多层陶瓷电容器的别称。独石电容器的电容量比一般瓷介电容器大（10pF～10μF），且体积小，可靠性高，电容量稳定，耐高温，绝缘性好，成本低，因而得到广泛的应用。如图 1.32 所示为独石电容器的实物图，105 表示其标称容量为 10×10^5 pF $=1\mu$F。

图 1.31　瓷片电容器的实物图

图 1.32　独石电容器的实物图

（3）贴片陶瓷电容器。

如图 1.33 所示为实际电路中的贴片陶瓷电容器实物图。

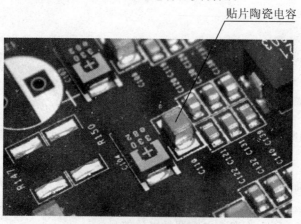

图 1.33　贴片陶瓷电容器的实物图

3）涤纶电容器

涤纶电容器又称聚酯电容器，它是以涤纶薄膜作为介质的电容器。如图1.34所示为涤纶电容器的实物图，2A104J表示其标称容量为 $10\times10^4\,\mathrm{pF}=0.1\,\mu\mathrm{F}$，误差为 $\pm5\%$。

4）微调电容器

电容量可在某一小范围内调整（几十皮法），用螺钉调节两组金属片间的距离，并可在调整后固定于某个电容值的电容器称为微调电容器或半可调电容器。微调电容器一般用于振荡或补偿电路中，在高频回路中用于不经常进行的频率微调，型号为CCW。如图1.35所示为微调电容器的电气符号，如图1.36所示为微调电容器的实物图。

图1.34　涤纶电容器的实物图　　　　图1.35　微调电容器的电气符号

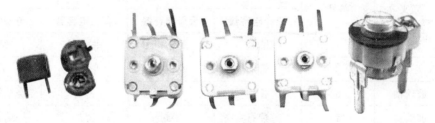

图1.36　微调电容器的实物图

5）可变电容器

可变电容器由一组（多组）定片和一组（多组）动片所构成。它们的容量随动片组转动的角度不同而改变。空气可变电容器多用于大型设备中，聚苯乙烯薄膜密封可变电容器体积小，多用于小型设备中。可变电容器的型号为CB。如图1.37所示为可变电容器的电气符号，如图1.38所示为可变电容器的实物图。

图1.37　可变电容器的电气符号　　　　图1.38　可变电容器的实物图

2. 读取电容器的相关参数

1）电容器的型号命名

根据我国有关标准的规定，国产电容器的型号由五部分组成，如图1.39所示。区别代号是当电容器的主称、材料特征相同，而尺寸、性能指标有差别时，在序号后用字母或数字予以区别。大多数电容器的型号都由前三部分内容组成。

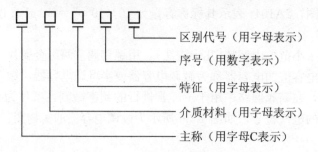

图1.39　电容器的型号命名

它们的型号及意义见表1-4。此表为大多数型号命名的基础规则。具体命名依据可以参考不同品牌规格书。

表1-4　电容器材料、特征表示方法

材料		特征				
			意义			
符号	意义	符号	瓷介电容器	云母电容器	有机电容器	电解电容器
C	瓷介	1	圆片	非密封	非密封	箔式
Y	云母	2	管形	非密封	非密封	箔式
I	玻璃釉	3	叠片	密封	密封	烧结粉液体
O	玻璃膜	4	独石	密封	密封	烧结粉固体
B	聚苯乙烯	5	穿心	·	穿心	—
Z	纸介	6	—	支柱	—	—
J	金属化纸介	7	—	—	—	无极性
H	混合介质	8	高压	高压	高压	—
L	涤纶	9	—	—	特殊	特殊
F	聚四氟乙烯	G	高功率	—	—	—
D	铝电解	W	微调	微调	—	—
A	钽电解	X	—	—	—	小型

例如，CC1-0.022μF-63V代表圆片低频瓷介电容器，电容量是0.022μF，额定工作电压为63V。

2）电容器的标注

电容器的参数很多，使用时，一般仅以电容器的容量和额定工作电压作为主要选择依据。标识在电容器的电容量称为标称容量。在实际生产中，电容器的电容量具有一定的分散性，无法做到和标称容量完全一致。电容器的标称容量与实际容量的允许最大偏差范围称为电容量的允许误差。电容器的精度等级见表1-5。

表 1－5 电容器的精度等级

精度级别	00(01)	0(02)	Ⅰ	Ⅱ	Ⅲ
允许误差/(%)	±1	±2	±5	±10	±20

电容器的规格标识有两种方法。

（1）直接标识法：用文字、数字或符号直接打印在电容器上的表示方法。它的规格一般为"型号-额定直流工作电压-标称容量-精度等级"。

例如，CJ3-400-0.01-Ⅱ表示密封金属化纸介电容器，额定直流工作电压为 400V，电容量为 $0.01\mu F$，允许误差在＋10%。

另外可用数字和字母结合标识，如"100n"表示 100nF。

还可用三位数字直接标识的，第一位和第二位数为容量的有效数字，第三位数为倍数，表示有效数字后面零的个数，默认单位为 pF。例如，"473"表示电容量为 $47\times10^3\,pF＝0.047\mu F$。

（2）色环表示法：用三个或四个色环表示电容器的容量和误差。如图 1.40 所示为电容器的色环表示。

蓝 灰 红 银

电容：标称值为6800pF，允许误差为±10%

图 1.40 电容器的色环表示法

各颜色所代表的意义见表 1－6。

表 1－6 电容器的容量和允许误差色环表示法

颜色	有效数字	乘数	允许误差/(%)
银	—	$\times10^{-2}$	±10
金	—	$\times10^{-1}$	±5
黑	0	$\times10^0$	—
棕	1	$\times10^1$	±1
红	2	$\times10^2$	±2
橙	3	$\times10^3$	—
黄	4	$\times10^4$	—
绿	5	$\times10^5$	±0.5
蓝	6	$\times10^6$	±0.2
紫	7	$\times10^7$	±0.1
灰	8	$\times10^8$	—

颜色	有效数字	乘数	允许误差/(%)
白	9	$\times 10^9$	$-20\sim+5$
无色	—	—	± 20

3. 检测电容器(以 MF47 为例)

1) 用万用表电阻挡检查电解电容器的好坏

电解电容器的两根引线有正、负之分，在检查它的好坏时，对耐压较低的电解电容器 (6V 或 l0V)，$47\mu F$ 以下的电解电容器可用 $R\times 1k$ 挡测量，大于 $47\mu F$ 的电解电容器可用 $R\times 100$ 挡测量，把红表笔接电容器的负端，黑表笔接正端，这时万用表指针将摆动，然后恢复到零位或零位附近。这样的电解电容器是好的。电解电容器的容量越大，充电时间越长，指针摆动得也越慢。

2) 用万用表判断电解电容器的正、负极

电解电容器由于有正负极性，因此在电路中使用时不能颠倒连接。电解电容器的极性判断一般可以通过直接观察来分析。新的电解电容器正极针脚长，在负极外表面标"一"；如果旧电解电容器已经剪齐两脚，并且外面模糊不清的时候也可以用万用表来判断，将万用表置 $R\times 1k$ 挡，测量其漏电阻阻值的大小，具体做法：用红、黑表笔接触电容器的两引线，记住漏电阻阻值的大小(指针回摆并停下时所指示的阻值)，然后将红、黑表笔对调后再测一次，比较两次测量结果，对漏电阻较大的一次，黑表笔所接的一端即为电解电容器的正极，红表笔所接的一端为电解电容器的负极。

3) 用万用表检查可变电容器

可变电容器有一组定片和一组动片。用万用表电阻挡可检查其动、定片之间有否碰片，用红、黑表笔分别接动片和定片，旋转轴柄，万用表指针不动，说明动、定片之间无短路(碰片)处；若指针摆动，说明电容器有短路的地方。

4) 用万用表电阻挡粗略鉴别 5000pF 以上容量电容器的好坏

用万用表电阻挡可大致鉴别 5000pF 以上电容器的好坏(5000pF 以下者只能判断电容器内部是否被击穿)。检查时把电阻挡量程放在量程高挡值，两表笔分别与电容器两端接触，这时指针快速地摆动一下然后复原，反向连接，摆动的幅度比第一次更大，而后又复原。这样的电容器是好的。电容器的容量越大，测量时万用表指针摆动幅度越大，指针复原的时间也较长，我们可以根据万用表指针摆动幅度的大小来比较两个电容器容量的大小。

1.3.4 电感器

1. 认识电感器

在电路原理图中，电感器常用符号"L"表示。不同类型的电感器在电气原理图中通常采用不同的符号来表示，如图 1.41 所示。

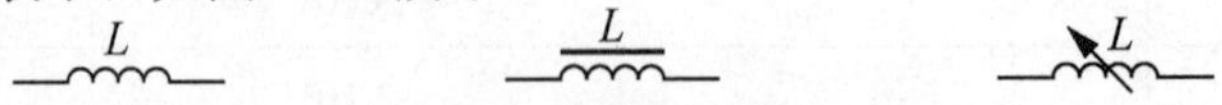

(a) 空芯线圈电感器　　　(b) 带磁心的电感器　　　(c) 带磁心的可调电感器

图 1.41　常见电感器的电气符号

1）小型固定电感线圈

小型固定电感线圈是将线圈绕制在软磁铁氧体的基础上，再用环氧树脂或塑料封装起来制成。小型固定电感线圈外形结构主要有立式和卧式两种。如图 1.42 所示为小型固定立式电感线圈，如图 1.43 所示为色环电感线圈。

图 1.42　小型固定立式电感线圈

图 1.43　色环电感线圈

2）空芯线圈

空芯线圈是用导线直接绕制在骨架上而制成。线圈内没有磁心或铁心，通常线圈绕的匝数较少，电感量小。如图 1.44 所示为空芯线圈的实物图。

图 1.44　空芯线圈的实物图

3）阻流电感器

阻流电感器常有低频阻流线圈和高频阻流线圈两大类。

（1）低频阻流线圈。

低频阻流线圈又称滤波线圈，一般由铁心和绕组等构成。如图 1.45 所示为低频阻流线圈的实物图。

图 1.45　低频阻流线圈的实物图

（2）高频阻流线圈。

高频阻流线圈用在高频电路中，主要起阻碍高频信号通过的作用。如图 1.46 所示为高频阻流线圈的实物图。

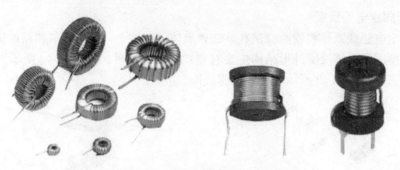

图 1.46　高频阻流线圈的实物图

（3）带磁心的可调电感线圈。

带磁心的可调电感线圈通过调节磁心在线圈内的位置来改变电感量。如图 1.47 所示为带磁心的可调电感线圈。

图 1.47　带磁心的可调电感线圈

4）印刷电感器

印刷电感器又称微带线，常用在高频电子设备中，它是由印制电路板（PCB）上一段特殊形状的铜箔构成。如图 1.48 所示为印刷电感器的实物图。

图 1.48　印刷电感器的实物图

5）贴片电感器

与贴片电阻、电容器不同的是，贴片电感器的外观形状多种多样，有的贴片电感器很大，从外观上很容易判断，有的贴片电感器的外观形状和贴片电阻、贴片电容器相似，很难判断，此时只能借助万用表来判断。如图 1.49 所示为贴片电感器的实物图。

图 1.49　贴片电感器的实物图

2. 读取电感器的相关参数

电感器参数的标注方法有以下几种。

1) 直标法

直标法是将电感器的标称电感量用数字和文字符号直接标在电感器上,电感量单位后面的字母表示误差。如图 1.50 所示为采用直标法的电感器。

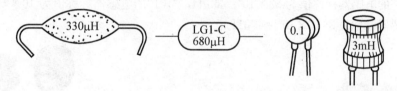

图 1.50　直标法电感器

2) 文字符号法

文字符号法是将电感器的标称值和偏差值用数字和文字符号法按一定的规律组合标示在电感器上。采用文字符号法表示的电感器通常是一些小功率电感器,单位通常为 μH 或 nH。用 μH 做单位时,"R"表示小数点;用"nH"做单位时,"N"表示小数点。如图 1.51 所示为采用文字符号法的电感器。标示为"R91"的电感器表示标称值为 0.91μH,"2R2"表示电感器标称值为 2.2μH,"R47"表示电感器标称值为 0.47μH,"10N"表示电感器标称值为 10 nH。

图 1.51　文字符号法电感器

3) 色标法

色标法是在电感器表面涂上不同的色环来代表电感量(与电阻类似),通常用三个或四个色环表示。识别色环时，紧靠电感体一端的色环为第一环，露出电感体本色较多的另一端为末环。注意：用这种方法读出的色环电感量，默认单位为微亨（μH）。如图 1.52 所示为采用色标法的电感器。

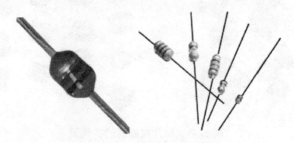

图 1.52　色标法电感器

4）数码表示法

数码表示法是用三位数字来表示电感量的方法，常用于贴片电感器上。

三位数字中，从左至右的第一位和第二位为有效数字，第三位数字表示有效数字后面所加"0"的个数。注意：用这种方法读出的电感量默认单位为微亨（μH）。如果电感量中有小数点，则用"R"表示，并占一位有效数字。如图 1.53 所示为采用数码表示法的电感器。例如，标示为"330"的电感器标称值为 $33 \times 10^0 = 33\mu H$，"101"的电感器标称值为 $10 \times 10^1 = 100\mu H$，"470"的电感器标称值为 $47 \times 10^0 = 47\mu H$。

图 1.53　数码表示法的电感器

3. 电感器的检测

准确测量电感线圈的电感量 L 和品质因数 Q，可以使用万能电桥或 Q 表。采用具有电感挡的数字万用表来检测电感器很方便。电感器是否开路或局部短路，以及电感量的相对大小，可以用万用表做出粗略检测和判断。

1）外观检查

检测电感器时先进行外观检查，看线圈有无松散，引脚有无折断，线圈是否烧毁或外壳是否烧焦等现象。若有上述现象，则表明电感已损坏。

2）万用表电阻法检测

用万用表的电阻挡测线圈的直流电阻。电感器的直流电阻值一般很小，匝数多、线径细的线圈能达几十欧；对于有抽头的线圈，各引脚之间的阻值均很小，仅有几欧。若用万用表 $R \times 1\Omega$ 挡测线圈的直流电阻，阻值无穷大说明线圈（或与引出线间）已经开路损坏；

阻值比正常值小很多，则说明有局部短路；阻值为零，说明线圈完全短路。

3）数字万用表检测电感器

如图1.54所示，将数字万用表调到二极管挡（蜂鸣挡），把表笔放在两引脚上，看万用表的读数。对于贴片电感器，此时的读数应为零，若万用表读数偏大或为无穷大则表示电感器损坏。对于电感线圈匝数较多、线径较细的线圈，读数会达到几十欧甚至几百欧，通常情况下线圈的直流电阻只有几欧。如果电感器损坏，多表现为发烫或电感磁环明显损坏。

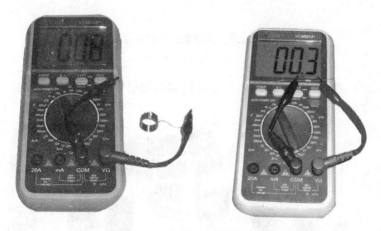

图1.54 数字万用表检测电感器

1.3.5 变压器

1. 认识变压器

在电路原理图中，变压器常用符号"T"表示，不同类型的变压器在电气原理图中通常采用不同的符号来表示。如图1.55所示，电气符号中的垂直实线表示这一变压器有铁心，符号中有实线的同时还有一条虚线，表示变压器一次线圈和二次线圈之间设有屏蔽层。

（a）空习变压器 （b）带磁心和屏蔽线的变压器 （c）带中心抽头的变压器 （d）可调变压器
图1.55 常见变压器的电气符号

1）低频变压器

低频变压器用来传输信号电压和信号功率，还可实现电路之间的阻抗匹配，对直流电具有隔离作用。低频变压器可分为音频变压器和电源变压器两种。音频变压器又分为级间耦合变压器、输入变压器和输出变压器，外形均与电源变压器相似。如图1.56所示为低频变压器的实物图。

图 1.56　低频变压器的实物图

2）中频变压器

中频变压器俗称中周，是超外差式收音机和电视机中的重要组件。如图 1.57 所示为中频变压器的实物图。

图 1.57　中频变压器的实物图

3）高频变压器

高频变压器可分为耦合线圈和调谐线圈两大类。如图 1.58 所示为高频变压器的实物图。

图 1.58　高频变压器的实物图

4）脉冲变压器

脉冲变压器用于各种脉冲电路中，其工作电压、工作电流等均为非正弦脉冲波。常用的脉冲变压器有电视机的行输出变压器、行推动变压器、开关变压器、电子点火器的脉冲变压器、臭氧发生器的脉冲变压器等。如图 1.59 所示为脉冲变压器的实物图。

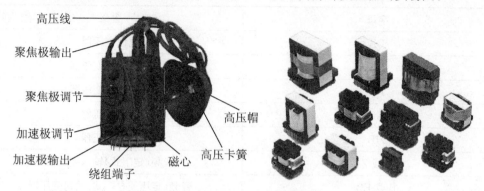

高压线
聚焦极输出
聚焦极调节
加速极调节
加速极输出
绕组端子
磁心
高压帽
高压卡簧

图 1.59　脉冲变压器的实物图

5）自耦变压器

自耦变压器的绕组为有抽头的一组线圈，其输入端和输出端之间有电的直接联系，不能隔离为两个独立部分。如图 1.60 所示为自耦变压器的实物图。

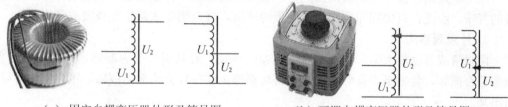

（a）固定自耦变压器外形及符号图　　　　（b）可调自耦变压器外形及符号图

图 1.60　自耦变压器的实物图

6）隔离变压器

隔离变压器的主要作用是隔离电源、切断干扰源的耦合通路和传输通道，其一次、二次绕组的匝数比（即变压比）等于 1。它又分为电源隔离变压器和干扰隔离变压器。如图 1.61所示为隔离变压器的实物图。

图 1.61　隔离变压器的实物图

2. 读取变压器的相关参数

变压器的型号命名方法如下。

第一部分为主称，用字母表示，见表 1-7。第二部分为功率，用数字表示，计量单位用 VA 或 W 标志，但 RB 型变压器除外。第三部分为序号，用数字表示。

表 1-7　变压器型号中主称字母的含义

字母	含义
DB	电源变压器
CB	音频输出变压器
RB	音频输入变压器
GB	高压变压器
HB	灯丝变压器
SB 或 ZB	音频(定阻式)输送变压器
B 或 EB	音频(定压或自耦式)输送变压器

例如，DB-60-2 表示为 60W(VA)电源变压器。

3. 变压器的检测

1) 气味判断法

在严重短路性损坏变压器的情况下，变压器会冒烟，并会放出高温烧绝缘漆、绝缘纸等的气味。因此，只要能闻到绝缘漆烧焦的味道，就表明变压器正在烧毁或已烧毁。

2) 外观观察法

用眼睛或借助放大镜，仔细查看变压器的外观，看其引脚是否断路，是否接触不良；包装是否损坏，骨架是否良好；铁心是否松动等。往往较为明显的故障，用观察法就可判断出来。

3) 变压器绝缘性能的检测

变压器绝缘性能检测可用指针式万用表的 $R\times10k$ 挡做简易测量。分别测量变压器铁心与一次侧、一次侧与各二次侧、铁心与各二次侧、静电屏蔽层与一二次侧、二次绕组间的电阻值，万用表应显示无穷大、不动或阻值应大于 100MΩ，否则，说明变压器绝缘性能不良，如图 1.62 所示。

图 1.62　变压器绝缘性能的检测

4) 变压器线圈通/断的检测

将万用表置于 $R\times1$ 挡检测线圈绕组两个接线端子之间的电阻值，若某个绕组的电阻值为无穷大，则说明该绕组有断路性故障。当变压器短路严重时，短时间通电外壳就会有烫手的感觉。

5）变压器绕组直流电阻的测量

变压器绕组的直流电阻很小，用万用表的 $R \times 1\Omega$ 挡检测可判断绕组有无短路或断路情况。一般情况下，电源变压器（降压式）一次绕组的直流电阻多为几十欧至上百欧，二次直流电阻多为零点几欧至几欧。如图 1.63 所示为变压器绕组直流电阻的测量。

（a）检测一次绕阻　　　　　　　　　　　　（b）检测二次绕组

图 1.63　变压器绕组直流电阻的测量

1.3.6　二极管

1. 认识二极管

1）普通二极管

普通二极管在电路中常被用作检波、整流、开关，如图 1.64 所示为二极管的电气符号。

（1）检波二极管。

检波（也称解调）二极管的作用是利用其单向导电性将高频或中频无线电信号中的低频信号或音频信号取出来，广泛应用于半导体收音机、收录机、电视机等通信设备的小信号电路中，其工作频率较高，处理信号幅度较弱。常用的国产检波二极管有 2AP 系列锗玻璃封装二极管。常用的进口检波二极管有 1N34A、1N60 等。如图 1.65 所示为检波二极管的实物图。

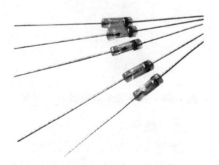

图 1.64　普通二极管的电气符号　　　　**图 1.65　检波二极管的实物图**

（2）整流二极管。

整流二极管是利用 PN 结的单向导电特性，把交流电变成脉动直流电。整流二极管流电流较大，多数采用面接触性材料封装的二极管。普通串联稳压电源电路中使用的整流二极管，对截止频率的反向恢复时间要求不高，只要根据电路的要求选择最大整流电流和最大反向工作电流符合要求的整流二极管即可。例如，1N 系列、2CZ 系列、RLR 系列等。如图 1.66 所示为整流二极管的实物图。

（3）开关二极管。

开关二极管是半导体二极管的一种，是为在电路上进行"开"、"关"而特殊设计制造的一类二极管。它由导通变为截止或由截止变为导通所需的时间比一般二极管短，常见的有 2AK、2DK 等系列，主要用于电子计算机、脉冲和开关电路中。如图 1.67 所示为开关二极管的实物图。

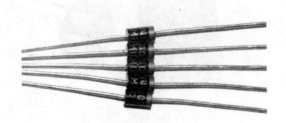

图 1.66　整流二极管的实物图

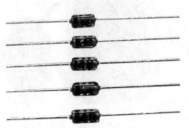

图 1.67　开关二极管的实物图

2）特殊二极管

（1）发光二极管。

发光二极管是半导体二极管的一种，可以把电能转化成光能，常简写为 LED。发光二极管与普通二极管一样是由一个 PN 结组成的，也具有单向导电性。常用的是发红光、绿光或黄光的二极管。发光二极管还可分为普通单色发光二极管、高亮度发光二极管、超高亮度发光二极管、变色发光二极管、闪烁发光二极管、电压控制型发光二极管、红外发光二极管和负阻发光二极管等。如图 1.68 所示为各种发光二极管的实物图，如图 1.69 所示为发光二极管的电气符号。

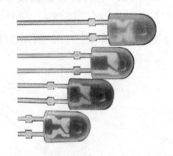

图 1.68　各种发光二极管的实物图

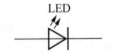

图 1.69　发光二极管的电气符号

（2）稳压二极管。

稳压二极管又称齐纳二极管。稳压二极管的特点就是反向通电尚未击穿前，其两端的电压基本保持不变。这样，当把稳压管接入电路以后，若由于电源电压发生波动，或其他原因造成电路中各点电压变动时，负载两端的电压将基本保持不变。如图 1.70 所示为稳压二极管的实物图，如图 1.71 所示为稳压二极管的电气符号。

图 1.70　稳压二极管的实物图

图 1.71　稳压二极管的电气符号

（3）光电二极管。

光电二极管又称光敏二极管。光电二极管是将光信号变成电信号的半导体器件。它的核心部分也是一个 PN 结，和普通二极管相比，在结构上不同的是，为了便于接受入射光照，PN 结面积尽量做得大一些，电极面积尽量小些，而且 PN 结的结深很浅，一般小于 $1\mu m$。如图 1.72 所示为光电二极管的实物图，如图 1.73 所示为光电二极管的电气符号。

图 1.72　光电二极管的实物图

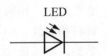

图 1.73　光电二极管的电气符号

（4）红外发射与接收二极管。

红外发射与接收二极管广泛用于各种家用电器的遥控接收器中，如音响、彩色电视机、空调器、VCD 视盘机、DVD 视盘机及录像机等。红外接收二极管能很好地接收红外发光二极管发射的波长为 940nm 的红外光信号，而对于其他波长的光线则不能接收，因而保证了接收的准确性和灵敏度。如图 1.74 所示为红外发射与接收二极管的实物图及符号。

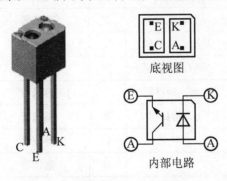

图 1.74　红外发射与接收二极管的实物图及符号

（5）贴片二极管。

贴片二极管主要分为普通贴片二极管和贴片发光二极管。如图 1.75 所示为贴片二极管的实物图。

（a）普通贴片二极管　　　（b）贴片发光二极管

图 1.75　贴片二极管的实物图

2. 读取二极管的相关参数

1）国产二极管的型号命名

二极管的型号由以下五个部分组成。

第一部分：电极数目，用阿拉伯数字表示（2——二极管，3——晶体管）。

第二部分：材料和极性，用汉语拼音字母表示，具体含义见表 1-8。

第三部分：类型，用汉语拼音字母表示，字母含义见表 1-8。

第四部分：序号，用阿拉伯数字表示。

第五部分：规格，用汉语拼音字母表示。

注意：场效应管、半导体特殊器件、复合管的型号命名，只有第三部分～第五部分。

表 1-8　国产二极管的型号命名

第一部分		第二部分		第三部分			
符号	意义	符号	意义	符号	意义	符号	意义
2	二极管	A	N 型，锗材料	P	普通管	D	低频小功率管
3	晶体管	B	P 型，锗材料	V	微波管	A	高频小功率管
		C	N 型，硅材料	W	稳压管	T	可控整流器
		D	P 型，硅材料	C	参量管	Y	体效应器件
		E	化合物材料	Z	整流管	B	雪崩管
				L	整流堆	J	阶跃恢复管
				S	隧道管	CS	场效应器件
				N	阻尼管	BT	半导体特殊器件
				U	光电器件	FH	复合管
				K	开关管	IG	激光器件
				X	低频小功率管	PIN	PIN 型管
				G	高频小功率管	FG	发光管

2）美国二极管的型号命名

美国电子工业协会(EIA)半导体器件型号命名方法见表1-9。

表1-9 美国电子工业协会半导体器件型号命名

第一部分		第二部分		第三部分		第四部分		第五部分	
用符号表示用途的类型		用数字表示PN结的数目		美国电子工业协会注册标志		美国电子工业协会登记顺序号		用字母表示器件分档	
符号	意义	符号	意义	符号	意义	符号	意义	符号	意义
JAN或J	军用品	1	二极管	N	该器件在美国电子工业协会注册标志	多位数字	该器件在美国电子工业协会登记的顺序号	A	同一型号的不同档别
无	非军用品	2	晶体管					B	
		3	三个PN结器件					C	
		n	n个PN结器件					D	

3）国际电子联合会二极管型号命名

国际电子联合会二极管型号命名方法见表1-10。

表1-10 国际电子联合会二极管型号命名

第一部分		第二部分		第三部分		第四部分	
用字母表示使用的材料		用字母表示类型及主要特征		用数字表示登记号		用字母对同型号者分档	
符号	意义	符号	意义	符号	意义	符号	意义
A	锗材料	A	检波、开关、混频二极管	三位数字	通用半导体器件序号	A	同一型号器件按某一参数进行分档
B	硅材料	B	变容二极管			B	
C	砷化钾	C	低频小功率晶体管			C	
D	锑化铟	D	低频大功率晶体管			D	
R	复合材料	F	高频小功率晶体管				
		L	高频大功率晶体管				
		S	小功率开关管				
		U	大功率开关管				
		Z	稳压二极管				

4）日本半导体分立器件的型号命名

日本半导体分立器件的型号命名见表1-11。

表 1-11　日本半导体分立器件的型号命名

第一部分		第二部分		第三部分		第四部分		第五部分	
用数字表示类型或 PN 结个数		S 表示日本电子工业协会(ELAJ)注册产品		用字母表示器件的极性及类型		用数字表示在日本电子工业协会登记的顺序号		用字母表示对原型号的改进产品	
符号	意义	符号	意义	符号	意义	符号	意义	符号	意义
0	光敏管	S	表示已在日本电子工业协会注册登记的半导体分立器件	A	PNP 型高频管	两位以上整数	从"11"开始注册登记的顺序号，其数字越大越是近期产品	A	用字母表示对原来型号的改进产品
1	二极管			B	PNP 型低频管			B	
2	晶体管			C	NPN 型高频管			C	
				D	NPN 型低频管			D	
				J	P 沟道场效应管			E	
				K	P 沟道场效应管			F	
				M	双向可控硅				

3. 二极管的检测

1) 普通二极管的测量

普通二极管指整流二极管、检波二极管、开关二极管等，其中包括硅二极管和锗二极管。它们的测量方法大致相同(以 MF47 万用表测量为例)。

(1) 小功率二极管的检测。

用机械式万用表电阻挡测量小功率二极管时，将万用表置于 $R \times 100$ 挡或 $R \times 1k$ 挡。黑表笔接二极管的正极，红表笔接二极管的负极，然后交换表笔再测一次。如果两次测量值一次较大一次较小，则二极管正常。如果二极管正、反向阻值均很小，接近零，说明内部管击穿；反之，如果正、反向阻值均极大，接近无穷大，说明该管内部已断路。以上两种情况均说明二极管已损坏，不能使用。

如果不知道二极管的正负极性，可用上述方法进行判别。两次测量中，万用表上显示阻值较小的为二极管的正向电阻，黑表笔所接触的一端为二极管的正极，另一端为负极，如图 1.76 所示。

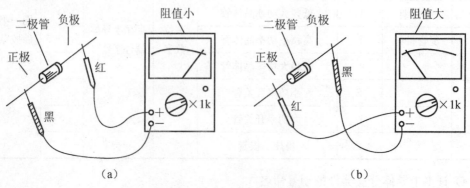

图 1.76　小功率二极管的检测

(2) 大、中功率二极管的检测。

大、中功率二极管的检测只需将万用表置于 $R×1$ 挡或 $R×10$ 挡，测量方法与测量小功率二极管相同。

2) 稳压二极管的测量

(1) 稳压二极管与普通二极管的鉴别。

常用稳压二极管的外形与普通小功率整流二极管相似。当其标识清楚时，可根据型号及其代表符号进行鉴别。当无法从外观判断时，使用万用表也能很方便地鉴别出来。我们依然以机械式万用表为例，首先用前述的方法，把被测二极管的正、负极性判断出来。然后用万用表 $R×10k$ 挡，黑表笔接二极管的负极，红表笔接二极管的正极，若电阻读数变得很小(与使用 $R×1k$ 挡测出的值相比较)，说明该管为稳压管；反之，若测出的电阻值仍很大说明该管为整流或检波二极管($10k$ 挡的内电压若用 $15V$ 电池，对个别检波管，如 2AP21 等，已可能产生反向击穿)。因为用万用表的 $R×1$ 挡、$R×10$ 挡、$R×100$ 挡时，内部电池电压为 $1.5V$，一般不会将二极管击穿，所以测出的反向电阻值比较大。而用万用表的 $R×10k$ 挡时，内部电池的电压一般都在 $9V$ 以上，可以将部分稳压管击穿，反向导通，使其电阻值大大减小，普通二极管的击穿电压一般较高，不易击穿。但是，对反向击穿电压值较大的稳压管，上述方法鉴别不出来。

(2) 三个引脚的稳压管与晶体管的鉴别。

稳压二极管一般是两个引脚的。例如，2DW7(2DW232)就是其中的一种，其外形和内部结构如图 1.77(a)所示，它是封装在一起的两个对接稳压管，以达到抵消两个稳压管的温度系数效果。为了提高它的稳定性，两个稳压管的性能是对称的，根据这一点可以方便地鉴别它们。具体方法如下：先用万用表判断出两个二极管的极性，即图 1.77(b)所示的电极 1、2、3 的位置；然后将万用表置于 $R×10$ 挡或 $R×100$ 挡，黑表笔接电极 3，红表笔依次接电极 1、2；若同时出现阻值为几百欧姆比较对称的情况，则可基本断定该管为稳压管。

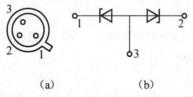

(a)　　　　　　　　(b)

图 1.77　三个引脚的稳压管的外形和内部结构

3) 发光二极管的测量

一般的发光二极管内部结构与一般二极管无异，因此测量方法与一般二极管类似。但发光二极管的正向电阻比普通二极管大(正向电阻小于 $50kΩ$)，所以测量时将万用表置于 $R×1k$ 挡或 $R×10k$ 挡。测量结果判断与一般二极管测量结果判断相同。

1.3.7　晶体管

1. 认识晶体管

在模拟电路中，晶体管用于放大器、音频放大器、射频放大器、稳压电路；在计算机电源中，主要用于开关电源。晶体管也应用于数字电路，主要功能是作为电子开关。如

图 1.78 所示为晶体管的电气符号。

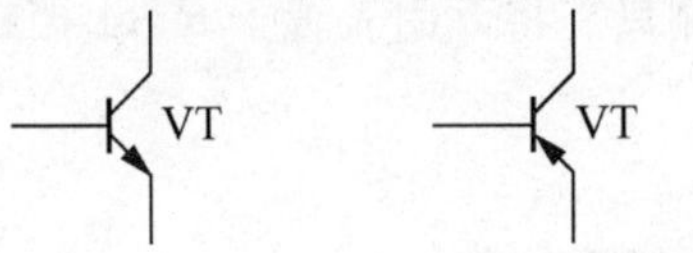

(a) NPN 型晶体管　　　　　(b) PNP 型晶体管

图 1.78　晶体管电气符号

场效应晶体管简称场效应管。由多数载流子参与导电,也称单极型晶体管。它属于电压控制型半导体器件。具有输入电阻高($10^8 \sim 10^9$ Ω)、噪声小、功耗低、动态范围大、易于集成、没有二次击穿现象、安全工作区域宽等优点,现已成为双极型晶体管和功率晶体管的强大竞争者。场效应管具有三个电极,它们是:栅极(g)、漏极(d)、源极(s)。

场效应管分为结型场效应管(JFET)和绝缘栅场效应管(MOS 场效应管)两大类。按沟道材料结型和绝缘栅型可分为 N 沟道和 P 沟道两种;按导电方式分为耗尽型与增强型,结型场效应管均为耗尽型,MOS 场效应管既有耗尽型的,也有增强型的。

也就是说结型场效应管有两种结构形式,它们是 N 沟道结型场效应管和 P 沟道结型场效应管。而 MOS 场效应管又分为 N 沟耗尽型和增强型、P 沟耗尽型和增强型四大类。如图 1.79 所示为各场效应管电气符号。

(a) N沟道结型场效应管电气符号　　　(b) P沟道结型场效应管电气符号

(c) N沟道增强型MOS场效应管电气符号　　(d) P沟道增强型MOS场效应管电气符号

(e) N沟道耗尽型MOS场效应管电气符号　　(f) P沟道耗尽型MOS场效应管电气符号

图 1.79　各场效应管电气符号

1) 普通塑封晶体管

如图 1.80 所示为 TO-92 封装的晶体管外观图,其引脚顺序通常从左往右为 E、B、C (引脚朝上,器件型号向外),具体型号还要具体测量。

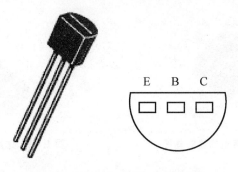

图 1.80　TO-92 封装的晶体管外观图

2）大功率晶体管

如图 1.81 所示为大功率晶体管实物图，其封装形式通常为 TO-3，其外壳通常为集电极（C），另外两个引脚分别为基极（B）和发射极（E）。

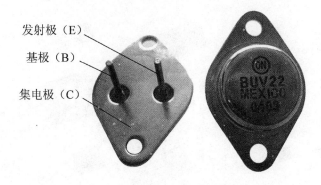

图 1.81　大功率晶体管实物图

3）金属封装晶体管

如图 1.82 所示为金属外壳封装的晶体管实物图，其封装形式通常为 TO-18 或 TO-39。

图 1.82　金属外壳封装的晶体管实物图

4）功率晶体管

如图 1.83 所示为中功率晶体管实物图，通常采用 TO-220 封装。

5）贴片晶体管

如图 1.84 所示为贴片晶体管实物图，通常采用 8550 封装。

图 1.83　中功率晶体管实物图

图 1.84　贴片晶体管实物图

6）场效应管

如图 1.85 所示是几种场效应管实物图，其外形特征主要有以下几点：①它基本与晶体管的外形和体积大小相同，在没看到具体型号时是无法判别的；②场效应管有多种封装，常见的有金属封装、塑料封装；③场效应管一般为三根引脚，但也有四根、六根等多种外形。

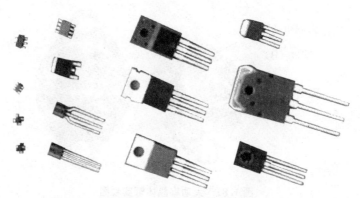
图 1.85　几种场效应管实物图

2. 读取晶体管的相关参数

（1）晶体管的型号命名同二极管，具体见 1.5.3。

（2）场效应管的型号，现行有两种命名方法。其一是与双极型晶体管相同，由五部分组成，第一位用数字表示电极数目，3 为三个电极；第二位用字母表示沟道材料，D 是 P 型硅 N 沟道，C 是 N 型硅 P 沟道；第三位用字母表示，J 代表结型场效应管，O 代表绝缘栅场效应管。第四位用数字表示器件序号；第五位用字母表示电流挡数。例如，3DJ6D 是结型 N 沟道场效应管，3DO6C 是绝缘栅型 N 沟道场效应管。第二种命名方法是由三部分组成，第一项用 CS 代表场效应管；第二项用数字表示型号的序号；第三项用字母表示同一型号中的不同规格。例如，CS14A、CS45G 等。

3. 晶体管的检测

1）晶体管的检测（以 MF47 万用表为例）

可以把晶体管的结构看作两个背靠背的 PN 结，对 NPN 型来说基极是两个 PN 结的公共阳极，对 PNP 型来说基极是两个 PN 结的公共阴极，分别如图 1.86 所示。

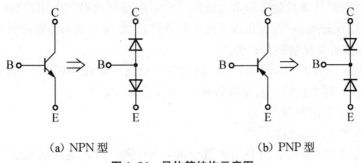

（a）NPN 型　　　　　　　　（b）PNP 型

图 1.86　晶体管结构示意图

（1）管型（PNP 型或 NPN 型）与基极（B）的判别。

万用表置电阻挡，量程选 $R×1k$ 挡（或 $R×100$ 挡），将万用表任一表笔先接触某一个电极——假定的公共极，另一表笔分别接触其他两个电极，若两次测得的电阻均很小（或均很大），则前者所接电极就是基极，如两次测得的阻值一大一小，相差很多，则前者假定的基极有错，应更换其他电极重测。

根据上述方法，可以找出公共极，该公共极就是基极 B，若公共极是阳极，该管属 NPN 型管，反之则是 PNP 型管。

（2）判别晶体管的集电极（C）和发射极（E）。

判别的原理是基于晶体管具有电流放大作用，发射结需加正偏置，集电结加反偏置，如图 1.87 所示。

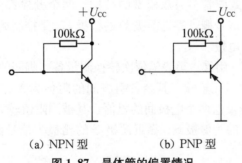

（a）NPN 型　　　　　　　　（b）PNP 型

图 1.87　晶体管的偏置情况

a. 从晶体管构造来说，PNP 型 N 端就是基极（B），NPN 型 P 端就是基极（B）。

b. 将万用表置于 $R×1k$ 挡或 $R×100$ 挡，如果已知晶体管属于 NPN 型并确定了基极（B），假定其中另外两引脚中的一个引脚是 C，用两手分别捏住假设的 C 和确定的 B（利用人体电阻充当 $100k\Omega$ 电阻），用黑表笔接假定的 C，红表笔接假定的 E（相当于给 CE 加正电压），记录下此时的测量阻值，按照此方法假设另一个引脚为 C，记录下测量阻值。阻值小的一次，黑表笔所接为 C。

PNP 型管正好相反。用红表笔接假定的 C，黑表笔接假定的 E（相当于给 CE 加正电压），记录下此时的测量阻值，按照此方法假设另一个引脚为 C，记录下测量阻值。阻值小的一次，红表笔所接为 C。

（3）晶体管质量好坏的简易判断。

用万用表粗测晶体管的极间电阻，可以判断晶体管质量的好坏。在正常情况下，质量良好的中、小功率晶体管发射极和集电极的反向电阻及其他极间电阻较高（一般为几百千欧），而正向阻值比较低（一般为几百至几千欧）可以由此来判断晶体管的质量。

（4）判别晶体管是锗管还是硅管。

硅管的正向压降较大（0.6～0.7V），而锗管的正向压降较小（0.2～0.3V）。若测得的压降为0.5～0.9V即为硅管，若压降为0.2～0.3V则为锗管。

2）结型场效应管的测量

（1）判定场效应管的电极。

先确定场效应管的栅极。将万用表置于 $R \times 100$ 挡，黑表笔接场效应管的一个电极，红表笔依次碰触另外两个电极。若两次测出的电阻值均很大，说明是 P 沟道管。且黑表笔接的就是栅极。若两次测出的阻值均很小，说明是 N 沟道管，且黑表笔接的就是栅极。若不出现上述情况，可调换另一电极，按上述方法进行测量，直到判断出栅极为止。

一般结型场效应管的源极和漏极在制造工艺上是对称的，因此可互换使用，所以可以不再定栅极和漏极，源极和漏极间的电阻值正常时约为几千欧。

（2）估测场效应管的放大能力。

将表置于 $R \times 100$ 挡，黑笔接漏极 D，红笔接源极 S，这时指针指出的是漏极和源极间的电阻值。用手捏住栅极 G，指针应有较大幅度的摆动，摆幅越大，则场效应管的放大能力越强。若指针摆动很小，则场效应管的放大能力很弱。若指针不动，说明场效应管已失去放大能力。

3）MOS 场效应管的测量

目前常用的 MOS 场效应管多为双栅型的结构，两个栅极都能控制沟道电流的大小，靠近源极 S 的栅极 G1 是信号栅，靠近漏极 D 的栅极 G2 是控制栅。

（1）判定场效应管的电极。

将表置于 $R \times 100$ 挡，用红、黑表笔依次轮换测量各引脚间的电阻值，只有漏极 D 和两极间的电阻值为几十欧至几千欧，其余各引脚间的阻值为无穷大。当找到漏极 D 和源极 S 以后，再交换表笔测量这两个电极间的阻值，其被测阻值较大的一次测量中，黑表笔接的为漏极 D。红表笔接的为源极 S。靠近源极 S 的栅极为信号栅 G_1，靠近漏极 D 的栅极为控制栅 G_2。

（2）估测场效应管的放大能力。

将表置于 $R \times 100$ 挡，黑表笔接漏极 D，红表笔接源极 S，这时指针指出的漏极和源极间的电阻值。用手握住螺钉旋具的绝缘柄，用金属杆去碰触栅极，指针应有较大幅度的摆动，摆幅越大，则放大能力越强，若指针摆动很小，则放大能力很弱。若指针不动，则已失去放大能力。对 MOS 场效应管不能用手捏住栅极，以防止引起 MOS 场效应管的栅极击穿。

注意：MF47 指针式万用表黑表笔连接内部电池的正极，红表笔连接内部电池的负极。数字式万用表红表笔连接内部电池的正极，黑表笔连接内部电池的负极。

1.3.8 集成电路

1. 认识集成电路的封装形式

集成电路封装，简称封装，是半导体器件制造的最后阶段，之后将进行集成电路（IC）性能测试。器件的核心晶粒被封装在一个支撑物之内,这个封装可以防止物理损坏(如碰撞和划伤)及化学腐蚀,并提供对外连接的引脚,这样就便于将芯片安装在电路系统里。

芯片的封装通常需要考虑引脚的配置、电学性能、散热和芯片物理尺寸方面的问题。

1)晶体管外形封装 IC(TO)

TO 的中文意思是"晶体管外形"。这是早期的封装规格,如 TO-92、TO-92L、TO-220、TO-252 等都是插入式封装设计。近年来表面贴装市场需求量增大,TO 封装也进展到表面贴装式封装。如图 1.88 所示为 TO 封装 IC 的实物图。

2)双列直插封装 IC(DIP)

双列直插封装也称 DIP 封装或 DIP 包装,简称 DIP 或 DIL,是一种集成电路的封装方式,集成电路的外形为长方形,在其两侧则有两排平行的金属引脚,称为排针。DIP 包装的元器件可以焊接在印制电路板电镀的贯穿孔中,或插在 DIP 插座上。

DIP 包装的元器件一般会简称 DIPn,其中 n 是引脚的个数,例如十四针的集成电路即称为 DIP14,如图 1.89 所示即为 DIP14 的集成电路实物图。

图 1.88 TO 封装 IC 的实物图

DIP 引脚标号的识别:当元器件的识别缺口朝上时,左侧最上方的引脚为引脚 1,其他引脚则以逆时针的顺序依序编号。有时引脚 1 也会以圆点作为标示。

如图 1.90 所示为 DIP8 的 IC 引脚排列图,识别缺口朝上时,左侧的引脚由上往下依序为引脚 1~引脚 4,而右侧的引脚由下往上依序为引脚 5~引脚 8。

图 1.89 DIP14 的集成电路实物图

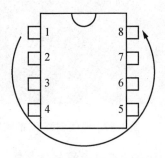

图 1.90 DIP8 的引脚排列图

3)单列直插封装 IC(SIP)

单列直插封装 IC 又称 SIP 封装,其引脚在芯片单侧排列,引脚节距等特征与 DIP 基本相同。如图 1.91 所示为单列直插封装 IC 的实物图。

4)贴片封装 IC(SMT)

SMT 是表面组装技术的英文缩写,是目前电子组装行业里最流行的一种技术和工艺。它将传统的电子元器件压缩成为体积只有原来几十分之一的器件,从而实现了电子产品组装的高密度、高可靠、小型化、低成本,以及生产的自动化。这种小型化的元器件称为 SMY 器件(或称 SMC、片式器件)。将元器件装配到印制电路板(或其他基板)上的工艺方法称为 SMT 工艺。相关的组装设备则称为 SMT 设备。

目前，先进的电子产品，特别是计算机及通信类电子产品，已普遍采用 SMT 技术。国际上 SMD 器件产量逐年上升，而传统器件产量逐年下降，因此随着进间的推移，SMT 技术将越来越普及。如图 1.92 所示的电路里的 IC 采用的就是 SMT 封装。

图 1.91　单列直插封装 IC 的实物图

5）定制 IC

定制 IC 是根据特殊要求而定制的特殊功能 IC，如图 1.93 所示为音乐 IC 的实物图。

图 1.92　SMT 封装 IC 的实物图　　　　　图 1.93　音乐 IC 的实物图

2．读取集成电路的相关参数

（1）集成电路的封装形式和引脚顺序。

集成电路的封装材料及外形有多种，最常用的封装材料有塑料、陶瓷及金属三种。封装外形可分为圆形金属外壳封装（晶体管式封装）、陶瓷扁平或塑料外壳封装、双列直插式陶瓷或塑料封装、单列直插式封装等。

集成电路的引脚分别有 3 根、5 根、7 根、8 根、10 根、12 根、14 根、16 根等多种，正确识别引脚排列顺序是很重要的，否则集成电路无法正确安装、调试与维修，以至于不能正常工作，甚至造成损坏。

集成电路的封装外形不同，其引脚排列顺序也不一样。

（2）圆筒形和菱形金属壳封装 IC 的引脚识别，如图 1.94（a）所示，面向引脚（正视），由定位标记所对应的引脚开始，按顺时针方向依次数到底即可。常见的定位标记有突耳、圆孔及引脚不均匀排列等。

（3）单列直插式 IC 的引脚识别，如图 1.94(b)、(c)所示，将 IC 引脚向下面对型号或定位标记，自定位标记一侧的第一根引脚数起，依次为 1 脚、2 脚、3 脚……此类集成电路上常用的定位标记为色点、凹坑、细条、色带、缺角等。

有些厂家生产的集成电路本是同一种芯片，为了便于在印制电路板上灵活安装，其封装外形有多种。一种按常规排列，即自左向右；另一种则自右向左，如少数这种器件上没有引脚识别标记，这时应从它的型号上加以区别。若其型号后缀有一个字母 R，则表明其引脚顺序为自右向左反向排列。例如，M5115P 与 M5115PR，前者引脚排列顺序为自左向右为正向排列，后者引脚为自右向左反向排列。

（4）双列直插式或扁平式 IC 的引脚识别，如图 1.94(d)、(e)、(f)所示，将其水平放置，引脚向下，即其型号、商标向上，定位标记在左边，从左下角第一根引脚数起，按逆时针方向，依次为 1 脚、2 脚、3 脚……

（5）扁平式集成电路的引脚识别方向和双列直插式 IC 相同，如图 1.94(g)、(h)所示为四列扁平封装的微处理器集成电路的引脚排列顺序。

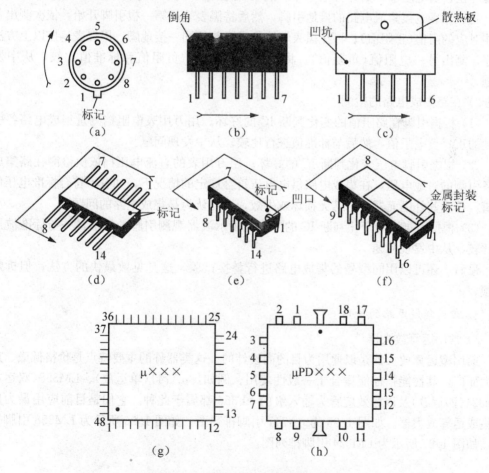

图 1.94 各集成电路的引脚识别

3. 集成电路的检测

对集成电路的质量检测一般分为非在路集成电路的检测和在路集成电路的检测。

1) 非在路集成电路的检测

非在路集成电路是指与实际电路完全脱开的集成电路,即集成电路本身。为减少不应有的损失,集成电路在往印制电路板上焊接前应先进行测试,证明其性能良好,然后再进行焊接,这一点尤其重要。

检测非在路集成电路的好坏的准确方法是,按制造厂商给定的测试电路和条件,逐项进行检测。而在一般性电子制作或维修过程中,较为常用的准确方法是,先在印制电路板的对应位置上焊接上一个集成电路插座,在断电情况下将被测集成电路插上。通电后,若电路工作正常,说明该集成电路的性能是好的;反之,若电路工作不正常,说明该集成电路的性能不良或者已损坏。此方法的优点是准确、实用,但焊接的工作量大,往往受到客观条件的限制。

检测非在路集成电路的好坏比较简单的方法是,用万用表电阻挡测量集成电路各引脚对地的正、负电阻值。具体方法如下:将万用表置于 $R \times 1k$ 挡、$R \times 100$ 挡或 $R \times 10$ 挡上,先让红表笔接集成电路的接地引脚,然后将黑表笔从第一根引脚开始,依次测出各引脚相对应的阻值(正阻值);再让黑表笔接集成电路的同一接地脚,用红表笔按以上方法与顺序,测出另一电阻值(负阻值)。将测得的两组正、负阻值和标准值比较,从中发现问题。

2) 在路集成电路的检测

(1) 根据引脚在路阻值的变化判断 IC 的好坏。用万用表电阻挡测量集成电路各引脚对地的正、负电阻值,然后与标准值进行比较,从中发现问题。

(2) 根据引脚电压变化判断 IC 的好坏。用万用表的直流电压挡依次检测在路集成电路各引脚的对地电压,在集成电路供电电压符合规定的情况下,如有不符合标准电压值的引脚,再查其外围元器件,若无损坏或失效,则可认为是集成电路的问题。

(3) 根据引脚波形变化判断 IC 的好坏。用示波器观测引脚的波形,并与标准波形进行比较,从中发现问题。

最后,还可以用同型号的集成电路进行替换试验,这是见效最快的方法,但拆焊较麻烦。

4. 常用集成电路的使用

1) 常用运算放大器

通用型运算放大器是以通用为目的而设计的。这类器件的主要特点是价格低廉、产品量大面广,其性能指标能适合于一般性使用。例如,$\mu A741$(单运放)、LM358(双运放)、LM324(四运放)及以场效应管为输入级的 LF356 都属于此种。它们是目前应用最为广泛的集成运算放大器。如图 1.95 为 $\mu A741$ 引脚排列图,如图 1.96 所示为 LM358 引脚排列图,如图 1.97 所示为 LM324 引脚排列图。

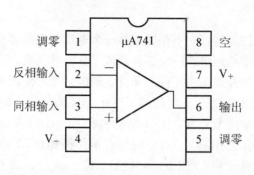

图 1.95 μA741 引脚排列图

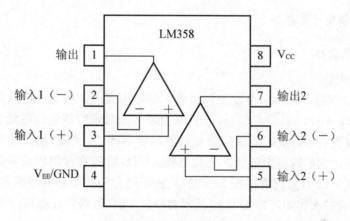

图 1.96 LM358 引脚排列图

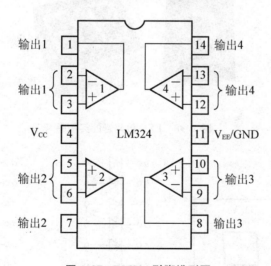

图 1.97 LM324 引脚排列图

2) 常用数字集成电路

数字集成电路是将元器件和连线集成于同一半导体芯片上而制成的数字逻辑电路或系统。可组成门电路，触发器，时基、延时、分频电路，计数器，译码器，模拟开关，数据选择器(如 74 系列、555 系列)等都是常用数字集成电路。具体信息查看元器件手册。

3) 单片机

单片机又称单片微控制器，它不是完成某一个逻辑功能的芯片，而是把一个计算机系统集成到一个芯片上。概括地讲：一块芯片就成了一台计算机。它的体积小，质量轻，价格低廉，为学习、应用和开发提供了便利条件。同时，学习使用单片机是了解计算机原理与结构的最佳选择。可以说，20 世纪跨越了三个"电"的时代，即电气时代、电子时代和现已进入的电脑时代。常用型号有：①51 结构的有 Atmel 的 AT89C×× 系列、AT89S×× 系列、AT89C20 系列(20 引脚)，STC 的所有单片机都是 51 结构的，合泰、笙泉的都是 51 结构的；②AVR 单片机；③PIC 单片机(8 位、16 位、32 位都有)；④飞思卡尔单片机；等等。在选择时，根据设计要求选择合适的单片机型号。

1.3.9 其他电子元器件

1. 认识显示器件

1) LED 数码管

LED 数码管实际上是由 7 个发光管组成 8 字形构成的，加上小数点就是 8 个。这些段分别由字母 a, b, c, d, e, f, g, DP 来表示。当数码管特定的段加上电压后，这些特定的段就会发亮，以形成我们眼睛看到的数码管字样了。LED 数码管引线已在内部连接完成，只需引出它们的各个笔画、公共电极。LED 数码管常用段数一般为 7 段，有的另加一个小数点，LED 数码管根据 LED 的接法不同分为共阴和共阳两类。如图 1.98 所示为 LED 数码管的实物图，如图 1.99 所示为一位 LED 数码管外形和内部结构图。

图 1.98　LED 数码管的实物图

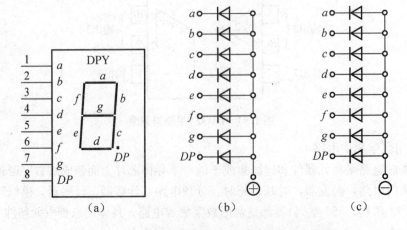

图 1.99　一位 LED 数码管电气符号和内部结构图

2）LED 点阵

近年来 LED 点阵技术发展迅猛，LED 电子显示屏已经悄悄地在我们身边普及：使用场所涉及证券市场、银行、机场、车站、商场等，包括北京奥运会开幕式上的"巨幅画卷"也使用了巨大的 LED 电子显示屏。LED 电子显示屏以其使用寿命长、环境适应能力强、亮度高、可视角大等优点受到用户的青睐。如图 1.100 所示为 LED 电子显示屏实物图。

LED 电子显示屏是由几万至几十万个半导体发光二极管像素点均匀排列组成。利用 LED 电子显示屏用不同的材料可以制造不同色彩的 LED 像素点。LED 显示屏分为图文显示屏和视频显示屏，均由 LED 点阵组成。一个 LED 点阵显示模块一般是由 $M \times N$ 个 LED 组成的矩阵，有的点阵里的 LED 是由双色发光二极管组成，即双色 LED 点阵模块。由多个 LED 点阵显示模块可组成点阵数更高的点阵，如 4 个 8×8 LED 点阵显示模块可构成 16×16 点阵。如图 1.101 所示为 8×8 LED 点阵显示模块实物图。

图 1.100　LED 电子显示屏实物图

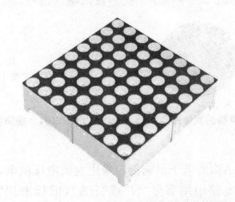

图 1.101　8×8 LED 点阵显示模块实物图

3）LCD 液晶显示模块

LCD 液晶显示模块简单地说就是屏＋背光板＋印制电路板＋铁框。电力终端、仪器仪表等的显示部件就是液晶模块，其地位相当于 CRT 中的显像管。其他部分包括电源电路、信号处理电路、外壳等。液晶模块主要分为屏和背光灯组件。两部分被组装在一起，但工作的时候是相互独立的（即电路不相关）。如图 1.102 所示为 LCD 液晶显示屏实物图。

LCD 液晶显示分为段位式、字符式和点阵式。段位式 LCD 和字符式 LCD 只能用于字符和数字的简单显示，不能满足图形曲线和汉字显示的要求。点阵式 LCD 不仅可以显示字符、数字，还可以显示各种图形曲线及汉字，并且可以实现屏幕上、下、左、右滚动，以及动画、分区开窗反转、闪烁等功能，用途十分广泛。

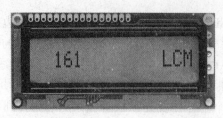

图 1.102　LCD 液晶显示屏实物图

2. 认识电声器件

1）扬声器

扬声器俗称"喇叭"。是一种十分常用的电声换能器件，在发声的电子电气设备中都能见到它。扬声器有两个接线柱（两根引线），当单只扬声器使用时两根引脚不分正负极性，多只扬声器同时使用时两个引脚有极性之分。扬声器有一个纸盆，它的颜色通常为黑色，也有白色。扬声器纸盆背面是磁铁，外磁式扬声器用金属螺钉旋具去接触磁铁时会感觉到磁性的存在；内磁式扬声器中没有这种感觉，但是外壳内部确有磁铁。扬声器的外形有圆形、方形和椭圆形等几大类。扬声器分为内置扬声器和外置扬声器，而外置扬声器即一般所指的音箱。内置扬声器是指播放器具有内置的扬声器，这样用户不仅可以通过耳机插孔还可以通过内置扬声器来收听播放器发出的声音。如图 1.103 所示为功率 0.4W、内阻 8Ω 的扬声器的实物图。如图 1.104 所示为扬声器的电气符号。

图 1.103　扬声器的实物图　　　　　**图 1.104　扬声器的电气符号**

2）蜂鸣器

蜂鸣器是一种一体化结构的电子讯响器，采用直流电压供电，广泛应用于电子产品中作为发声器件。蜂鸣器在电路中用字母"H"或"HA"（旧标准用"FM"、"LB"、"JD"等）表示。

蜂鸣器主要分为有源蜂鸣器和无源蜂鸣器两种类型。注意：这里的"源"不是指电源，而是指震荡源。也就是说，有源蜂鸣器内部带震荡源，所以只要一通电就会叫。而无源内部不带震荡源，所以如果用直流信号无法令其鸣叫，必须用相应的驱动电路去驱动它。有源蜂鸣器往往比无源蜂鸣器价格高，就是因为里面多了一个震荡电路。

无源蜂鸣器的优点：①价格低廉；②声音频率可控，可以做出"哆来咪发唆啦西"的效果；③在一些特例中，可以和 LED 复用一个控制口。

有源蜂鸣器的优点是程序控制方便。

如图 1.105(a)所示为无源蜂鸣器的实物图，可以看出蜂鸣器内部有绿色的线路板的为无源蜂鸣器；如图 1.105(b)所示为有源蜂鸣器的实物图，可以看出蜂鸣器底部用黑胶密封的为有源蜂鸣器。如图 1.106 所示为蜂鸣器的电气符号。

(a) 无源蜂鸣器　　　　　(b) 有源蜂鸣器

图 1.105　蜂鸣器的实物图

图 1.106　蜂鸣器的电气符号

3) 传声器

传声器是将声音信号转换为电信号的能量转换器件，英文简称 MIC，也称麦克风、话筒、微音器。20 世纪，传声器由最初通过电阻转换声电发展为电感、电容式转换，大量新的传声器技术逐渐发展起来，这其中包括铝带、动圈等传声器，以及当前广泛使用的电容传声器和驻极体传声器。传声器按照使用功能大概分三类：第一，演出用传声器，主要使用动圈传声器和电容传声器(主要根据使用场合和要求不同而选择)；第二，录音用传声器，主要使用电容传声器和铝带传声器，录音用电容传声器不包括驻极体传声器；第三，会议用传声器，主要使用驻极体传声器和少量的动圈传声器。如图 1.107 所示为传声器的实物图，如图 1.108 所示为传声器的电气符号。

图 1.107　传声器的实物图

图 1.108　传声器的电气符号

4) 继电器

继电器是一种电控制器件，通常应用于自动化的控制电路中，它实际上是用小电流去控制大电流运作的一种"自动开关"。故在电路中起着自动调节、安全保护、转换电路等作用。

继电器是由线圈和触点组两部分组成的，当线圈上所加的电压达到规定要求时，触点就会产生相应的动作。根据线圈所加电压的不同分为直流继电器和交流继电器。在电子产品中多用直流继电器。如图 1.109 所示为直流继电器的实物图，如图 1.110 所示为直流继电器的电气符号。

图 1.109　直流继电器的实物图

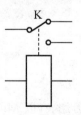

图 1.110　直流继电器的电气符号

5）开关

开关是指一个可以使电路开路、使电流中断或使其流到其他电路的电子元器件。最常见的开关是让人操作的机电设备（如延时开关、轻触开关、光电开关、双控开关等），其中有一个或数个电子接点。接点的"闭合"表示电子接点导通，允许电流流过；开关的"开路"表示电子接点不导通，形成开路，不允许电流流过。

开头按照结构分为微动开关、船型开关、钮子开关、拨动开关、按钮开关、按键开关，还有时尚潮流的薄膜开关、点触开关。如图 1.111(a)所示为钮子开关的实物图，如图 1.111(b)所示为拨动开关的实物图，如图 1.111(c)所示为点触开关的实物图。

(a) 钮子开关　　　　　　　　(b) 拨动开关　　　　　　　　(c) 点触开关

图 1.111　常见开关的实物图

6）接插件

接插件也称连接器，国内也称作接头和插座，一般是指电接插件，即连接两个有源器件的器件，以传输电流或信号。接插件的选择主要考虑这三方面：机械性能、电气性能和环境性能。机械性能就是接插件的插拔力。接插件的主要电气性能包括接触电阻、绝缘电阻和抗电强度。常见接插件的环境性能包括耐温、耐湿、耐盐雾、耐振动和耐冲击等。如图 1.112 所示为接插件的实物图。

图 1.112　接插件的实物图

3. 检测 LED 数码管

1）用指针式万用表（以 MF47 为例）

(1) 由于 LED 的导通电压较高，所以应该用万用表的 $R \times 10k$ 挡来检测 LED 数码管的发光情况。虽然 $R \times 10k$ 挡的电流比较小，但还是能够观察区分出 LED 是否发光。

(2) 先用红表笔搭在数码管上任一脚，黑表笔在其他脚上扫过，如果不亮，有可能此管为共阴，可用第(3)法再试。如有一段点亮，黑表笔不动，移动红表笔，在其他脚测。如果其他脚分别都能点亮，则可以说明黑表笔接的是公共脚，此管共阳。(万用表的黑表笔是正电源。)

(3) 表笔更换一下，黑表笔先搭一脚，红表笔在其他脚上扫过。如有一段点亮，红表笔不动，黑表笔在其他脚上扫过。如各段分别点亮，则红表笔所接为公共脚，此管共阴。

(4) 如(2)、(3)两法均不亮，可能数码管额定电压较高，也可能数码管是坏的。这时，可用 5V 电源串联一个 500Ω 电阻继续测试。

2) 用数字式万用表(以 F17B 为例)

用二极管挡(有个二极管符号的，也作通路挡使用)，方法同指针式万用表。不过，红表笔所对应的共阳共阴和指针式万用表是相反的。因为数字式万用表的红表笔就是正电源。

以上共阳共阴测试时，点亮的段可记下对应的引脚。这样，公共极及 $a\sim g.DP$ 也就同时测出了。

4. 检测扬声器

业余条件下对扬声器的检测只能采用试听检查法和万用表检测法。

(1) 试听检查法是将扬声器接在功率放大器的输出端，通过听声音来主观评价它的质量好坏。

听响声：测量直流电阻时，将一只表笔断续解除引脚，应该能听到扬声器发出"喀喇喀喇"响声，响声越大越好，无此响声说明扬声器音圈被卡死。

直观检查：检查扬声器有无纸盆破裂的现象。

检查磁性：用螺钉旋具去试磁铁的磁性，磁性越强越好。

(2) 采用万用表检测扬声器，以 MF47 为例。

① 估测扬声器的好坏。用 1 节 5 号干电池(1.5V)，用导线将其负极与扬声器的某一端相接，再用电池的正极去触碰扬声器的另一端，正常的扬声器应发出清脆的"咔咔"声。若扬声器不发声，则说明该扬声器已损坏。若扬声器发声干涩沙哑，则说明该扬声器的质量不佳。

将万用表置于 $R\times1$ 挡，用红表笔接扬声器某一端，用黑表笔去点触扬声器的另一端，正常时扬声器应有"喀喀"声，同时万用表的表针应同步摆动。若扬声器不发声，万用表指针也不摆动，则说明音圈烧断或引线开路。若扬声器不发声，但指针偏转且阻值基本正常，则是扬声器的振动系统有问题。

② 估测扬声器的阻抗。一般扬声器在磁体的商标上都有额定阻抗值。若遇到标记不清或标记脱落的扬声器，则可用万用表的电阻挡估测出阻抗值。

测量时，万用表应置于 $R\times1$ 挡，用两表笔分别接扬声器的两端，测出扬声器音圈的直流电阻值，而扬声器的额定阻抗通常为音圈直流电阻值的 1.17 倍。8Ω 的扬声器音圈的直流电阻值为 $6.5\sim7.202\Omega$。测量阻值为无穷大，或远大于它的标称阻抗值，说明扬声器已经损坏。

③ 判断扬声器的相位。扬声器是有正、负极性的，在多只扬声器并联时，应将各只扬声器的正极与正极连接，负极与负极连接，使各只扬声器通相位工作。

检测时，可用 1 节 5 号干电池，用导线将电池的负极与扬声器的某一端相接，用电池的正极去接扬声器的另一端。若此时扬声器的纸盆向前运动，则接电池正极的一端为扬声器的正极；若纸盆向后运动，则接电池负极的一端为扬声器的正极。

5. 检测蜂鸣器

(1) 有源蜂鸣器的检测用 6V 直流电源(也可用 4 节 1.5V 干电池串联)，将其正极和负极分别与有源蜂鸣器的正极和负极连接上，正常的有源蜂鸣器应发出悦耳的响声。若通电后蜂鸣器不发声，说明其内部有元器件损坏或有线路断线，应对其内部的振荡器和有源蜂鸣片进行检查修理。

(2) 无源蜂鸣器的检测可用万用表 $R\times 10$ 挡，将黑表笔接蜂鸣器的正极，用红表笔去点触蜂鸣器的负极。正常的蜂鸣器应发出较响的"喀喀"声，万用表指针也大幅度向左摆动。若无声音，万用表指针也不动，则是蜂鸣器内部的电磁线圈开路损坏。

6. 检测直流电磁式继电器

(1) 检测触点的接触电阻。用万用表 $R\times 1$ 挡测量继电器常闭触点的电阻值，正常值应为 0。

再将衔铁按下，同时用万用表测量常开触点的电阻值，正常值也应为 0。

若测出某组触点有一定阻值或为无穷大，则说明该触点已氧化或触点已被烧蚀。

(2) 检测电磁线圈的电阻值。继电器正常时，其电磁线圈的电阻值为 $25\sim 2000\Omega$。额定电压较低的电磁式继电器，其线圈的电阻值较小；额定电压较高的继电器，线圈的电阻值相对较大。

若测得继电器电磁线圈的电阻值为无穷大，则说明该继电器的线圈已开路损坏。若测得线圈的电阻值低于正常值许多，则是线圈内部有短路故障。

(3) 估测吸合电压与释放电压。将被测继电器电磁线圈的两端接上 $0\sim 35V$ 可调式直流稳压电源(电流为 2A)后，再将稳压电源的电压从低逐步调高，当听到继电器触点吸合动作声时，此时的电压值即为(或接近)继电器的吸合电压。额定工作电压一般为吸合电压的 $1.3\sim 1.5$ 倍。

在继电器触点吸合后，再逐渐降低电磁线圈两端的电压。当调至某一电压值时继电器触点释放，此电压即是继电器的释放电压(一般为吸合电压的 $10\%\sim 50\%$)。

7. 检测开关

把万用表调到 $R\times 1$ 挡，再用两表笔测开关的两个接线端，并将开关各开关一次，如表均无反应则说明开关已损坏，但注意两个手指不要碰到表笔或开关接线端，防止身体导电造成万用表反应的假象。

8. 检测接插件

1) 连通性测试

和检测开关一样，检查接插件的简便方法是用万用表的电阻最低挡($R\times 1$ 挡)进行测量。先把接插件插好，然后测量接件和插件对应的接触点之间的接触电阻值。

接触良好的接插件，万用表应指示直通(电阻值为 0Ω)，检查时可以多拔、插几次，每次拔、插后测量都应该接触良好，如果万用表指示不为 0Ω，而是有一定读数，说明接插件之间未连通。

2) 绝缘性能测试

测量不该接通的接触点之间的绝缘情况时，应该将万用表拨在 $R \times 10k$ 挡，测试时万用表指针应该不动。如果指针稍微有一些偏转，就说明这两点之间绝缘性能不佳，存在漏电现象。如果指针指向 0Ω，则说明这不该接通的接触之间有短路故障。

任务小结

通过本任务主要学习了常用的电子元器件，即电阻、电容器、各类半导体器件(如二极管、晶体管、集成电路等)、显示器件和电声器件；掌握了通过打印在元器件表面的数字和颜色获取其相关性能参数，为将来的设计电路选择元器件打下基础；掌握了使用万用表检测元器件的方法，判断故障元器件的方法，直接影响元器件性能的参数测量。

习题

1. 填空题

(1) 在元器件上常用的数值标注方法有_____、_____。

(2) 电子元器件的规格参数有_____、_____、_____。

2. 选择题

(1) 请用四色环标注出电阻：$6.8k\Omega \pm 5\%$，以下选项(   )是正确的。

    A. 绿、蓝、黑、金   B. 黄、紫、棕、金

    C. 蓝、灰、黄、金   D. 红、黑、黑、金

(2) 使用 MF47 检测 LED 数码管，应置于(   )挡位。

    A. $R \times 10$ B. $R \times 100$ C. $R \times 1k$ D. $R \times 10k$

3. 问答题

(1) 如何对电子元器件进行检验和筛选？

(2) 检测电位器，判断出固定端和滑动端，并检测好坏。

(3) 如何检测电解电容器并判断其好坏？

(4) 如何检测二极管并判断其好坏？

(5) 如何检测晶体管并判断其引脚极性？

任务2 电子产品装配工艺

2.1 任务导入

电子产品在国民经济各个领域的应用越来越广泛，打开小小的电子产品，我们可以看到五花八门的电子元器件及各种印制电路板，那么多元器件和零部件如何进行安装？怎样安装才符合要求呢？例如，如图 2.1 和图 2.2 所示，这部来电显示电话机应该如何安装才能实现

丰富的功能？在本任务里我们将详细讨论电子制造业的核心之一——电子产品装配工艺。

图2.1　来电显示电话机外观图

图2.2　来电显示电话机内部结构图

1. 焊接工艺

在电子产品装配中，焊接是一种重要的连接方法，是一项重要的基础工艺，也是一种基本的操作技能。在电子产品的实验、调试、生产等过程中的每个阶段，都要考虑和处理与焊接有关的问题。焊接质量的好坏将直接影响产品的质量。因此练习焊接操作技能非常必要。焊接的种类很多，本节主要阐述应用广泛的手工锡焊焊接。

1) 焊接的基本知识

焊接是使金属连接的一种方法。它是通过加热或加压或者两者并用的手段，在两种金属的接触面，通过焊接材料的原子或分子的相互扩散作用，使两金属间形成一种永久的牢固结合。利用焊接的方法形成连接的接点就称为焊点。

2) 锡焊的特点

在电子产品制作过程中，应用最普遍、最具代表性的焊接形式是锡焊。采用锡铅焊料进行的焊接称为锡铅焊，简称锡焊，它属于钎焊中的软焊。锡焊能实现电气的连接，让两个金属部件实现电气导通，锡焊同时能够实现部件的机械连接，对两个金属部件起到结合、固定的作用。

当前，虽然焊接技术发展很快，但是锡焊在电子产品装配的连接技术中仍然占据主导地位。它与其他焊接方法相比具有如下特点。

(1) 焊料熔点低，适用范围广。锡焊属于软焊，焊料熔化温度在180～320℃。除含有大量的铬和铝等合金的金属材料不宜采用锡焊外，其他的金属材料大都可以采用锡焊。

(2) 焊接方法简单，易形成焊点。

(3) 成本低且操作方便。

3) 焊接方法

(1) 手工焊接：采用手工操作的传统焊接方法。根据焊接前接点的连接方式不同，可分为绕焊、钩焊、搭焊、插焊等不同方式。

(2) 机器焊接：在手工焊接基础上出现的自动焊接技术。它根据工艺方法的不同，可分为浸焊、波峰焊和再流焊。

2. 手工焊接

手工焊接只适用于小批量生产和维修加工。例如，在科研开发、设计试制、技术革新的过程中制作一两块电路板，电子产品的维修、调试中经常采用手工焊接。但是对于生产批量大、质量要求高的电子产品，为了提高工效、降低成本和确保质量，就需要自动化的焊接系统，因此企业使用波峰焊接机进行焊接，有利于保证工艺条件和焊接的一致性，提高产品质量。虽然批量电子产品生产已较少采用手工焊接了，但不可避免地还会用到手工焊接。焊接质量的好坏也直接影响到维修效果。手工焊接是一项实践性很强的技能，在了解一般方法后，要多练、多实践，才能有较好的焊接质量。

3. 手工焊接常用工具

手工焊接常用的工具主要有电烙铁、烙铁架、热风枪、台灯、多种替换烙铁头、吸水棉、吸锡器或吸锡带、助焊笔、剪钳、镊子、拆焊工具等。

4. 焊接材料

焊接材料包括焊料(焊锡)和焊剂(助焊剂与阻焊剂)。焊料是一种熔点比被焊金属熔点低的易熔金属。当焊料熔化时，在被焊金属不熔化的条件下能润浸被焊金属表面，并在接触面形成合金层而与被焊金属连接到一起。在一般电子产品装配中，主要使用锡铅焊料，俗称焊锡。

助焊剂是通常以松香为主要成分的混合物，是保证焊接过程顺利进行的辅助材料。

阻焊剂是一种耐高温的涂料，在电路板上用于保护不需要焊接的部分。印制电路板上的绿色涂层即为阻焊剂。

5. 焊接质量检查

焊接后一般均要进行质量检查。由于焊接检查与其他生产工序不同，没有一种机械化、自动化的检查测量方法，因此主要通过目视检查和手触检查来发现问题。

6. 拆焊

在电子产品的调试、维修、装配中，或由于焊接错误，都需要对一些元器件进行更换，即将需要更换的元器件从原来的位置拆下来，这个过程就是拆焊，是焊接的逆向过程。

2.2 任务分析

1. 锡焊

焊接技术在电子工业中的应用非常广泛，在电子产品制造过程中，几乎要用到各种焊接方法，但使用最普遍、最有代表性的是锡焊方法。锡焊是焊接的一种，它是将焊件和熔点比焊件低的焊料共同加热到锡焊温度，在焊件不熔化的情况下，焊料熔化并浸润焊接面，依靠二者原子的扩散形成焊件的连接。其主要特征有以下三点。

(1) 焊料熔点低于焊件。

(2) 焊接时将焊料与焊件共同加热到锡焊温度，焊料熔化而焊件不熔化。

(3) 焊接的形成依靠熔化状态的焊料浸润焊接面，由毛细作用使焊料进入焊件的间隙，形成一个合金层，从而实现焊件的结合。

2. 电烙铁

电烙铁是手工焊接的主要工具，主要由发热元器件、烙铁头和手柄三部分组成。电烙铁的种类很多，按结构来分，有内热式和外热式两种；按加热方式来分，有直热式、感应式、气体燃烧式等多种；按功率大小来分，有 20W、30W、40W、50W、60W 甚至上百瓦等多种；按功能来分，有单用式、调温式和带吸锡功能式等多种。

烙铁头由纯铜材料制成，其作用是储存热量和传递热量，它的温度比被焊物体的温度要高得多。烙铁的温度与烙铁头的体积形状、长短均有关系，体积较大的烙铁头保持温度的时间较长。为适应不同的焊接物的要求，烙铁头的形状有所不同，常见的有锥形、凿形、圆斜面形等，具体形状如图 2.3 所示。

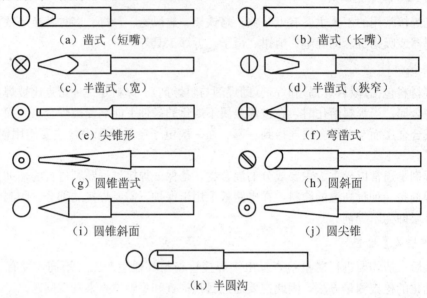

（a）凿式（短嘴）　　　　　　　　　（b）凿式（长嘴）

（c）半凿式（宽）　　　　　　　　　（d）半凿式（狭窄）

（e）尖锥形　　　　　　　　　　　　（f）弯凿式

（g）圆锥凿式　　　　　　　　　　　（h）圆斜面

（i）圆锥斜面　　　　　　　　　　　（j）圆尖锥

（k）半圆沟

图 2.3　烙铁头的形状

3．常用焊料的种类

焊料根据熔点不同可分为硬焊料和软焊料；根据组成成分不同可分为锡铅焊料、银焊料、铜焊料等。在锡焊工艺中，一般使用锡铅合金焊料。

4．常用焊料的形状

焊料在使用时常按规定的尺寸加工成形，有丝状、片状、带状和焊料膏。

5．常用助焊剂的种类

助焊剂的种类很多，大体上可分为有机、无机和树脂三大系列。树脂助焊剂也称松香类助焊剂。

6．常用阻焊剂的种类

阻焊剂的种类有热固化型阻焊剂、紫外线光固化型阻焊剂(又称光敏阻焊剂)和电子辐射固化型阻焊剂几种。目前常用的是紫外线光固化型阻焊剂。

■ 2.3　任务知识点

2.3.1　焊接的基本知识

电路板焊接所要求的基本条件如下。

(1) 被焊金属材料应具备良好的可焊性。

可焊性是指被焊接的金属材料与焊料在适当的温度和助焊剂的作用下，形成良好结合的能力。铜是导电性能良好和易于焊接的金属材料，常用的元器件引线、导线及焊盘等，大多采用铜材或镀铝锡合金的金属材料，除铜以外，金、银、铁等都具有良好的可焊性，但它们不如铜应用广泛。

（2）被焊金属材料表面应清洁。

为使熔融焊锡能良好地浸润固体金属表面，重要条件之一就是让被焊件金属表面保持清洁，使后面的焊接过程能顺利完成。

（3）助焊剂使用要得当。

助焊剂的性能一定要适合于被焊件的金属材料的焊接性能，这样才能很好地帮助清洁焊接界面，有助于熔化的焊锡浸润金属表面，从而使焊锡和被焊件结合牢固。

（4）合理选用焊接材料。

焊料的成分和性能应与被焊件金属材料的可焊性、焊接温度、焊接时间、焊点和机械强度相适应，已达到易焊和焊牢的目的。

（5）适当的温度选择。

锡焊是利用加热的方法使金属连接的，所以只有将焊料和被焊件加热到适当的焊接温度，才能使它们完成焊接过程并最终形成牢固的焊点。

（6）适当的焊接时间。

焊接时间的长短要适当，过长会损坏焊接部位或元器件；过短则达不到焊接要求。

2.3.2 焊接工具

1. 电烙铁的种类

1）外热式电烙铁

外热式电烙铁的关键部件是烙铁芯，它也是发热部分，烙铁头被安装在烙铁芯里，故称为外热式电烙铁，如图2.4所示为外热式电烙铁实物图，（a）为大功率电烙铁实物图，（b）为小功率电烙铁实物图。

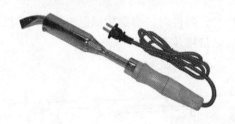

（a）大功率电烙铁　　　　　　　　　　　（b）小功率电烙铁

图2.4 外热式电烙铁实物图

外热式的电烙铁的规格很多，功率越大烙铁头的温度越高。烙铁芯的功率随其内阻而变化，常用烙铁芯的规格与内阻详见表2-1。

表2-1 常用烙铁芯的规格与内阻

烙铁芯的规格	25W	45W	75W	100W
烙铁芯的内阻	约2kΩ	约1kΩ	约0.6kΩ	约0.5kΩ

2）内热式电烙铁

内热式电烙铁的烙铁芯安装在烙铁头里，故称为内热式电烙铁，如图 2.5 所示为内热式电烙铁的实物图。内热式电烙铁常用的规格有 20W、30W、50W 等几种。

图 2.5　内热式电烙铁实物图

内热式电烙铁具有升温快、质量轻、耗电省、体积小及热效率高等特点，得到普遍应用。例如，20W 内热式电烙铁的内阻约为 2.5kΩ，烙铁温度一般可达 350℃，相当于 40W 左右的外热式电烙铁。

内热式电烙铁烙铁头的后端是空心的，与连接杆套接，并用弹簧夹固定以保证紧密连接。需更换烙铁头时，必须先将弹簧夹退出，同时用钳子夹住烙铁头的前端，慢慢拔出。注意不能用力过猛，以免损坏连接杆。

3）其他烙铁

（1）恒温电烙铁

如图 2.6 所示为恒温电烙铁的结构图，在烙铁头内装有磁铁式的控温元器件，由它来控制通电时间达到恒温的目的。烙铁通电时温度上升，当到达设定温度时，烙铁头内的控温元器件就会使磁铁的磁性消失，从而使磁心开关触点断开，烙铁头加热器断电；当烙铁温度低于设定温度时，控温元器件就会恢复磁铁的磁性，并吸动磁心开关中的永久磁铁，使控制开关的触点接通，给电烙铁通电。

在焊接温度不宜过高、焊接时间不宜过长的元器件时，应选用恒温电烙铁。但是由于恒温电烙铁内采用了较复杂的控温元器件，故而价格较高。

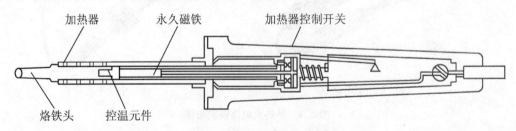

图 2.6　恒温电烙铁的结构图

（2）调温电烙铁。

普通的内热式烙铁增加一个功率、恒温控制器（常用可控硅电路调节）。使用时可以改变供电的输入功率，可调温度范围为 100～400℃，适合焊接一般小型电子元器件和印制电路板。如图 2.7 所示为调温电烙铁的实物图。

图 2.7　调温电烙铁的实物图

（3）热风焊烙铁。

热风焊烙铁也称热风枪，准确地讲它不属于电烙铁，它是使用热风作为热源。烙铁工作时，发出定向热风，此时热风附近空间就升温，达到焊接目的。如图 2.8 所示为热风焊烙铁的实物图。

使用热风焊烙铁时，调节温度、风量到需要值，再让风口在需拆的贴片元器件附近移动，当元器件的锡点熔化时即可取下需拆元器件，然后补焊上新元器件。

图 2.8　热风焊烙铁的实物图

（4）吸锡电烙铁。

吸锡电烙铁由烙铁体、烙铁头、橡皮囊和支架等部分组成，如图 2.9 所示为吸锡电烙铁的结构图。吸锡电烙铁具有使用方便、灵活、适用范围宽等特点。在检修无线电整机时，经常需要拆下某些元器件，这时使用吸锡电烙铁就能够方便地吸附印制电路板焊接点上的焊锡，使焊接件与印制电路板脱离，从而便于进行检查和修理。

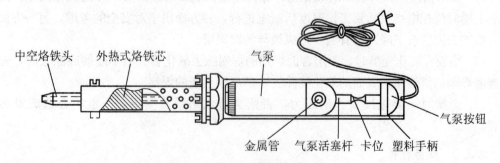

中空烙铁头　　外热式烙铁芯　　　　　气泵　　　　　　　　　　气泵按钮

金属管　气泵活塞杆　卡位　塑料手柄

图 2.9　吸锡电烙铁的结构图

使用吸锡电烙铁时，先缩紧橡皮囊，然后将烙铁头的空心口对准焊点，稍微用力，待焊锡熔化时放松橡皮囊，焊锡就被吸入烙铁头内。从焊点处移开烙铁头，再按下橡皮囊，焊锡便被挤出。

2. 电烙铁的选用

由前述可知，电烙铁有多种类型及规格，具体操作中根据被焊工件的大小不同，选用合适种类和功率的电烙铁，将有效提高焊接质量和效率。

选用电烙铁时，可以从以下几个方面进行考虑。

(1) 烙铁头一般有直头和弯头两种。直头的电烙铁大多采用笔握法，适合在元器件较多的电路中进行焊接。笔握法如图2.10(a)所示。弯头的电烙铁大多采用正握法，适合用于线路板垂直于桌面的情况下焊接。正握法如图2.10(b)所示。

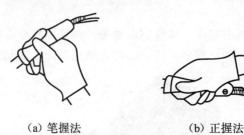

(a) 笔握法　　　　　　　(b) 正握法

图 2.10　电烙铁的握法

(2) 普通无特殊要求工序(如执锡、焊接普通元器件等)，一般情况下选用40~60W的电烙铁。

(3) 特殊敏感工序(如SMT元器件焊接、集成电路焊接等)，选用55W恒温电烙铁。

(4) 需指定焊接温度的(如MIC焊接等)，选用调温电烙铁。

(5) 焊接较大的元器件时，如输出变压器的引脚、大电解电容器的引脚、金属底盘接地焊片等，应选用100W以上的电烙铁。

(6) 焊接时可以适当通过调整烙铁头插在烙铁芯上的长度来调整烙铁头温度。烙铁头往前调整则温度降低，反之升高。

(7) 热风焊烙铁用于贴片集成块的拆焊。

3. 电烙铁的保养

(1) 及时清理烙铁头表面的氧化物，保持烙铁头表面的镀锡层，降低氧化几率。给烙铁头上锡时应在电烙铁达到工作温度后断电进行，一方面出于对安全的考虑，另一方面断电后烙铁头温度会下降，将有利于形成最佳的镀锡层。

(2) 烙铁头氧化变黑时，要用含助焊剂的焊锡除去氧化物。当不能彻底除去时，先用浸透助焊剂的清洁布把表面的氧化物除去，然后涂上新的焊锡。

(3) 焊接时不要施加太大的压力，否则会造成烙铁头变形，严重的会造成发热丝断裂。

2.3.3　焊接材料

1. 锡铅合金焊料

锡铅合金焊料是常用的焊接材料，通常又称焊锡，主要由锡和铅组成，还含有锑等微量金属成分。如图 2.11 所示为丝状焊料实物图。

丝状焊料，通常称为焊锡丝，中心包着松香助焊剂，又称松脂芯焊丝，手工烙铁锡焊时常用。丝状焊料的外径通常有 0.5mm、0.6mm、0.8mm、1.0mm、1.2mm、1.6mm、2.0mm、2.3mm、3.0mm 等规格。

图 2.11 丝状焊料实物图

2. 无铅焊料

电子产品报废以后，印制电路板焊料中的铅易溶于含氧的水中，污染水源，破坏环境。可溶解性使它在人体内累积，损害神经，导致呆滞、高血压、贫血、生殖功能障碍等疾病；浓度过大，可能致癌。珍惜生命，时代要求无铅的产品。

目前最常用的无铅焊料的性能比较稳定，各种焊接参数特性接近有铅焊料。但是由于它的耐热疲劳性、延展性、合金变脆性、加工性差等缺陷，所以目前并没有大规模使用。无铅焊料对于设备性能要求高，特别是双波峰的距离，如果设计得很近，会造成板面的温度增高、损坏元器件和增加助焊剂挥发，引起锡桥等缺陷的产生。如图 2.12 所示为无铅焊料实物图。

3. 焊料膏

焊料膏是将焊料与助焊剂粉末拌和在一起制成的，焊接时先将焊料膏涂在印制电路板上，然后进行焊接，在自动装片工艺上已经大量使用。如图 2.13 所示为焊料膏实物图。

图 2.12 无铅焊料实物图　　　　图 2.13 焊料膏实物图

4. 助焊剂

助焊剂通常是以松香为主要成分的混合物，是保证焊接过程顺利进行的辅助材料。焊接是电子装配中的主要工艺过程，助焊剂是焊接时使用的辅料。助焊剂的主要作用是清除焊料和被焊母材表面的氧化物，使金属表面达到必要的清洁度。它防止焊接时表面的再次氧化，降低焊料表面张力，提高焊接性能。助焊剂性能的优劣，直接影响到电子产品的质量。如图 2.14 所示为松香助焊剂实物图。

5. 清洗剂

焊接清洗剂主要运用于焊接产品表面焊斑、焊垢的清洗，使焊接金属产品恢复光亮、清洁，有利于焊接工作的进行及产品外观的体现。

6. 阻焊剂

阻焊层，顾名思义，就是防止焊接的一层。一般是绿色或者其他颜色，覆盖在布有铜线上面的那层薄膜。它起绝缘作用，并防止焊锡附着在不需要焊接的一些铜线上，也在一定程度上保护布线层。阻焊剂要求其有一定的厚度和硬度，耐溶剂性试验和附着力试验应符合标准，印制电路板表面无垃圾、无多余印记。如图 2.15 为涂有绿色阻焊剂的印制电路板实物图。

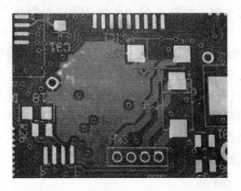

图 2.14　松香助焊剂实物图　　　　图 2.15　涂有绿色阻焊剂的印制电路板实物图

2.3.4　手工焊接技术及工艺要求

不少初学者会采用手工焊接技术这种焊接操作法，即先用烙铁头沾上一些焊锡，然后将烙铁放到焊点上停留等待加热后焊锡润湿焊件。这种操作方法是错误的。虽然这样也可以将焊件焊起来，但却不能保证质量。从我们所了解的锡焊原理不难理解这一点。

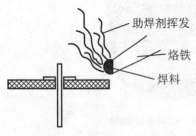

图 2.16　错误的焊接方法

如图 2.16 所示，当我们把焊锡融化到电烙铁头上时，焊锡丝中的助焊剂伏在焊料表面，由于烙铁头温度一般在 350℃ 以上，在烙铁放到焊点上之前，松香助焊剂将不断挥发，而当烙铁放到焊点上时由于焊件温度低，加热还需一段时间，在此期间助焊剂很可能挥发大半甚至完全挥发，因而在润湿过程中由于缺少助焊剂而润湿不良。同时由于焊料和焊件温度差很多，结合层不容易形成，很难避免虚焊。更由于助焊剂的保护作用丧失后焊料容易氧化，质量得不到保证就在所难免了。

作为一种初学者掌握手工焊接技术的训练方法，焊接五步法是卓有成效的。焊接五步法的操作过程如下，如图 2.17 所示。

1. 焊接步骤

（1）准备施焊：准备好焊锡丝和烙铁。此时特别强调的是烙铁头部要保持干净，即可以沾上焊锡（俗称吃锡）。如图 2.17(a)所示。

（2）加热焊件：将烙铁接触焊接点，注意首先要保持烙铁加热焊件各部分(如印制电路板上引线和焊盘都使之受热，其次要注意让烙铁头的扁平部分(较大部分)接触热容量较大的焊件，烙铁头的侧面或边缘部分接触热容量较小的焊件，以保持焊件均匀受热。如图 2.17(b)所示。

（3）送入焊丝：当焊件加热到能熔化焊料的温度后将焊锡丝置于焊点，焊料开始熔化并润湿焊点。如图 2.17(c)所示。

（4）移开焊丝：当焊丝熔化一定量后，立即撤离焊丝，如图 2.17(d)所示。

（5）移开烙铁：当焊锡完全润湿焊点后移开烙铁，注意移开烙铁的方向应该是大致45°的方向。如图 2.17(e)所示。

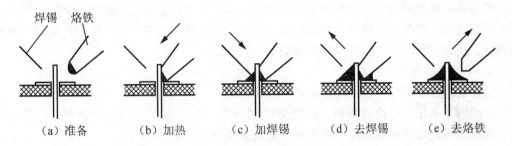

（a）准备　　（b）加热　　（c）加焊锡　　（d）去焊锡　　（e）去烙铁

图 2.17　焊接五步法

上述过程，对一般焊点而言需要 2～3s。对于热容量较小的焊点，如印制电路板上的小焊盘，有时用三步法概括操作方法，即将上述步骤(2)、(3)合为一步，(4)、(5)合为一步。实际上细微区分还是五步，所以五步法有普遍性，是掌握手工烙铁焊接的基本方法。特别是各步骤之间停留的时间，对保证焊接质量至关重要，只有通过实践才能逐步掌握。

2. 手工焊接的工艺要求

电子产品组装的主要任务是在印制电路板上对电子元器件进行锡焊。焊点的个数从几十个到成千甚至上万个，如果有一个焊点达不到要求，就会影响整机的质量，因此，在锡焊时，要求做到焊接结束后的每个焊点必须达到以下要求：焊锡和焊剂量适中，表面光亮、美观；牢固且呈浸润型，杜绝虚焊和假焊现象。

3. 手工焊接的操作要领

1) 焊接操作要规范

焊接加热出的化学物质对人体是有害的，如果操作时鼻子距离烙铁头太近会将有害气体吸入。一般烙铁头与鼻子的距离不小于 20cm，通常以 30cm 为宜。由于焊丝成分中铅占一定比例，众所周知铅是对人体有害的金属，因此，操作时应注意戴上手套和操作后洗手，避免食入。

使用电烙铁要配置烙铁架，一般放置在工作台右前方，电烙铁用后一定要稳妥放置在烙铁架上，并注意导线等物不要碰烙铁头，以免被烙铁烫坏绝缘后发生短路。

2) 助焊剂、焊料要应用适度

（1）适量的助焊剂是非常有用的，但不要认为越多越好。过量的松香不仅造成焊点周围要清洗，而且延长了加热时间(松香熔化、挥发会带走热量)，降低了工作效率。对开关元器件的焊接，过量的助焊剂容易流到触点处，从而造成接触不良。不要让松香水透过印制电路板流到元器件面或插座孔里，对使用松香心的焊锡丝来说，基本不需要再涂松香水。

（2）焊料使用应适中，不能太多也不能太少。过量的焊锡造成浪费而且增加了焊接时间，相应降低了工作效率，且会因为焊点太大而影响美观，同时还易形成焊点与焊点的短路。如在高密度的电路中，过量的锡很容易造成不易觉察的短路。若焊锡太少，又易使焊点不牢固，特别是在板上焊导线时，焊锡不足往往造成导线脱落。

3）焊点凝固前不要触动

焊锡的凝固过程中如果焊件移动会使焊锡迅速凝固，造成所谓的"冷焊"，即表面呈现豆渣状。若焊点内部结构疏松，容易有气隙和裂缝，从而造成焊点强度降低，导电性能差，被焊件在受到震动或冲击时就很容易脱落、松动。同时微小的震动也会引起焊点变形，引起虚焊。虚焊是指焊料与被焊物表面没有合金结构，只是简单地依附在被焊金属的表面上。所以焊点上的焊料尚未完全凝固时不要触动。

4）焊接时间要控制恰当

适当的温度对形成良好的焊点是必不可少的。

加热时间不足，可造成焊料不能充分浸润焊件，形成夹渣（松香）和虚焊。过量地加热，除可造成元器件的损坏外，还有如下危害和外部特征。

（1）焊点外观变差。如果焊锡已浸润焊件后还继续加热，造成熔态焊锡过热，烙铁撤离时容易造成拉尖，同时出现焊点表面粗糙、失去光泽、焊点发白。

（2）焊接时所加松香助焊剂在温度较高时容易分解碳化（一般松香在210℃开始分解），失去助焊剂作用，而且夹到焊点中间造成焊接缺陷。如果发现松香已加热到发黑，肯定是加热时间过长所致。

（3）印制电路板上的铜箔剥落。印制电路板上的铜箔是采用黏合剂固定在基板上的，过多地受热会破坏黏合层，导致印制电路板上的铜箔脱落。

5）保持烙铁头的清洁且温度合适

焊接时烙铁头长期处于高温状态，又接触助焊剂等杂质，其表面很容易氧化并沾上一层黑色杂质，这些杂质几乎形成隔热层，使烙铁头失去加热作用，因此，要去除烙铁架上的杂质或用耐高温的湿布随时擦烙铁头；同时，烙铁头的温度应控制在使助焊剂熔化较快而又不冒烟为好的情况。因为温度太高的烙铁头会使助焊剂迅速熔化，产生大量烟气，其颜色也很快变黑；但太低的温度，又会让焊锡不易熔化，影响焊件质量，更不要说焊点外表光亮、美观了。

6）采用正确的加热方法

用烙铁头加热时，要靠增加接触面积加快传热，而不该用烙铁对焊件加力。有人为了加快焊接速度，在加热时用烙铁头对焊件加力，这是徒劳无益且危害不小的。它只会加速烙铁头的损耗，而且更严重的是对元器件造成损坏或不易觉察的隐患。

正确的办法是根据焊件形状选用不同的烙铁头，或整修烙铁头，让烙铁头与焊件形成面接触而不是点或线接触，大大提高效率。还应注意，加热要使焊件上需要焊锡浸润的各部分均匀受热，而不是仅加热焊件的一部分，同时，注意偏向需热较多的部分，如图2.18所示。

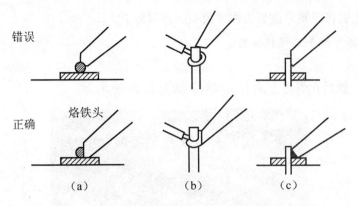

图 2.18 正确与错误的加热方法

7）烙铁头的撤离

烙铁头的主要用途是熔化焊锡和加热待焊件。然而，烙铁头用完后的撤离，也不可以忽视。只要合理利用烙铁头并及时撤离烙铁头，可以帮助控制焊料量及带走多余的焊料，而且撤离时角度和方向的不同，对焊点形成有一定的关系。如图 2.19 所示为不同撤离方向对焊料、焊点的影响。

图 2.19(a)为烙铁头以斜上方 45°撤离，这样会使焊点圆滑，烙铁头带走少量的焊料；图 2.19(b)为烙铁头垂直向上撤离，易造成焊点拉尖，且也只能带走少量焊锡；图 2.19(c)以水平方向撤离烙铁头，能带走大量焊锡；图 2.19(d)是沿焊接面垂直向下撤离烙铁头，可带走大量焊锡；图 2.19(e)是沿焊接面垂直向上撤离，只能带走少量焊锡。

（a）烙铁头向45°撤离 （b）向上撤离 （c）水平方向撤离 （d）垂直向下撤离 （e）垂直向上撤离

图 2.19 烙铁头的撤离方向和焊锡量的关系

4. 印制电路板的焊接工艺

（1）在焊接之前要首先检查印制电路板，用万用表查看其有无短路、断路、孔金属化不良等现象。熟悉所焊印制电路板的装配图，并检查印制电路板上所需的元器件型号、规格及数量是否符合图纸要求，并做好焊前准备工作（成形、上锡）。

（2）焊接时，一般工序是先焊较低的元器件，后焊较高的和焊接要求比较高的元器件，顺序通常为电阻、电容器、二极管、晶体管、集成电路、大功率管，遵循先小后大的原则。

（3）对元器件的焊接要求是，元器件排列整齐，同类元器件要保持高度一致，晶体管装焊一般在其他元器件焊好后进行，特别注意：每个晶体管的焊接时间不要超过 6s。

焊接集成电路时先焊边缘的两只引脚，以使其定位，然后再从左到右自上而下逐个焊接，烙铁头接触引脚的时间不宜超过 3s。

（4）焊接完后将印制电路板表面多余引脚齐根剪去。

5. 贴片元器件的手工焊接技巧

1）焊前准备

清洗焊盘，然后在焊盘上涂上助焊剂，如图2.20所示。

图 2.20　焊前准备

2）对角线定位

定位好芯片，点少量焊锡到尖头烙铁上，焊接两个对角位置上的引脚，使芯片固定而不能移动，如图2.21所示。

图 2.21　对角线定位

3）平口烙铁拉焊

使用平口烙铁，顺着一个方向烫芯片的引脚。注意力度均匀，速度适中，避免弄歪芯片的引脚。另外注意先拉焊没有定位的两边，这样就不会产生芯片的错位。也可以在芯片的引脚上涂抹一些助焊剂，这样更好焊，如图2.22所示。

图 2.22　平口烙铁拉焊

4）用放大镜观察结果

焊完之后，检查一下是否有未焊好的或者有短路的地方，适当修补，如图 2.23 所示。

图 2.23　用放大镜观察结果

5）酒精清洗电路板

用棉签擦拭电路板，主要是将助焊剂擦拭干净即可，如图 2.24 所示。

图 2.24　酒精清洗电路板

2.3.5　焊点的质量分析

一个标准的焊点外形如图 2.25 所示。

1. 目视检查

目视检查就是从外观上检查焊接质量是否合格，目视检查的主要内容如下。

（1）是否有漏焊，即应焊的焊点是否没有焊上。

（2）焊点的光泽好否。

（3）焊点的焊料是否足够。

（4）焊点周围是否残留助焊剂。

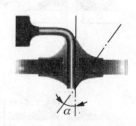

图 2.25　标准焊点外形

（5）有无连焊、桥焊，即焊接时把不应连接的焊点或铜箔导线连接在一起。

（6）焊盘有无脱落。

（7）焊点有无裂纹。

（8）焊点是否光滑，应无凹凸不平现象。

（9）焊点有否拉尖现象。

2. 手触检查

手触检查主要是检查手指触摸元器件时，有无松动、焊接不牢的现象；用镊子夹住元器件引线轻轻拉动时，有无松动现象；焊点在摇动时，上面的焊锡是否有脱落现象。

3. 一个优良的焊点必须具备的特征

（1）良好的导电性能。

（2）良好的力学性能。

（3）有良好的外观，表面光亮无毛刺。

（4）焊锡量适当，呈现凹圆锥形。

4. 焊点的常见缺陷及原因分析

焊点的常见缺陷及原因分析如图 2.26 所示。

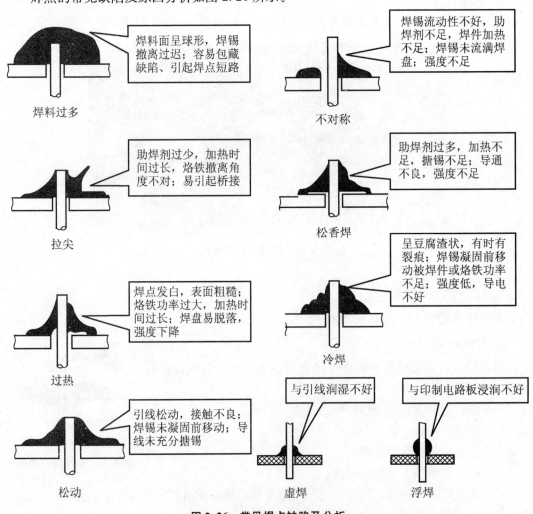

图 2.26　常见焊点缺陷及分析

2.3.6　拆焊

拆焊的常用工具除了普通的电烙铁外，还有镊子、吸锡器、剪钳、吸锡电烙铁、吸锡线、机架和防静电 SMD 热风台。如图 2.27 所示为常用拆焊工具。

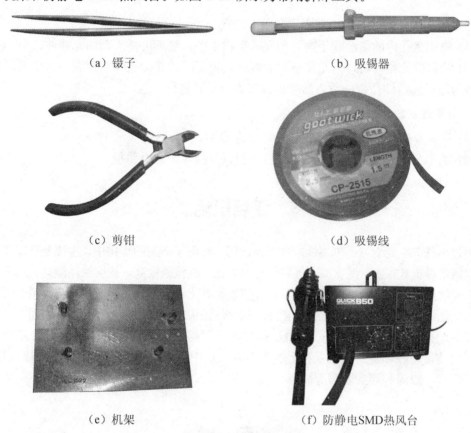

（a）镊子　　　　　　　　　　　　（b）吸锡器

（c）剪钳　　　　　　　　　　　　（d）吸锡线

（e）机架　　　　　　　　　（f）防静电SMD热风台

图 2.27　常用拆焊工具

1. 分点拆焊

对于引脚不太多的电阻、电容器等元器件可以用分点拆焊方法。操作方法是一边用烙铁加热元器件的焊点，一边用镊子或者尖嘴钳等工具夹住元器件的引线并轻轻地将其拉出来，如图 2.28 所示。但是，分点拆焊方法不宜在一个焊点上反复使用，因为印制导线和焊盘都不能反复加热，否则它们容易脱落，进而造成印制电路板损坏。

2. 集成芯片拆焊

当遇见焊点多且引线硬的元器件需要拆焊时，分点拆焊就较困难，如 IC 或中频变压器等元器件的拆焊。这时可以采用专用拆焊工具，如拆焊专用热风枪、专用烙铁头等，或者用吸锡电烙铁、吸锡器等来拆焊。

在没有专用工具和吸锡设备时，可用细铜网、多股导线等吸锡材料来拆焊，方法如下：将吸锡材料浸上松香水贴到待拆

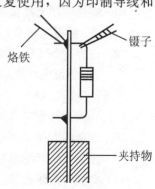

烙铁　　　　　　　镊子

夹持物

图 2.28　拆焊

焊点上，用烙铁加热吸锡材料，通过它们将热量传给焊点并使焊点熔化，接着，熔化的焊锡被吸附在吸锡材料上，取走吸锡材料，焊点即拆焊完毕，这个方法简单容易，但拆焊后板面较脏，可用酒精擦拭干净。

3. 换件、补件

在换用新的元器件前，一定要注意以下两点。

（1）将焊盘孔内的锡消除干净，如没有清除干净，绝不可插入新的元器件。

（2）换新的元器件时，一定要核对元器件是否正确，并检查焊接位置、方向及其他要求是否与原拆元器件是否一致，然后再按照焊接步骤进行焊接。

4. 加锡过多的处理

（1）一定要用吸锡线或吸锡器清除多余的锡。

（2）绝不允许随意拿印制电路板敲打桌面以免损坏印制电路板。

任务小结

通过本任务主要学习了电烙铁的种类及选用。在电子产品的焊接中，主要是选用锡铅焊料，因锡铅焊料具有熔点低、流动性好、附着力强、机械强度高、抗腐蚀性能好、可导电性能优良等优点。助焊剂的功能是清除被焊件表面的氧化层及污物，防止焊点和焊料在焊接过程中被氧化，能帮助焊料流动，帮助把热量从电烙铁头传递到焊料上和被焊件表面。

焊接的操作步骤：①准备；②加热被焊件；③熔化焊料；④移开焊料；⑤移开电烙铁。焊接质量的好坏要通过目视和手触去检查，从中发现焊点是否有漏焊、桥接、拉尖、堆焊、浮焊、虚焊和焊盘脱落等故障。

习 题

1. 填空题

电烙铁根据发热部件的位置不同，可分为_____电烙铁和_____电烙铁。

2. 选择题

（1）焊接印制电路板时，应选用（　　　）。

　　　A. 恒温电烙铁　　B. 调温电烙铁　　C. 热风焊烙铁　　D. 吸锡电烙铁

（2）在焊接SMT元器件时，应采用选用（　　　）。

　　　A. 恒温电烙铁　　B. 调温电烙铁　　C. 热风焊烙铁　　D. 吸锡电烙铁

3. 问答题

（1）助焊剂对焊接有何作用？

（2）焊接的操作要领是什么？

（3）锡铅焊料具有哪些优点？

（4）应如何预防虚焊、堆焊、拉尖等不良焊点的出现？

（5）当焊接的时间过长或不足时，对焊接质量有何影响？

（6）对焊点拆焊时，应注意什么问题？

（7）常用的拆焊方法有哪几种？

任务3 装配前的准备工艺

3.1 任务导入

在进行电子产品装配前还有很多的准备工作，准备工作如何做，也要按照电子工艺进行。例如，我们要安装一台稳压电源，稳压电源需要实现的功能和达到的目标不同，其电路图的繁简程度不同。简单的稳压电源电路图只有一个单元电路、几个元器件，复杂的稳压电源电路图往往包含许多单元电路、成千上万个元器件。所以在装配前我们还要学会识读图纸，熟悉并掌握各电子元器件的作用，了解不同图纸的不同功能。

看懂图纸只是电子产品装备的第一步，接下来我们还需要对电子元器件的引脚和连接导线进行处理，有时影响一台电子设备的性能好坏的就是一个元器件引脚的弯折处理和连接导线的线头加工。如图3.1所示就是技术人员在认真进行电子产品装配前的准备工作。

理解并熟练掌握这些准备工艺，为我们了解电子产品的结构和工作原理，正确地生产、检测、调试电子产品，快速维修电子产品提供了有力的技术支持。

图3.1 装配前的准备工作

1. **基本识读方法**

（1）了解电路的用途和功能。在开始识读电子电路图时，必须先要了解该电路的用途和电路的总体功能，这对于进一步分析电路各部分的功能将会起到指导作用，电路用途可从电路说明书中找到，或者通过分析输入信号和输出信号的特点，以及它们的相互关系中找到。

（2）查清每块集成电路的功能。集成电路是组成电路系统的基本器件，因此必须从集成电路手册或其他资料中查清该集成电路的功能，以便进一步分析电路的工作原理。

（3）判断出电路图的信号处理流程方向。根据电路图的整体功能，找出整个电路图的总输入端和总输出端，即可判断出电路图的信号处理流程方向。例如，直流稳压电源电路图中，接入220V市电处为总输入端，输出直流电压处为总输出端。从总输入端到总输出端即为信号处理流程方向，通常电路图的画法是将信号处理流程按照从左到右的方向依次排列。

(4) 将电路划分为若干个功能块。根据信号的传送方向，结合已掌握的电子电路知识，将电路划分为若干个功能块(用框图表示)。一般以晶体管或集成电路为核心进行划分，尤其是以电子电路中的基本单元电路为一个功能块，粗略地分析每个功能块的作用，找出该功能块的输入与输出之间的关系。

(5) 将各功能块联系起来进行整体分析。按照信号的流向关系，分析这个电路从输入到输出的完整工作过程，必要时还要画出电路的工作波形图，以弄清楚各部分电路信号的波形，以及在时间顺序上的关系。对于一些在基本电路中没有的元器件，要单独对其进行分析。

由于各电路系统的复杂程度、组成结构、采用元器件各不相同，因此上述读图步骤不是唯一的，识图时，可根据具体情况灵活运用。

2. 导线加工

在电子产品中会用到各式各样的导线，导线不同，其加工工艺也不相同。下面对电子产品装配过程中常用到的导线加工工艺进行具体介绍。

3. 元器件加工

元器件装配到印制电路板之前，一般都要进行加工处理，然后进行插接。良好的成形及插装工艺，不但能使机器具有性能稳定、防震、减少损坏的好处，而且能得到机内元器件布局整齐美观的效果。

3.2 任务分析

1. 常用电子电路图的种类及功能

电子产品的电路图一般可分为电路框图、原理图、装配图和印制电路板图等。

1) 框图

框图是一种用方框和连线来表示电路工作原理和构成概况的电路图。从根本上说，这也是一种原理图，不过在这种图纸中，除了方框和连线，几乎就没有别的符号了。它和原理图主要的区别就在于原理图上详细地绘制了电路的全部的元器件和它们的连接方式，而框图只是简单地将电路按照功能划分为几个部分，将每个部分描绘成一个方框，在方框中加上简单的文字说明，在方框间用连线(有时用带箭头的连线)说明各个方框之间的关系。所以框图只能用来体现电路的大致工作原理，而原理图除了详细地表明电路的工作原理之外，还可以用来作为采集元器件、制作电路的依据。

框图的种类有以下几种。

(1) 整机电路框图，从该图中可以看出某一电子产品整机电路，以及信号的传输途径。

(2) 集成电路内的框图，从该图中可以看出集成电路的内电路的组成，以及信号传输路径和有关引脚的作用。

(3) 系统电路框图，该图是表示整机电路中某一系统电路的组成，它比整机电路框图要详细。

框图按照各部分所起的作用和相互间的关系及先后次序，自左向右或自上而下地排成一排或几列，并在方框内标出名称或电路的缩写符号及型号等内容。

如图 3.2 所示为串联稳压电路的原理框图。

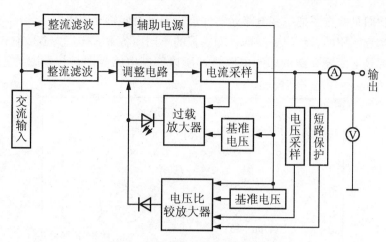

图 3.2 串联稳压电路的原理框图

2）电路原理图

电路原理图又称电原理图，由于它直接体现了电子电路的结构和工作原理，所以一般用在设计、分析电路中。分析电路时，通过识别图纸上所画的各种电路元器件符号，以及它们之间的连接方式，就可以了解电路实际工作时的原理，原理图就是用来体现电子电路的工作原理的一种电路情况。

要说明的是在有些电子产品的电路原理图中，某些单元电路采用方框符号的方式，其方框符号所表示的部分另有单独的电路原理图。

在电路原理图中各元器件的文字符号的右下方都标有脚注序号，该脚注序号是按同类元器件的多少来编制的，或是按照各元器件在图中的位置自左向右或自上而下来进行顺序编号，一般情况下是阿拉伯数字进行标注，如 R_1、R_2、C_4、C_5、VD_8、VD_9、V_1、V_6、IC_1、IC_2 等。

在电原理图中标出了各元器件的具体型号和参数，为日后的检测与更换提供了依据。另外，在有的电原理图中还标出了关键点直流工作电压值的大小，也为检测与维修提供了方便。如图 3.3 所示为串联稳压电路原理图。

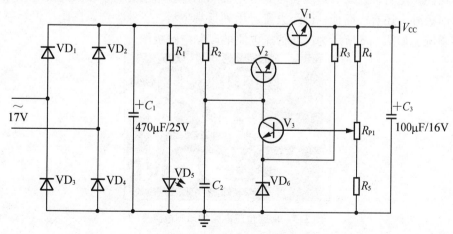

图 3.3 串联稳压电路原理图

3）装配图

装配图是为了进行电路装配而采用的一种图纸，图上的符号往往是电路元器件的实物的外形图。我们只要按图把一些电路元器件连接起来就能够完成电路的装配。这种电路图一般是供初学者使用的。装配图根据装配模板的不同而各不一样，大多数制作电子产品的场合，用的都是下面要介绍的印制电路板，所以印制电路板图是装配图的主要形式。如图 3.4 所示为串联稳压电路装配图。

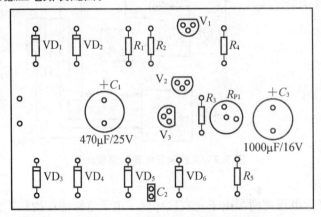

图 3.4　串联稳压电路装配图

4）印制电路板图

印制电路板图和装配图其实属于同一类的电路图，都是供装配实际电路使用的。印制电路板是在一块绝缘板上先覆上一层金属箔，再将电路不需要的金属箔腐蚀掉，剩下的部分金属箔作为电路元器件之间的连接线，然后将电路中的元器件安装在这块绝缘板上，利用板上剩余的金属箔作为元器件之间导电的连线，完成电路的连接。由于这种电路板的一面或两面覆的金属是铜皮，所以印制电路板又称覆铜板。印制电路板图中的元器件分布往往和原理图中大不一样。这主要是因为，在印制电路板的设计中，主要考虑所有元器件的分布和连接是否合理，要考虑元器件体积、散热、抗干扰、抗耦合等诸多因素，综合这些因素设计出来的印制电路板，从外观看很难和原理图完全一致；而实际上却能更好地实现电路的功能。随着科技发展，现在印制电路板的制作技术已经有了很大的发展；除了单面板、双面板外，还有多面板，已经大量运用到日常生活、工业生产、国防建设、航天事业等许多领域。如图 3.5 所示为串联稳压电路的印制电路板图。

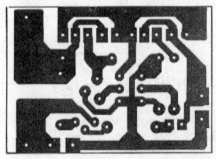

图 3.5　串联稳压电路的印制电路板图

总结： 在上面介绍的四种形式的电路图中，电路原理图是最常用也是最重要的，能够看懂原理图，也就基本掌握了电路的原理，绘制框图，设计装配图、印制电路板图都比较容易了。掌握了原理图，进行电器的维修、设计，也是十分方便的。因此，关键是掌握原理图。

2. 导线的种类及功能

导线是由导体(芯线)和绝缘体(外皮)组成。导体材料主要是铜线或铝线,电子产品要用到的导线几乎都是铜芯线。绝缘表皮起到电气绝缘、耐受一定电压、增强导线机械强度、保护导线不受外界环境腐蚀的作用。如图3.6所示为常用导线。

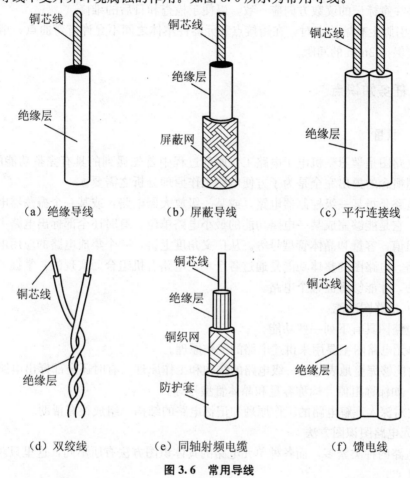

(a) 绝缘导线   (b) 屏蔽导线   (c) 平行连接线

(d) 双绞线   (e) 同轴射频电缆   (f) 馈电线

图3.6 常用导线

3. 元器件引脚的预加工

元器件引脚在制造时已考虑到可焊性这方面的技术要求,但由于元器件生产后到装配成电子产品之前,要经过包装、储存和运输等中间环节,由于该环节时间较长,在引脚表面会产生氧化膜,使引脚的可焊性严重下降。所以元器件引脚的成型应该是在安装前进行,且引脚在成型前必须进行预加工处理。

元器件引脚的预处理主要包括引脚的校直、表面清洁及上锡三个步骤。手工对引脚的预处理程序:先使用尖嘴钳或镊子进行引脚的校直,然后用小刀轻轻刮拭引脚表面或用细砂纸擦拭引脚表面进行去除表面氧化膜,再用湿布擦拭引脚,最后用电烙铁进行上锡或用锡锅浸锡。

4. 元器件引脚成型的技术要求

(1) 成型后,元器件本体不应产生破裂,表面封装不应损坏,引脚弯曲部分不允许出现模印、压痕和裂纹。

（2）引脚成型后，其直径的减小或变形不应超过 10%，其表面镀层剥落长度不应大于引线直径的 1/10。

（3）引脚成型后，元器件的标记（包括其型号、参数、规格等）应朝上（卧式）或向外（立式），并注意标记的读数方向应一致，以便于检查和日后的维修。

（4）若引脚上有熔接点时，在熔接点和元器件本体之间不允许有弯曲点，熔接点与弯曲点之间应保持 2mm 的间距。

3.3 任务知识点

3.3.1 识图

单元电路图是学习整机电子电路工作原理过程中首先遇到的具有完整功能的电路图，这一电路图概念的提出完全是为了方便电路工作原理分析之需要。

单元电路是指某一级控制器电路，或某一级放大器电路，或某一个振荡器电路、变频器电路等，它是能够完成某一电路功能的最小电路单位，有时还全部标出电路中各元器件参数，如阻值、容量和晶体管型号等。从广义角度上讲，一个集成电路的应用电路也是一个单元电路。电路图的整体功能是通过各个单元电路有机组合而实现的。掌握了单元电路的分析方法，才能够看懂整个电路。

1）单元电路图功能

单元电路图具有下列一些功能。

（1）单元电路图主要用来讲述电路的工作原理。

（2）它能够完整地表达某一级电路的结构和工作原理，有时还全部标出电路中各元器件的参数，如标称阻值、标称容量和晶体管型号等。

（3）它对深入理解电路的工作原理和记忆电路的结构、组成很有帮助。

2）单元电路图识图方法

单元电路的种类繁多，而各种单元电路的具体识图方法有所不同，这里只对共同性的问题说明几点。

（1）有源电路识图方法。

所谓有源电路就是需要直流电压才能工作的电路，如放大器电路。对有源电路的识图首先分析直流电压供给电路，此时将电路图中的所有电容器看成开路（因为电容器具有隔直流特性），将所有电感器看成短路（电感器具有通直流的特性）。直流电路的识图方向一般是先从右向左，再从上向下。

（2）信号传输过程分析。

信号传输过程分析就是信号在该单元电路中如何从输入端传输到输出端，信号在这一传输过程中受到了怎样的处理（如放大、衰减、控制等）。信号传输的识图方向一般是从左向右进行。

（3）元器件作用分析。

元器件作用分析就是电路中各元器件起什么作用，主要从直流和交流两个角度去分析。

（4）电路故障分析。

电路故障分析就是当电路中元器件出现开路、短路、性能变劣后，对整个电路工作会造成什么样的不良影响，使输出信号出现什么故障现象（如没有输出信号、输出信号小、信号失真、出现噪声等）。在搞懂电路工作原理之后，元器件的故障分析才会变得比较简单。

整机电路中的各种功能单元电路繁多，许多单元电路的工作原理十分复杂，若在整机电路中直接进行分析就显得比较困难，通过单元电路图分析之后再去分析整机电路就显得比较简单，所以单元电路图的识图也是为整机电路分析服务的。

3.3.2　导线的加工

1. 绝缘导线的加工

在电子焊接过程中经常需要用导线将电子元器件与电路进行连接，绝缘导线在接入电路组件前必须进行加工处理，以保证导线接入电路后装接可靠、导电良好且能经受一定拉力而不致产生断头。导线端头加工有以下工序：剪裁、剥头、捻头（多股芯线）、上锡。

1）剪裁

剪裁前要仔细查看该导线是否符合图纸要求，并测量好两个连接部分所需导线长度，尽量减少浪费。剪裁要求："先长后短"原则。表 3-1 为导线总长与公差要求的关系。

表 3-1　导线总长与公差要求的关系　（单位：mm）

长度	50	50～100	100～200	200～500	500～1000	1000 以上
公差	+3	+5	+5～+10	+10～+15	+15～+20	+30

2）剥头

剥头就是剥去导线端头的绝缘层，使芯线暴露供焊接用。端头剥去绝缘层的长度就是剥头长度，具体尺寸根据不同的使用场合在工艺文件图中会有明确的规定。剥头形式则根据导线绝缘层材料的结构不同而不同，特别是对内绝缘层或外护套层的导线而言，原则上要和端头芯线根部保持一定的距离，以防湿热条件下绝缘性能变差。常用剥线工具有剪刀、小斜口钳、剥线钳及专用剥剪机，无论采用何种工具，最关键的就是在剥线头不能剥伤线芯，以免对导线的强度产生破坏，如图 3.7 所示为剥头长度示意图。表 3-2 所示为导线粗细与剥头长度的关系，表 3-3 所示为锡焊连线的剥头长度。

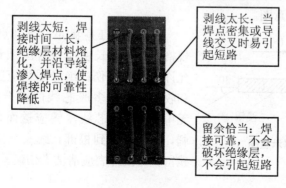

剥线太短：焊接时间一长，绝缘层材料熔化，并沿导线渗入焊点，使焊接的可靠性降低

剥线太长：当焊点密集或导线交叉时易引起短路

留余恰当：焊接可靠，不会破坏绝缘层，不会引起短路

图 3.7　剥头长度

表3-2 导线粗细与剥头长度的关系

芯线截面积/mm²	<1	1.1~2.5
剥头长度/mm	8~10	10~14

表3-3 锡焊连线的剥头长度　　　　　　　　　　　　（单位：mm）

连线方式	剥头长度	
	基本尺寸	调整范围
搭焊连线	3	0~+2
勾焊连线	6	0~+4
绕焊连线	15	±5

3）捻头

多股芯线剥头必须进行绞合，否则芯线容易松散，不经处理就浸锡加工，线头会变得比原导线直径粗得多，并带有毛刺，易造成焊盘或导线间的短路。捻头的方法是，首先将剥头后的多股芯线理直，用手指使其顺时针方向捻合在一起，形成一定角度的麻花状。数量多时，可用工具夹住芯线，一边转动导线，一边把工具夹持部位由根部移至芯线头部，保证其角度为30°~45°。注意，捻头时用力要均匀，不宜过大，否则易将芯线捻断。如图3.8所示为多股导线芯线的捻线角度示意图。

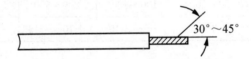

图3.8 多股导线芯线的捻线角度

4）上锡（浸锡）

实际的浸锡操作是焊锡浸润待焊零件的结合处，熔化焊锡并重新凝结的过程。经捻头后导线应及时浸锡，以免裸露线头在空气中暴露时间过长而发生表面氧化。可采用锡锅浸锡或电烙铁上锡。通常镀锡前要将导线蘸松香水，有时也放在有松香的木板上用烙铁给导线上一层助焊剂，同时也浸上焊锡，要注意，浸锡过程中，浸锡层与绝缘层之间应留有1~3mm的空隙，不能触到绝缘层端头，如绝缘层沾锡或过热，会使绝缘层熔化卷起。如图3.9所示为上锡示意图。

导线的加工应满足一下几点要求：导线的牌号、规格、颜色和长度应符合图纸和工艺规定；芯线不允许断股和损伤；绝缘端头应整齐，不允许有烫伤和收缩现象；多股芯线的绞合应均匀，松紧适中，无单股分离；芯线浸锡应透而匀，表层光洁、无毛刺，焊锡应浸到根部，线头上应无焊料堆积和焊剂残留；导线外表应清洁无伤痕。

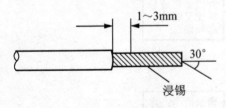

图3.9 上锡示意图

5）清洗

采用无水酒精作为清洗液，清洗残留在导线芯线端头的脏物，同时又能迅速冷却浸锡导线，保护导线的绝缘层。

6）印标记

复杂的产品中使用了很多导线，单靠塑胶线的颜色已不能区分清楚，应在导线两端印上线号或色环标记，才能使安装、焊接、调试、修理、检查时方便快捷。印标记的方式有导线端印字标记、导线染色环标记和将印有标记的套管套在导线上等。

2. 同轴射频电缆的加工

同轴射频电缆的外形结构如图 3.10 所示。

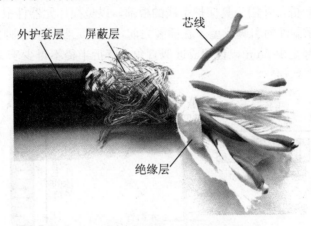

图 3.10　同轴射频电缆的结构图

如图 3.11 所示为同轴射频电缆端头的加工方法。

（1）剥去同轴电缆的外表绝缘层。

（2）去掉一段金属编织线。

（3）根据同轴电缆端头的连接方式，剪去芯线上的部分绝缘层。

（4）对芯线进行浸锡处理。

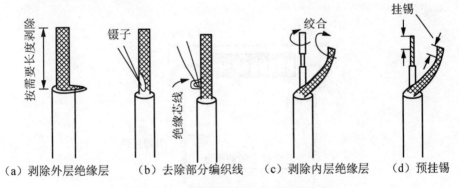

（a）剥除外层绝缘层　（b）去除部分编织线　（c）剥除内层绝缘层　（d）预挂锡

图 3.11　同轴射频电缆端头的加工方法

3.3.3　元器件引脚的成型加工

目前，元器件引脚成型的方法主要有专用模具成型、专用设备成型及尖嘴钳进行简单的加工成型三类。其中手工模具成型在生产实际中较为常用。

但是无论用哪种方法，都要求被装配的元器件的形状和尺寸简单、一致，方向易于识别，插装前都要对元器件进行预处理。

1. 元器件引脚的预处理

1）元器件引脚的校直

元器件引脚用无刻纹尖嘴钳、平口钳或镊子进行简单的手工校直或使用专用设备校直。在校直过程中，不可用力拉扭元器件引脚，校直后的元器件引脚上不允许有伤痕。

2）元器件引脚的弯折

元器件引脚弯折的形状是根据焊盘孔的距离及装配上的不同而加工成型。加工时，注意不要将引线齐根弯折，并用工具保护引线的根部，以免损坏元器件根部。

（1）手工插装元器件的引脚成型。在插装之前，电子元器件的引脚形状需要一定的处理，弯折时应距根部至少 2mm，且弯成近似直角，弯折半径不得少于 1.5mm，成型后的元器件如图 3.12 所示。

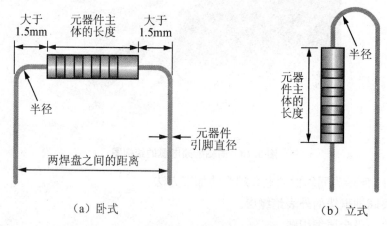

（a）卧式　　　　　　　（b）立式

图 3.12　手工插装元器件的引脚成型标准

（2）自动插装元器件的引脚成型。自动插装元器件引脚成型的具体形状如图 3.13 所示。

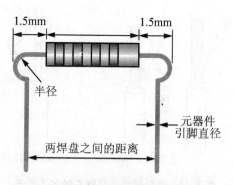

图 3.13　自动插装元器件的引脚成型标准

（3）遇到一些对温度敏感的元器件，可以适当增加一个绕环，如图 3.14 所示，主要的绕环可以防止因引脚受热收缩而导致壳体破裂。

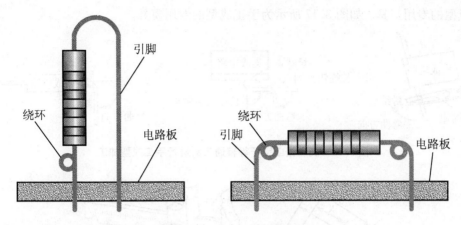

图 3.14 带有绕环的引脚形状

3）元器件引线的镀锡处理

元器件引线一般都要镀上一层薄的钎料，多数是镀了锡金属的，但也有的镀了金、银或镍的。这些金属的焊接性能各不相同，而且时间一长，引线表面就会产生一层氧化膜，影响焊接质量甚至焊接过程。所以，除少数具有良好焊接性能的金属（如银、金）镀层的引线外，大部分元器件在焊接前都要重新镀锡。镀锡方法同导线上锡方法。

镀锡前，要先将氧化物刮净，然后可以将它们的引线放在松香或松香水里蘸一下，用电烙铁给引线镀上一层很薄的锡，有氧化现象的引线要先处理掉氧化物，如果镀银的引线，它很容易氧化变黑，必须用小刀将黑色氧化层除去，直到露出铜为止；如果是镀金的引线，用干净的橡皮擦几下就可以，刮了反而不好焊接；新的元器件往往是镀铝锡合金的，只要是镀层光亮，也只要用橡皮擦干净即可。

4）元器件的插装

元器件在印制电路板上的插装方式有两种，一种是立式，另一种是卧式，如图 3.12 所示。

立式安装的优点是元器件在印制电路板上所占的面积小，安装密度高；缺点是元器件容易相碰，散热差，不适合机械化装配，所以立式安装常用于元器件多、功耗小、频率低的电路。

卧式安装的优点是元器件排列整齐、牢固性好，元器件的两端点距离较大，有利于排版布局，便于焊接与维修，也便于机械化装配，缺点是所占面积较大。

不同的安装方式，其成型的形状不同。为了满足安装的尺寸要求和印制电路板的配合要求，一般引脚成型是根据焊点之间的距离，做成所需的形状，其目的是使元器件能迅速而准确地插入安装孔内。各元器件插装时，还应尽量使所有元器件尽量保持排列整齐，同类元器件要保持高度一致，符号标识向上（卧式）或向外（立式），以便于检查。

2. 元器件引线成型的方法

1）普通工具的手工成型

使用尖嘴钳或镊子等普通工具进行手工成型加工，如图 3.15 所示。

2）专用工具（模具）的手工成型

在没有成型专用设备或批量不大时，可应用专用工具（模具）成型。如图 3.16 所示为手工成型的专用工具。如图 3.17 所示为手工成型的专用模具。

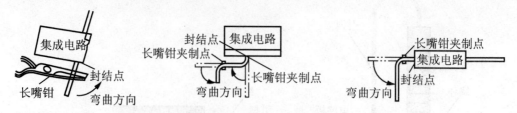

图 3.15　尖嘴钳或镊子等普通工具进行手工成型加工

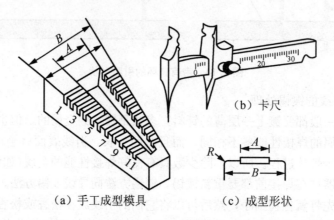

（a）手工成型模具　　（c）成型形状

图 3.16　手工成型的专用工具

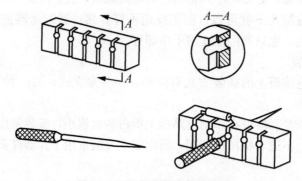

图 3.17　手工成型的专用模具

3）专用设备的成型

大批量生产时，可采用专用设备进行引线成型，以提高加工效率和一致性。

任务小结

通过本任务主要学习了电路图是反映电子产品由哪些基本单元电路和哪些元器件构成的，说明电子产品中各个元器件间的相互关系及其连接的方法。通过电路图可以研究电流的来龙去脉，了解电路中各部分的电压及元器件的型号、参数等内容，能帮助我们识别一部电子产品的基本结构和工作原理。读识电路图要具有的基本知识：能识别元器件的图形符号，能识别元器件的文字符号，能识别图中的虚线、实线、斜线的意义，能识别基本单元电路。导线的加工是指对绝缘导线端头、同轴射频电缆端头的加工处理。保证元器件引脚的焊接质量，在元器件插装到印制电路板以前必须对其引脚的可焊性进行检查，如果可焊性较差，就需要对引脚进行浸锡处理。元器件的插装方法可分为手工插装和自动插装。不论采用哪种插装方法，其插装形式都可分为立式插装、卧式插装、倒立插装、横向插装和嵌入插装。

习 题

1. 填空题

(1) 电路图可分为_____、_____、_____、_____。

(2) 导线由_____、_____组成。

2. 选择题

(1) 电路图的画法是将信号处理流程按照(　　)的方向依次排列。

    A. 从左到右　　B. 从上往下　　C. 从下往上　　D. 从右往左

(2) 在插装之前，电子元器件的引脚形状需要一定的处理，弯折时应距根部至少(　　)的距离。

    A. 1mm　　B. 2mm　　C. 3mm　　D. 4mm

3. 问答题

(1) 要想熟读电路图应具备哪些基本知识？

(2) 识读电路原理图的步骤是什么？

(3) 准备加工工艺包括哪些方面的内容？

(4) 绝缘导线、同轴射频电缆的端头加工步骤是什么？

(5) 如何对元器件引脚进行浸锡？

(6) 对元器件引脚成形有哪些要求？

项目2

常用电子仪器仪表的使用

教学目标

本情境是学习电子测量仪表的重要环节，通过对5个电子仪表的使用学习，掌握常用电子测量仪表的分类、选择、使用方法及维护等知识，达到熟练使用各种仪表的目的，分析各仪表间使用范围的不同，结合实际电路选用适合的测量仪表。

教学要求

1. 掌握正确使用指针式、数字式万用表和毫伏表的技能。
2. 掌握正确使用交流毫伏表的技能。
3. 掌握正确使用示波器的基本技能。
4. 掌握正确使用函数信号发生器的技能。
5. 掌握正确使用直流稳压电源的技能。

项目导读

最初的仪器仪表更多被作为测量器具，而今的仪器仪表却担当着更重要的角色。无论是在国民经济、工业生产中还是在军事技术及科学研究中都发挥着重要作用。仪器仪表业也从传统的光、机、电向计算机化、智能化、多功能化等高科技方向发展。

电子产品装配完成后，需要对产品性能进行测量，来判断其好坏，这就需要各种各样的仪表。如何进行测量？怎么样选择测量仪表才最符合测试要求？仪表上的数值反映了什么参数？这些都需要我们通过本项目的学习去了解。

学习电子测量仪表，不仅要让学生理解和掌握电子测量仪表的基本组成和工作原理，还必须知道仪器的面板结构，掌握面板上各旋钮的作用。这个过程可以在实验室来完成，使学生具备正确选择测量方案和使用电子测量仪器的能力，同时在此基础上不断提高学生的动手操作能力，为后续有关任务进行相关测量打下基础。

任务4 万 用 表

4.1 任务导入

串联稳压电路线路板焊接完毕，怎么才能知道电路性能是否符合要求呢？首先我们采用断电电阻法检测电路是否导通，然后采用线路板通电测量法测量输出的电压电流是否符合设计要求，这时我们往往采用万用表进行测量。

万用表又称万能表，能够测量多种电量和电参数，并且测量量程多、操作简单、携带方便，是一种最常用的电工测量仪表。万用表有指针式和数字式两种。如图 4.1 所示为指针式万用表的实物图。

数字式万用表是将测量的电压、电流、电阻等电参数值直接用数字显示出来的测试仪表，另外还可以测量电容器、电感器、二极管、晶体管等的参数，是一种多功能的测试工具。数字式万用表主要由测量电路、模/数转换器、显示电路及显示器、电源和功能/量程开关等组成。

Fluke 17B 是美国福禄克公司生产的一款具有 $3\frac{1}{2}$ 位 LCD 液晶显示的手持式数字万用表，其外观如图 4.2 所示。

图 4.1　MF47 型指针式万用表的实物图

图 4.2　Fluke 17B 数字万用表外观

4.2　任务分析

指针式万用表是一种多功能、多量程的测量仪表，一般万用表可测量直流电流、直流电压、交流电流、交流电压、电阻和音频电平等，有的还可以测交流电流、电容量、电感量及半导体的一些参数（如 β）。

数字式万用表功能/量程开关、测量电路的功能与模拟式万用表相似，测量电路将被测量转换成直流电压信号，送给模/数转换器转换为数字量，再通过显示电路驱动显示器，以数字形式显示，一般采用七段数码、液晶等显示。

4.3　任务知识点

4.3.1　指针式万用表

指针式万用表主要由磁电式测量机构（俗称表头）、测量线路和转换开关三部分组成。下面以 MF47 型万用表为例说明其使用方法及注意事项。

1. MF47 型万用表基本使用方法

(1) 交、直流电压的测量。将转换开关旋至被测量相应的量程，再将红、黑表笔分别与被测电压两端相接。测量直流电压时，红表笔应接电压正极，黑表笔接电压负极，红、黑表笔不能接反，否则会使指针反向偏转而撞弯。如预先无法知道电压正、负极，可选用最高量程，一支表笔定位在一测量点，另一表笔快速点一下另一测量点，看指针偏转方向确定电压正负极后再正式测量。万用表交流电压挡只能用于测量正弦波电压的有效值，频率范围为 45～1000 Hz，如果超出频率范围，误差会增大。

(2) 交、直流电流的测量。测量电流时，应将万用表串联在被测电路中，测量直流电流时，红、黑表笔分别接高、低电位端，不能接反。当转换开关指向电流挡位时，不能将万用表和电源直接连接，否则易烧坏表头。

(3) 电阻的测量。测量电阻前必须先调零。选择合适的电阻挡位，将红、黑表笔短接，旋动调零旋钮使指针指到电阻刻度的零值。测量时将两表笔分别与被测电阻两端良好接触，指针读数乘以挡位所指倍率即为电阻值。每调整一次转换开关挡位，均应先调零。注意电阻不能带电测量，测量时手不能触及表笔金属部分，以避免人体电阻影响读数。

(4) 晶体管直流放大系数 h_{FE} 的测量。先将转换开关置于晶体管调节"ADJ"位置，短接红黑表笔，调节欧姆调零旋钮使指针指示在绿色晶体管刻度线的刻度值 300 上，然后再将转换开关转到"h_{FE}"位置，将待测晶体管管脚分别插入晶体管测试座的 ebc 管座内，就可根据指针位置从绿色刻度线上读取该晶体管的直流放大系数。NPN 型晶体管应插入 NPN 型管孔内，PNP 型晶体管应插入 PNP 型管孔内。

2. 使用注意事项

(1) 指针式万用表使用前应先观察指针是否在零位，如果指针有偏移，可通过表盘下方的机械调零螺栓调节。

(2) 测量时要正确使用表笔，握法如图 4.3 所示。手不能触及表笔的金属部分，以保证人身安全和测量的准确度。

(3) 指针万用表使用完毕后，应将转换开关转到交流电压的最高量程挡位，或转到"OFF"挡位。

(4) 经常保持万用表清洁干燥，避免振动。

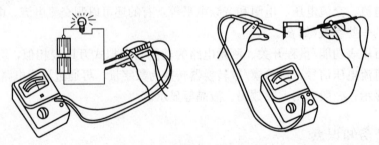

图 4.3 万用表表笔的握法

4.3.2 数字式万用表

数字式仪表已经成为了工业应用的主流，大有取代模拟式仪表的趋势。数字万用表具有测量准确度高、分辨率高、灵敏度高、抗干扰能力强、显示明了、便于携带等特点。数字万用表的构成核心是集成单片模/数转换器。为实现多种测量功能，其内部还包括电流/电压转换器(A-V)，交流电压/直流电压转换器(AC/DC)，电阻/电压转换器(Ω/V)以及量程选择电路、数字显示电路等。下面以 Fluke 17B 型数字万用表进行说明。

1. Fluke 17B 型数字万用表的端子

Fluke 17B 型数字万用表的外接端子如图 4.4 所示。

端子 1：适用于最高 10A 的交流电和直流电电流测量及频率测量的输入端子。

端子 2：适用于最高 400mA 的交流电和直流电微安及毫安测量及频率测量的输入端子。

端子 3：适用于所有测试的公共端(返回端子)。

端子 4：适用于电压、电阻、通断性、二极管、电容、频率和温度测量的输入端子。

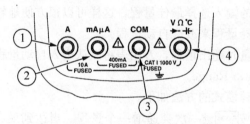

图 4.4　Fluke 17B 型数字万用表外接端子

2. Fluke 17B 型数字万用表的显示屏

Fluke 17B 型数字万用表的显示屏如图 4.5 所示，其中各符号代表含义如下。

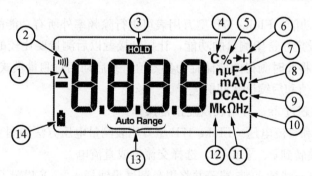

图 4.5　Fluke 17B 型数字万用表显示屏

① 已启用相对测量模式。

② 已选中通断性。

③ 已启用数据保持模式。

④ 已选中温度。

⑤ 已选中占空比。

⑥ 已选中二极管测试。

⑦ F——电容法拉。

⑧ A、V——安培或伏特。

⑨ DC、AC——直流或交流电压或电流。

⑩ Hz——已选中频率。

⑪ Ω——已选中电阻。

⑫ m、M、k——十倍数前缀。

⑬ 已选中自动量程。

⑭ 电池电量不足，应立即更换。

3. Fluke 17B 型数字万用表的使用方法

（1）电池节能模式切换。如果连续 30min 未使用万用表也没有输入信号，万用表将进入"睡眠模式"（Sleep Mode），显示屏呈空白。按任意按钮或转动旋转开关，即可唤醒万用表。如果要禁用"睡眠模式"，就在开启万用表的同时按下"黄色"按钮。

（2）手动量程及自动量程选择。万用表有手动和自动量程两个选择。在自动量程模式内，万用表会为检测到的输入选择最佳量程，这样可以很方便地转换测试点而无须重新设置量程。也可以手动选择量程来改变自动量程。

如果在某种功能测量时超出量程，万用表将默认进入自动量程模式。当万用表在自动量程模式时，会显示 Auto Range。

进入及退出手动量程模式的方法如下。

① 按下 RANGE 键。每按 RANGE 键一次会递增一个量程。当达到最高量程时，再按 RANGE 键万用表会回到最低量程。

② 要退出手动量程模式，按下 RANGE 键 2s。

（3）数据保留功能。按下 HOLD 键可以保留万用表当前测量读数。再按 HOLD 键则恢复正常操作。

（4）相对测量功能。Fluke 17B 型万用表可进行除频率外所有功能的相对测量。

① 将万用表设定在希望测量的功能，让探针接触以后测量要比较的电路。

② 按下 REL 键将此时测得的值储存为参考值，并启动相对测量模式。在后面的测量过程中就会显示参考值和后续读数间的差异。

③ 按下 REL 键超过 2s，万用表恢复正常操作。

（5）测量交流和直流电压。Fluke 17B 型万用表测量电压方法如图 4.6 所示。

① 将旋转开关转到 ṽ、v̄ 或 m̄v，选择交流电或直流电。

② 将红色测试导线插入 端子并将黑色测试导线插入"COM"端子。

③ 将探针接触想要测试的电路测试点，测量电压。

④ 对显示屏上测出的电压进行读数。

注意：手动选择量程是进入 4m̃V 量程的唯一方式。

（6）测量交流或直流电流。Fluke 17B 型万用表测量电流方法如图 4.7 所示。

① 将旋转开关转到 Ã、m̄A 或 ã。

② 按下黄色按钮，在交流或直流电流测量功能间切换。

③ 根据待测电流，将红色测试导线插入"A"、"mA μA"端子，并将黑色测试导线插入"COM"端子。

④ 将测试导线接入待测电路并开启电源。

⑤ 对显示屏上测出的电流进行读数。

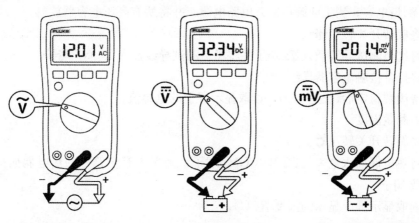

（a）测量交流电压　　　（b）测量直流电压　　　（c）400mV 量程测量电压

图 4.6　测量交流和直流电压

（7）测量电阻和通断性测试。Fluke 17B 型万用表测量电阻及通断性的方法如图 4.8 所示。

① 测量前应检查电路情况，确保电路电源关闭，电路中所有电容器已放电。

② 将旋转开关转至 ，再次确保已切断待测电路的电源。

③ 将红色测试导线插入 端子，并将黑色测试导线插入"COM"端子。

④ 将探针接触电路测试点，测量电阻。

⑤ 对显示屏上测出的电阻值进行读数。

⑥ 在测量电阻模式，按两次黄色按钮可以启动通断性测试蜂鸣器。若电阻不超过 50Ω，蜂鸣器会发出连续音，表明短路。若电表读数为 **OL**，则表示是开路。

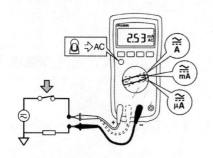　　　　　

图 4.7　测量交流和直流电流　　　**图 4.8　测量电阻及通断性**

（8）测试二极管。

① 测量前应确保电路电源关闭，电路中所有电容器已放电。

② 将旋转开关转至 。

③ 按黄色功能按钮一次，启动二极管测试功能。

④ 将红色测试导线插入 端子并将黑色测试导线插入"COM"端子。

⑤ 将红色探针接到待测的二极管的阳极而黑色探针接到阴极。

⑥ 读取显示屏上的二极管正偏电压值。

⑦ 若测试导线的电极与二极管的电极反接，则显示屏读数会显示为 **OL**。通过这种情

况可以用来区分二极管的阳极和阴极。

(9) 测量电容。测量前确保断开电路电源，并将所有高压电容器放电。

① 将旋转开关转至 ⊣⊢。

② 将红色测试导线插入 ⊣⊢ 端子并将黑色测试导线插入"COM"端子。

③ 将探针接触电容器导线。

④ 待读数稳定后(长达 15s)，读取显示屏上的电容值。

(10) 测量温度。

① 将旋转开关转至 ℃。

② 将热电偶插入电表的 ⊣⊢ 和"COM"端子，确保带有＋符号的热电偶插头插入万用表上的 ⊣⊢ 端子。

③ 读取显示屏上显示的温度值(℃)。

任务小结

通过本任务主要学习了万用表分为指针式万用表和数字式万用表，是一种多功能、多量程的测量仪表，一般万用表可测量直流电压、直流电流、交流电压、交流电流、电阻和音频电平等，有的还可以测交流电流、电容量、电感量及半导体的一些参数(如 β)，但主要还是原来测量电压、电流、电阻三种基本电参数，所以也称为三用表、复用表。

习 题

1. 填空题

(1) 万用表有_____和_____两种。

(2) 数字式万用表主要由_____、_____、_____和_____等组成。

2. 选择题

(1) MF47 万用表的频率范围为( )。

A. 15～500Hz　　B. 20～1000Hz　　C. 40～1200Hz　　D. 45～1000Hz

(2) 数字式万用表的构成核心是( )。

A. 电流/电压转换器(A/V)　　　　B. 电阻/电压转换器(Ω/V)

C. 集成单片模/数转换器　　　　D. 数字显示电路

3. 问答题

(1) 给一块电路板，请用指针式万用表测量电阻、电压等参数。

(2) 给一块万用表，请用数字式万用表测试电路的通断。

(3) 给 3 个不同电容器，请用数字式万用表分别测量其容量。

任务 5　交流毫伏表

5.1　任务导入

电视机和收音机的天线输入的电压，中放级的电压值非常小，达到了毫伏级，电压的频率又在几万赫兹的情况下，万用表就无法满足测量要求了，这时我们就采用交流毫伏表。

交流毫伏表是一种用来测量正弦电压的交流电压表。主要用于测量高频率、毫伏级以下的电压，也叫微伏交流电压。如图 5.1 所示为 VD2173 交流毫伏表外观图。

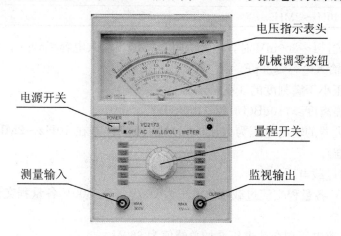

图 5.1　VD2173 交流毫伏表实物图

5.2　任务分析

VD2173 交流毫伏表是立体声测量的必备仪器，它采用一个通道输入，对立体声音响设备的电性能测试及对比较为方便，广泛用于立体声收录机、立体声唱机等立体声音响测试，而且它还具有独立的量程开关，可代作一只灵敏度高、稳定性可靠的晶体管毫伏表。

5.3　任务知识点

5.3.1　VD2173 交流毫伏表技术参数

（1）测量电压范围：$100\mu V \sim 300V$。仪器共分 12 挡电压量程，分别为 1mV，3mV，10mV，30mV，100mV，300mV，1V，3V，10V，30V，100V，300V。分贝量程为 $-60dB$，$-50dB$，$-40dB$，$-30dB$，$-20dB$，$-10dB$，0dB，$+10dB$，$+20dB$，$+30dB$，$+40dB$，$+50dB$。（0dBV=1V，0dBm=0.775V。）

（2）测量电压的频率范围：10Hz～2MHz。

（3）基准条件下的电压误差：$\pm 3\%$（400Hz）。

（4）基准条件下的频响误差见表 5-1（以 400Hz 为基准）。

表 5-1 VD2173 交流毫伏表频响误差

频率	误差
20Hz～100kHz	±3%
10Hz～2MHz	±8%

（5）在环境温度 0～40℃，湿度≤80%，电源电压为（220±22）V，电源频率为（50±2）Hz 时的工作误差见表 5-2。

表 5-2 VD2173 交流毫伏表工作误差

频率	误差
20Hz～100kHz	±7%
10Hz～2MHz	±15%

（6）输入阻抗：1～300mV 时，输入电阻≥2MΩ，输入电容≤50pF；1～300V 时，输入电阻≥8MΩ，输入电容≤20pF。

（7）噪声电压小于满刻度的 3%。

（8）两通道隔离度≥110dB（10Hz～100kHz）。

（9）监视放大器的输出电压为（1±0.05）V，频响误差在 10Hz～2MHz 时，为 ±3dB（以 400Hz 为基准）。

（10）仪器的过载电压。

① 1～300mV 各量程交流过载峰值电压为 100V，1～300V 各量程交流过载峰值电压为 660V。

② 最大的直流电压和交流电压叠加总峰值为 660V。

（11）仪器所使用的电源为（220±22）V，（50±2）Hz，消耗功率为 5W。

5.3.2　VD2173 交流毫伏表使用说明

（1）通电前，调整交流毫伏表的机械零位，并将量程开关置 300V 挡。

（2）接通电源后，交流毫伏表的双指针摆动数次是正常的，稳定后即可测量。

（3）若测量电压未知时，应将量程开关置最大挡，然后逐渐减小量程，直至交流毫伏表指示大于三分之一满刻度值时读数。

（4）若要测量市电或高电压时，输入端黑柄鳄鱼夹必须接中线或地端。

5.3.3　VD2173 交流毫伏表维护说明

VD2173 交流毫伏表应在正常工作条件下使用，不允许在日光暴晒，强烈振动及在空气中含腐蚀气体的场合下使用。VD2173 交流毫伏表常见故障及排除方法见表 5-3。

表 5-3 VD2173 交流毫伏表常见故障及排除方法

故障现象	排除方法
接通电源发光管不亮但仪器能正常工作	发光管损坏，应更换
接通电源发光管不亮仪器不正常工作	交流熔丝熔断，应更换
仪器输入短路指示超过满刻度值的 3%	内部噪声大，更换为 BG201 或 BG301 或 BG302

任务小结

　　通过本任务主要学习了交流毫伏表的使用。一般万用表的交流电压挡只能测量 1V 以上的交流电压，而且测量交流电压的频率一般不超过 1kHz。交流毫伏表测量的最小量程是 10mV，测量电压的频率为 $50\sim10^5$ Hz，是测量音频放大电路必备的仪表之一。

习　题

　　1. 填空题

　　(1) 交流毫伏表是一种用来测量_____电压的交流电压表。

　　(2) 交流毫伏表测量电压范围为_____。

　　2. 选择题

　　(1) 交流毫伏表共分(　　)挡电压量程。

　　　　A. 10　　　　　　B. 11　　　　　　C. 12　　　　　　D. 13

　　(2) 若测量电压未知时，应将量程开关置最大挡，然后逐渐减小量程，直至交流毫伏表指示(　　)大于满刻度值时读数。

　　　　A. 二分之一　　　B. 三分之一　　C. 四分之一　　　D. 五分之一

　　3. 问答题

　　用交流毫伏表测量交流电压的频率范围是什么？

任务6　示　波　器

■ 6.1　任务导入

　　如何将肉眼看不见的电信号转换成看得见的图像，便于人们研究各种电现象的变化呢？例如在串联稳压电路中，输出的直流电压是否平直，这时就需要选择示波器。

　　示波器是一种用途十分广泛的电子测量仪器。示波器利用狭窄的、由高速电子组成的电子束，打在涂有荧光物质的屏面上，就可产生细小的光点。在被测信号的作用下，电子束就好像一支笔的笔尖，可以在屏面上描绘出被测信号的瞬时值的变化曲线。利用示波器能观察各种不同信号幅度随时间变化的波形曲线，还可以用它测试各种不同的电量，如电压、电流、频率、相位差、调幅度等。如图 6.1 所示为示波器的实物图。

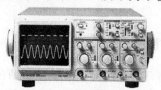

图 6.1　示波器的实物图

6.2　任务分析

双踪示波是在单线示波器的基础上，增设一个专用电子开关，用它来实现两种波形的分别显示。由于实现双踪示波比实现双线示波简单，不需要使用结构复杂、价格昂贵的"双腔"或"多腔"示波管，所以双踪示波获得了普遍的应用。

6.3　任务知识点

6.3.1　示波器的放置

（1）避免将仪器放在过热或过冷的地方。避免将仪器放在阳光直射的地方，夏季不要放在密封的车厢内，或者放在附近有热源的房间内。仪器的最高工作温度为 40℃。寒冷的冬季，仪器不要放在室外使用。仪器的最低工作温度不低于 0℃。

（2）不要将仪器迅速地从热的环境中移到温度低的环境中，否则仪器将结露。

（3）防潮，防水，防尘。当仪器放在潮湿或有灰尘的地方，容易引起意外事故。仪器的工作环境相对湿度为 35%～85%。

（4）不要将仪器放在有强烈振动的地方，使用时也应避免振动。

（5）不要将仪器放在有磁铁或强磁场的地方。

6.3.2　示波器使用的注意事项

（1）切勿将重物放在示波器上。

（2）切勿堵塞散热孔。

（3）切勿用重物冲击示波器。

（4）切勿将导线、大头针等物从散热孔插入仪器内。

（5）切勿用探头拖拉仪器。

（6）切勿将发热的烙铁碰到机壳或屏幕。

（7）切勿将仪器倒置，以防损坏旋钮。

（8）切勿将仪器立起时将 BNC 电缆连接到后面板上的外消隐端子上，否则电缆可能损坏。

6.3.3　示波器的维护与保养

（1）盖板上污点的清除：先用软布蘸中性清洁剂轻轻擦，然后再用干布擦拭。

（2）不要用易挥发的溶剂（如汽油和酒精）擦拭。

（3）清洁仪器内部时必须确信电源电路的元器件上无残存的电荷，可用干毛刷或皮老虎除尘。

6.3.4　示波器的操作与防护

（1）检查电源电压。示波器开机前，应检查使用场所的电网电压是否符合规定要求。

（2）使用规定的熔丝。为了防止过载，电源变压器的一次侧用了一只 1A 熔丝，若熔丝熔断，应仔细查找原因，找出故障点，再用规定的熔丝更换。严禁使用不合规定的熔丝，否则可能出现故障或造成危险。

（3）不要将亮度调的过亮。不要将光点或扫描线调得过亮。过亮会使眼睛产生疲劳，并且会损坏荧光层。

（4）不要加入过大的电压。示波器各输入端及经探头输入的电压值见表 6-1。绝不要加入超过规定的高电压。

表 6-1 示波器各输入端及经探头输入的电压值

输入端	输入电压值
直接输入	300V(DC＋AC peak 1kHz)
乘 10(经探头)	400V(DC＋AC peak 1kHz)
乘 1(经探头)	300V(DC＋AC peak 1kHz)
外触发输入	300V(DC＋AC peak)
外消隐	30V(DC＋AC peak)

6.3.5 示波器的校准周期

为确保仪器精度，示波器每工作 1000h 至少校准一次，或者使用频繁时每月校准一次。

6.3.6 使用示波器的探头时的注意事项

若使用探头作为测试信号输入连接时，应注意探头的衰减开关位置。当处于"1"位置时，示波器的带宽将下降(约为 6MHz)；当处于"10"位置时，示波器的带宽才能达到使用手册的要求。

6.3.7 示波器的面板介绍

VD252 型双踪示波器的正面板和后面板分别如图 6.2 和图 6.3 所示。

1. 电源和示波管系统的控制件

① 电源开关。电源开关按进去为电源开，按出为电源断。

② 电源指示灯。电源接通后该指示灯亮。

③ 聚焦控制。当辉度调到适当的亮度后，调节聚焦控制直至扫描线最佳。虽然聚焦在调节亮度时能自动调整，但有时有稍微漂移，应当手动调节以获得最佳聚焦状态。

④ 基线旋转控制。用于调节扫描线和水平刻度线平行。

⑤ 辉度控制。此旋钮用来调节辉度电位器，改变辉度。顺时针方向旋转，辉度增加；反之，辉度减小。

⑥ 电源熔丝插座。用于放置整机电源熔丝。

⑦ 电源插座。用于插入电源线插头。

2. 垂直偏转系统的控制件

⑧ CH1 输入。BNC 端子用于垂直轴信号的输入。当示波器工作于 X-Y 方式时，输入到此端的信号变为 X 轴信号。

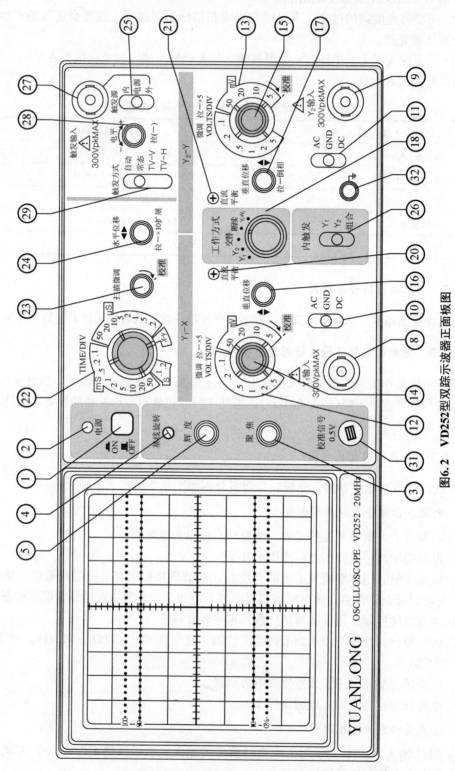

⑨ CH2 输入。类同 CH1，但当示波器工作于 X-Y 方式时，输入到此端的信号变为 Y 轴信号。

图6.2 VD252型双踪示波器正面板图

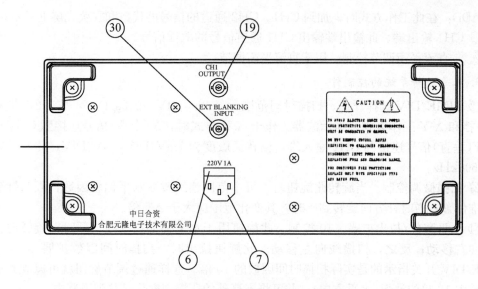

图 6.3　VD252 型双踪示波器后面板图

⑩⑪ 输入耦合开关（AC-GND-DC）。此开关用于选择输入信号送至垂直轴放大器的耦合方式。

AC：在此方式时，信号经过电容器输入，输入信号的直流分量被隔离，只有交流分量被显示。

GND：在此方式时，垂直轴放大器输入端接地。

DC：在此方式时，输入信号直接送至垂直轴放大器输入端而显示，包含信号的直流成分。

⑫⑬ 伏/度选择开关。该开关用于选择垂直偏转因数，使显示的波形置于一个易于观察的幅度范围。当 10∶1 探头连接于示波器的输入端时，荧光屏上的读数要乘以 10。

⑭⑮ 微调/拉出×5 扩展控制。旋转此旋钮时，可小范围连续改变垂直偏转灵敏度，顺时针方向旋转到底为校准位置；逆时针方向旋转到底时，其变化范围应大于 2.5 倍。此旋钮拉出时，垂直系统的增益扩展 5 倍，最高灵敏度可达 1mV/DIV。

⑯ CH1 位移旋钮。此旋钮用于 CH1 信号在垂直方向的位移。顺时针方向旋转波形上移，逆时针方向旋转波形下移。

⑰ CH2 位移/倒相控制。位移功能同 CH1，但当旋钮拉出时，输入 CH2 的信号极性被倒相。

⑱ 工作方式选择开关（CH1，CH2，ALT，CHOP，ADD）。此开关用于选择垂直偏转系统的工作方式。

CH1：只有加到 CH1 通道的输入信号才能显示。

CH2：只有加到 CH2 通道的输入信号才能显示。

ALT：加到 CH1、CH2 通道的信号能交替显示在荧光屏上。此工作方式用于扫描时间短的两通道观察。

CHOP：在此工作方式时，加到 CH1 和 CH2 通道的输入信号受约 250kHz 自激振荡电子开关的控制，同时显示在荧光屏上。此方式用于扫描时间长的两通道观察。

ADD：在此工作方式时，加到 CH1、CH2 通道的信号的代数和在荧光屏上显示。

⑲ CH1 输出端。此输出端输出 CH1 通道信号的取样信号。

⑳㉑ 直流平衡调节控制。用于直流平衡调节。

3. 水平偏转系统的控制件

㉒ TIME/DIV 选择开关。扫描时间范围为 $0.2\mu s/DIV \sim 0.2s/DIV$，按 1-2-5 进制共分 19 挡和 X-Y 工作方式。当示波器工作于 X-Y 方式时，X（水平）信号连接到 CH1 输入端；Y（垂直）信号连接到 CH2 输入端，偏转灵敏度为 $1mV/DIV \sim 5V/DIV$，此时带宽缩小到 500kHz。

㉓ 扫描微调控制。当旋转此旋钮时，可小范围连续改变水平偏转因数，顺时针到底为校准位置；逆时针方向旋转到底时，其变化范围应大于 2.5 倍。

㉔ 水平移位/拉出扩展×10 控制。此旋钮用于水平移动扫描线，顺时针旋转时，扫描线向右移动；反之，扫描线向左移动。此旋钮拉出时，扫描时间因数扩展 10 倍，即TIME/DIV 开关指示的是实际扫描时间因数的 10 倍。这样通过调节旋钮就可以观察所需信号放大 10 倍的波形（水平方向），并可将屏幕外的所需观察信号移到屏幕内。

4. 触发系统

㉕ 触发源选择开关。此开关用于选择扫描触发信号源。

INT（内触发）：加到 CH1 或 CH2 的信号作为触发源。

LINE（电源触发）：取电源频率的信号作为触发源。

EXT（外触发）：外触发信号加到外触发输入端作为触发源。外触发用于垂直方向上的特殊信号的触发。

㉖ 内触发选择开关。此开关用于选择扫描的内触发信号源。

CH1：加到 CH1 的信号作为触发信号。

CH2：加到 CH2 的信号作为触发信号。

VERT MODE（组合方式）：用于同时观察两个波形，触发信号交替取自 CH1 和 CH2。

㉗ 外触发输入插座。此插座用于扫描外触发信号的输入。

㉘ 触发电平控制旋钮。此旋钮通过调节触发电平来确定扫描波形的起始点，亦能控制触发开关的极性，按进去为"＋"极性，拉出为"－"极性。

㉙ 触发方式选择开关。

自动：本状态仪器始终自动触发，显示扫描线。有触发信号时，获得正常触发扫描，波形稳定显示。无触发信号时，扫描线将自动出现。

常态：当触发信号产生，获得触发扫描信号，实现扫描。无触发信号时，应当不出现扫描线。

TV-V：此状态用于观察电视信号的全场信号波形。

TV-H：此状态用于观察电视信号的全行信号波形。

注意：只有当电视同步信号是负极性时，TV-V 和 TV-H 才能正常工作。

5. 其他

㉚ 外增辉输入插座。此输入端用于外增辉信号输入。它是直流耦合，加入正信号辉度降低，加入负信号辉度增加。

㉛ 校正 0.5V 端子。输出 1kHz、0.5V 的校正方波,用于校正探头的电容补偿。

㉜ 接地端子。示波器的接地端子。

6.3.8 VD252 型双踪示波器扫描线的调试

仪器通电前应检查所用电源是否符合要求,并按表 6-2 设置各控制旋钮。

表 6-2 调试扫描线时控制旋钮设置

控制旋钮	设置状态
电源开关(1)	关
辉度(5)	反时针旋转到底
聚焦(3)	居中
AC-GND-DC(10)、(11)	GND
垂直位移(16)、(17)	居中(旋转按进)
垂直工作方式(18)	CH1
触发方式(29)	自动(AUTO)
触发源(25)	内(INT)
内触发源(26)	CH1
TIME/DIV(22)	0.5ms/DIV
水平位移	居中

完成上述准备工作后,打开电源。15s 后,顺时针旋转辉度旋钮,扫描线将出现。如果立即开始使用,调聚焦旋钮使扫描亮线最细。

如果打开电源而仪器不使用,反时针旋转辉度控制旋钮降低亮度也使聚焦模糊。

注意:通常观察时将下列带校准功能旋钮置"校准"位置,见表 6-3。

表 6-3 观察时带校准功能旋钮的设置

旋钮设置	说明
微调(14)、(15)	旋到箭头所指方向,在这种情况下 VOLTS/DIV 被校准,可直接读出数据
扫描位移(24)	该旋钮处于按下状态
扫描微调(23)	旋到箭头所指方向

调节 CH1、CH2 位移旋钮,移动扫描亮线到示波管中心,与水平刻度线平行。有时,扫描线受大地磁力线及周围磁场的影响,发生一些微小的偏转,此时可调节基线旋转电位器,使基线与水平刻度线平行。

6.3.9 VD252 型双踪示波器的信号连接方法

测量的第一步是正确地将信号连接至示波器的输入端。

1. 探头的使用

(1)当高精度测量高频率信号波形时,需使用附件中的探头,探头的衰减位"10",输入信号的幅度被衰减 10 倍。

注意： 不要用探头直接测量大于 400V(DC＋AC peak 1kHz) 的信号。

（2）当测量高速脉冲信号或高频信号时，探极接地点要靠近被测试点。较长接地线会引起振铃和过冲之类波形畸变。测量结果 VOLTS/DIV 的读数要乘以 10。

例如，VOLTS/DIV 的读数为 50mV/DIV，则实际为 50mV/DIV×10＝500mV/DIV。

为了避免测量误差，在测量前探头应按下列方法进行校正检查以消除误差。

探头探针接到校正方波输出端，正确的电容值将产生平顶方波，如图 6.4(a) 所示。如果出现如图 6.4(b)、(c) 所示的波形，需用螺钉旋具调整探头校正孔的电容补偿，直至获得正确波形。

（a）正常波形　　　（b）电容过小　　　（c）电容过大

图 6.4　测量误差调整波形

2. 直接馈入

当不使用探头而直接将信号接到示波器时，应注意下列几点，以最大限度减少测量误差。

（1）使用无屏蔽导线时，对于低阻抗高电平不会产生干扰。但应注意到，在很多情况下，其他电路和电源线的静态寄生耦合可能引起测量误差，即使在低频范围，这种测量误差也不能忽略，所以通常应避免使用无屏蔽线。

使用屏蔽线的一端与示波器接地端连接，另一端接至被测电路的地线。最好使用 BNC 同轴电缆线。

（2）在进行宽频带测量时，必须注意，当测量快速上升波形或高频信号波形时，需使用与终端阻抗匹配的电缆线。

特别在使用长电缆时，当终端不匹配时将会因振铃现象导致测量误差。有些测量电路要求端电阻等于测量端的电缆特性阻抗。BNC 电缆的端阻抗为 50Ω，可以满足其要求。

（3）使用较长的屏蔽线进行测量时，屏蔽线本身的分布电容要考虑在内。因为常用屏蔽线具有 100pF/m 的分布电容，它对被测电路的影响是不能忽略的。使用探头能减少对电路的影响。

3. X-Y 工作方式时观察波形

设置时基开关"TIME/DIV"于"X-Y"状态，即示波器工作于 X-Y 方式，此时加载到示波器各输入端的情况如表 6-4 所示，同时使水平扩展开关（PULL-MAG×10 旋钮）处于按下状态。

表 6-4　X-Y 工作方式时输入端情况

输入端	输入信号
X 轴信号（水平轴信号）	CH1 输入
Y 轴信号（垂直轴信号）	CH2 输入

6.3.10　VD252 型双踪示波器的测量程序

开始测量前先做好以下工作：调节辉度和聚焦旋钮于适当位置以便观察；最大可能减少显示波形的读出误差；使用探头时应检查电容补偿。

1. 一般测量

(1) 观察一个波形的情况。当不观察两个波形的相位差或除 X-Y 工作方式以外的其他工作状态时，仅用 CH1 或 CH2 通道输入。控制旋钮应置于如表 6-5 所示状态。

在此情况下，通过调节触发电平，所有加到 CH1 或 CH2 通道上的频率在 25Hz 以上的重复信号能被同步并观察。无输入信号时，扫描亮线仍然显示。

若观察低频信号（25Hz 以下），则置触发方式为常态（NORM），再调节触发电平旋钮就能获得同步。

表 6-5 测量一个波形控制旋钮设置方式

垂直工作方式	CH1(CH2)
触发方式	自动（AUTO）
触发信号源	内（INT）
触发源	CH1(CH2)

(2) 同时观察两个波形。垂直工作方式开关置"交替"或"断续"时就可以方便地观察两个波形。交替用于观察两个重复频率较高的信号，断续用于观察两个重复频率较低的信号。当测量信号相位差时，需要用相位超前的信号作触发信号。

2. 直流电压测量

置输入耦合开关于"GND"位置，确定零电平位置。置 VOLTS/DIV 开关于适当位置，置 AC-GND-DC 开关于"DC"位置。扫描亮线随 DC 电压的数值而移动，信号的直流电压可以通过位移幅度与 VOLTS/DIV 开关标称值的乘积获得。如图 6.5 所示波形，当 VOLTS/DIV 开关置于 50mV/DIV 挡时，则 50mV/DIV×4.2DIV＝210mV。若使用了 10：1 探头，则信号的实际值是上述值的 10 倍，即 50mV/DIV×4.2DIV×10＝2.1V。

3. 交流电压测量

与直流电压测量相似，但这里不必在刻度上确定零电平。

如果有一波形显示如图 6.6 所示，且 VOLTS/DIV 是 1mV/DIV，则此信号的交流电压是 1V/DIV×5DIV＝5V(P-P)（若使用 10：1 探头时是 50V P-P）。

当观察叠加在较高直流电平上的小幅度交流信号时，可置输入耦合于"AC"状态，则直流分量被隔离，交流分量可顺利通过，从而提高测量灵敏度。

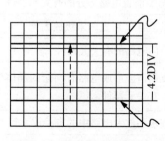

图 6.5 直流电压测量波形

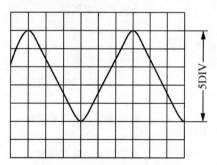

图 6.6 交流电压测量波形

4. 频率和周期的测量

有输入信号的波形显示如图 6.7 所示，A 点和 B 点的间隔为一个完整周期，在屏幕上的间隔为 2DIV，当扫描时间因数为 1ms/DIV 时，则周期 T 为 1ms/DIV×2.0DIV＝2.0ms，频率 f 为 $1/T＝1/2.0ms＝500Hz$（当扩展×10 按钮拉出时，TIME/DIV 开关的读数要乘以 10）。

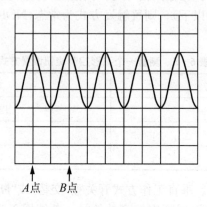

A点　B点

图 6.7　周期与频率测量波形

6.3.11　VD252 型双踪示波器的常见故障分析及解决方法

常见故障分析及解决方法见表 6-6。

表 6-6　常见故障分析及解决方法

常见故障	故障原因分析	解决方法
直流电压不正常	整流电路有问题	更换损坏的二极管
	稳压块或调整管有问题	更换稳压块或调整管
	推动或取样电路有问题	更换推动电路晶体管或取样电路电阻
无高压或高压不正常	震荡电路有问题	更换震荡管或转换器
	高压整流电路有问题	更换高压二极管或电容器
	电位器的调节范围有变化	重新调节电位器
垂直方向光迹偏离	直流平衡未调好	重新调节直流平衡
	Y 前置有问题	检查 Y 前置电路部分的有关元器件
	Y 后置有问题	重点检查 Y 后置的末级放大管
	电子开关与门电路有问题	更换门电路的有关元器件
仪器不扫描	锯齿波形成电路有问题	检查锯齿波形成电路有问题的晶体管、集成块等有关元器件
	水平放大电路有问题	检查水平放大电路中的有关放大管
同步困难	使用不当	按产品使用手册的说明操作
	触发放大电路有问题	检查触发放大电路的有关元器件

任务小结

通过本任务主要学习了所使用的双踪示波器面板上各旋钮的作用及操作。为了保护荧光屏不被灼伤，使用双踪示波器时，光点亮度不能太强，也不能让光点长时间停在荧光屏的一个位置上。在实验过程中，如果短时间不使用双踪示波器，可将"辉度"旋钮调到最小。不要经常通断双踪示波器的电源，以免缩短示波管的使用寿命。双踪示波器上所有开关与旋钮都有一定强度与调节角度，使用时应轻轻地缓缓旋转，不能用力过猛或随意乱旋转。

习　题

1. 填空题

(1) VD252 型双踪示波器的校正 0.5V 端子，输出_____的校正方波。

(2) 交替用于观察_____的信号，断续用于观察_____的信号。

2. 选择题

(1) TIME/DIV 选择开关的扫描时间范围为(　　)。

　　A. 0.1μs/DIV～0.1s/DIV　　　　B. 0.2μs/DIV～0.2s/DIV

　　C. 0.3μs/DIV～0.3s/DIV　　　　D. 0.4μs/DIV～0.4s/DIV

(2) 为确保仪器精度，示波器每工作(　　)h 至少校准一次，或者使用频繁时每月校准一次。

　　A. 1000　　B. 2000　　　　　　C. 3000　　　　　　　　D. 4000

3. 问答题

如何读取被测信号的峰-峰值和频率？

任务 7　函数信号发生器

7.1　任务导入

随着科技的发展，实际应用到的信号形式越来越多，越来越复杂，频率也越来越高。例如在串联稳压电路中，我们需要输入一个可以改变电压幅值和频率的信号，这时我们就需要使用信号发生器。

信号发生器也称信号源，是用来产生振荡信号的一种仪器，为使用者提供需要的稳定、可信的参考信号，并且信号的特征参数完全可控。所谓可控信号特征，主要是指输出信号的频率、幅度、波形、占空比、调制形式等参数都可以人为地控制设定。所以信号发生器的种类也越来越多，同时信号发生器的电路结构形式也不断向着智能化、软件化、可编程化发展。如图 7.1 所示为信号发生器的实物图。

图 7.1　信号发生器的实物图

■ 7.2　任务分析

　　VD1641 型函数信号发生器能产生正弦波、方波、三角波、脉冲波、锯齿波等波形，频率范围宽，可达 2MHz，具有直流电平调节、占空比调节、VCF 功能，具有 TTL 电平，单次脉冲输出，频率显示有数字显示和频率计显示，频率计可外测。该系列具有优良的幅频特性，方波上升时间不大于 50ns，所有电性能指标达到国外同类产品的水平，外形精巧、美观。

■ 7.3　任务知识点

7.3.1　VD1641 型函数信号发生器的技术参数

VD1641 型函数信号发生器技术指标见表 7-1。

表 7-1　VD1641 型函数信号发生器技术指标

技术指标	技术指标内容
波形	正弦波、方波、三角波、脉冲波、锯齿波等
频率	$0.2 \sim 2 \times 10^6$ Hz
显示	3 位半数显
频率误差	$\pm 5\%$
幅度	$10^{-3} \sim 25$V P-P
功率	$\geqslant 3$W P-P
衰减器	0dB、-20dB、-40dB、-60dB
直流电平	$-10 \sim +10$V
占空比	$10\% \sim 90\%$ 连续可调
输出阻抗	$(50 \pm 5)\Omega$
正弦失真	$\leqslant 2\%$($20 \sim 20\,000$Hz)
方波上升时间	$\leqslant 50$ns
TTL 方波输出	$\geqslant 3.5$V P-P 上升时间$\leqslant 25$ns
外电压控制扫频	输入电平 $0 \sim 10$V
输出频率	$1:100$

7.3.2　VD1641 型函数信号发生器的面板说明

VD1641 型函数信号发生器面板如图 7.2 所示。

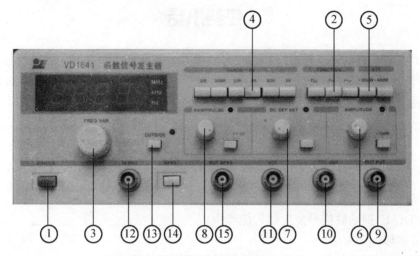

图 7.2　VD1641 型函数信号发生器

① 电源开关(POWER)接入开。

② 功能开关(FUNCTION)：波形选择。

"┌┐"——方波和脉冲波(占空比可变)；"╱"——三角波和锯齿波(占空比可变)；"∿"——正弦波。

③ 频率微调(FREQVAR)：频率覆盖范围 10 倍。

④ 分挡开关(RANGE-HZ)：10Hz～2MHz(分六挡选择)。

⑤ 衰减器(ATT)：开关按入时衰减 30dB。

⑥ 幅度(AMPLITUDE)：幅度可调。

⑦ 直流偏移调节(DC OFF SET)：当开关拉出时，直流电平为−10～+10V 连续可调；当开关按入时，直流电平为零。

⑧ 占空比调节(RAMP/PULSE)：当开关按入时，占空比为 50%；当开关拉出时，占空比为 10%～90% 内连续可调。频率为指示值/10。

⑨ 输出(OUTPUT)：波形输出端。

⑩ TTL OUT：TTL 电平输出端。

⑪ VCF：控制电压输入端。

⑫ INPUT：输入端。

⑬ OUTSIDE：固定 50Hz 正弦波输出开关。

⑭ SPSS：单次脉冲开关。

⑮ OUT SPSS：单次脉冲输出。

7.3.3　VD1641 型函数信号发生器的注意事项

(1)把仪器接入 AC 电源之前，应检查 AC 电源是否和仪器所需的电源电压相适应。

(2)仪器需预热 10min 后方可使用。

(3)请不要将大于 10V(DC＋AC)的电压加至输出端和脉冲端。

(4)请不要将超过 10V 的电压加至 VCF 端。

任务小结

通过本任务主要学习了函数(波形)信号发生器。它能产生某些特定的周期性时间函数波形(正弦波、方波、三角波、锯齿波和脉冲波等)信号,频率范围可从几微赫到几十兆赫;除供通信、仪表和自动控制系统测试用外,还广泛用于其他非电测量领域。

习　题

1. 填空题

(1) VD1641 型函数信号发生器,能产生_____、_____、_____、_____、_____等波形。

(2) VD1641 型函数信号发生器输出信号的幅值调节范围为_____。

2. 选择题

(1) VD1641 型函数信号发生器的频率调节范围(　　)。

　　A. 0.2Hz～2MHz　　　　　　　B. 0.3Hz～3MHz

　　C. 0.4Hz～4MHz　　　　　　　D. 0.5Hz～5MHz

(2) 请不要将超过(　　)的电压加至 VCF 端。

　　A. 5V　　　　B. 10V　　　　C. 15 V　　　　D. 20V

3. 问答题

如何用函数信号发生器输出一个频率 5kHz、峰-峰值 3V 的正弦波信号?

任务8　直流稳压电源

■ 8.1　任务导入

供电是几乎所有电气设备必需的,而且大多用电设备都使用直流电源。例如,大多的小规模数字芯片(74 系列)使用＋5V 的直流电源,而且要求电源值在＋4.5～＋5.5V,如果供电电压超出了这个范围,数字芯片的逻辑就会不正常;再如使用模拟运算放大器的场合,其理由也是一样的,这是我们就需要直流稳压电源这台设备为电路提供稳定可靠的直流电压。

直流稳压电源是能为负载提供稳定直流电源的电子装置。直流稳压电源的供电电源大都是交流电源,当交流供电电源的电压或负载电阻变化时,稳压器的直流输出电压都会保持稳定。直流稳压电源随着电子设备向高精度、高稳定性和高可靠性的方向发展,对电子设备的供电电源提出了更高的要求。

8.2　任务分析

VD1710-2B 双路跟踪直流稳压电源是实验室通用电源，造型新颖美观、结构设计合理，具有高稳定性、高可靠性和优良性能。

该电源Ⅰ、Ⅱ二路具有恒压、恒流功能（CV/CC）且这两种模式可随负载变化而进行自动转换。VD1710-2B 双路跟踪直流稳压电源具有串联主从工作功能，Ⅰ路为主路，Ⅱ路为从路，在跟踪状态下，从路的输出电压随主路的变化而变化，这对于需要对称且可调双极性电源的场合特别适用。Ⅰ、Ⅱ二路每路均可输出 0～32V、0～2A 直流电源。串联工作或串联跟踪工作时可输出 0～64V、0～2A 或－32～32V、0～2A 的单极性或双极性电源。每一路输出均由一块高品质磁电表或数字电表指示输出参数，使用方便，能有效防止误操作造成仪器损坏。

电源Ⅲ路为固定 5V、0～2A 直流电源，供 TTL 电路实验，单板机、单片机电源，安全可靠。

8.3　任务知识点

8.3.1　VD1710-2B 双路跟踪直流稳压电源的性能指标

VD1710-2B 双路跟踪直流稳压电源的特点是稳压、稳流自动转换，采用电流限制保护方式，其性能指标见表 8-1。

表 8-1　常见故障分析及解决方法

性能指标	指标参数	性能指标	指标参数
Ⅰ/Ⅱ路输出电压	0～32V	Ⅰ/Ⅱ路输出电流	0～2A
Ⅲ路输出电压	5V	Ⅲ路输出电流	0～2A
负载效应	CV≤$(1\times10^{-4}+2)$mV	纹波及噪声	CV≤1mV/ms
	CC≤20mA		CC≤1mA/ms
输出调节分辨率	CV：20mV（典型值）	相互效应	CV＝$(5\times10^{-5}+1)$mV
	CC：50mA（典型值）		CC＜0.5mA
跟踪误差	$(5\times10^{-3}+2)$mV	适用电源	(220 ± 22)V；(50 ± 2)Hz
温度范围	工作温度：0～40℃	冷却方式	自然通风冷却
	储存温度：5～45℃	体积	305mm×197mm×152mm
可靠性	MTBF(e)≥2000h	质量	约 9.5kg
指示方式	数字显示		

8.3.2 VD1710-2B 双路跟踪直流稳压电源面板说明

VD1710-2B 双路跟踪直流稳压电源面板如图 8.1 所示。

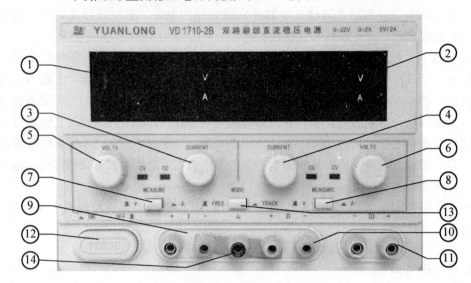

图 8.1　VD1710-2B 稳压电源面板

①② Ⅰ/Ⅱ路电压电流表：指示 Ⅰ/Ⅱ路输出电压/电流。

③④ Ⅰ/Ⅱ路电流调节：调整 Ⅰ/Ⅱ路恒流输出值。

⑤⑥ Ⅰ/Ⅱ路电压调节：调整 Ⅰ/Ⅱ路恒压输出值。

⑦⑧ Ⅰ/Ⅱ路电压/电流测量转换：转换 Ⅰ/Ⅱ路恒压/恒流输出。

⑨⑩ Ⅰ/Ⅱ路输出：Ⅰ/Ⅱ路输出端。

⑪ Ⅲ路输出：固定 5V 输出。

⑫ 仪器电源开关。

⑬ 串联跟踪/独立选择开关。

⑭ 接地端：机壳接地接线柱。

8.3.3 VD1710-2B 双路跟踪直流稳压电源的使用方法

（1）面板上根据功能色块分布，Ⅰ区内的按键为Ⅰ路仪表指示功能选择，按入时，指示该路输出电流，抬起时指示该路输出电压。Ⅱ路和Ⅰ路相同。

（2）中间按键是跟踪/独立选择开关。在Ⅰ路输出负端至Ⅱ路输出正端加一短接线，按入并开启电源后，整机即工作在"主—从"跟踪状态。

（3）恒定电压在输出端开路时调节，恒定电流在输出端短路时调节设定。

（4）VD1710-2B 双路跟踪直流稳压电源的电源输入为三线，机壳接地，以保证安全及减小输出纹波。

（5）Ⅰ、Ⅱ两路独立输出时为悬浮式，用户可根据自己的使用情况将输出接入自己系统的零电位。Ⅰ、Ⅱ两路串联工作或串联主从跟踪工作时，两路的四个输出端子原则上只允许有一个端子与机壳接地直连。Ⅲ路输出为固定＋5V。

 任务小结

　　通过本任务学习了直流稳压电源。直流稳压电源是能为负载提供稳定直流电源的电子装置。直流稳压电源的供电电源大都是交流电源，当交流供电电源的电压或负载电阻变化时，稳压器的直流输出电压都会保持稳定。直流稳压电源随着电子设备向高精度、高稳定性和高可靠性的方向发展，对电子设备的供电电源提出了更高的要求。

习　题

1. 填空题

（1）直流稳压电源的供电电源大都是_____电源。

（2）当交流供电电源的电压或负载电阻变化时，稳压器的直流输出电压都会保持_____。

2. 选择题

（1）VD1710-2B 稳压电源的 Ⅰ、Ⅱ 二路每路均可输出（　　）直流电源。

　　　A. 0～30V、0～1A　　　　　　B. 0～32V、0～2A

　　　C. 0～35V、0～3A　　　　　　D. 0～40V、0～4A

（2）VD1710-2B 稳压电源的 Ⅲ 路输出（　　）直流电源。

　　　A. 固定 5V、0～2A　　　　　　B. 固定 6V、0～3A

　　　C. 固定 7V、0～4A　　　　　　D. 固定 8V、0～5A

3. 问答题

如何用直流稳压电源输出 5V 的直流电压，用示波器观察？

项目3

电子产品制作、调试与检验工艺

教学目标

本情境是学习电子产品调试的重要环节，通过收音机这个载体，结合之前项目内容，达到综合运用元器件识别检测、装配工艺、仪表使用等知识的目的，制作实物进行调试，掌握一定的调整和测试电子电路的方法，能够运用电子电路的基础理论分析处理测试数据和排除调试中的故障，能够在调试完毕后写出调试总结并提出改进意见，实现理论与实际的结合。

教学要求

1. 会辨识、选用和检测收音机所用电子元器件。
2. 会手工焊接电路板。
3. 会调试收音机。
4. 分析故障并排除。

项目导读

收音机从诞生至今，不仅方便了媒体信息的传播，也推进了现代电子技术和更先进的电信设备的发展。本项目通过了解收音机的工作原理并通过画原理图、焊接电路板、调试作品等任务，完成收音机的组装与调试，让学生进一步理解巩固所学的基本理论和基本技能，培养运用仪器仪表检测元器件的能力，以及焊接、布局、安装、调试电子线路的能力，培养及锻炼测试排查实际电子线路中故障的能力。加强对电子工艺流程的理解熟悉有多重意义。

任务9 收音机的安装与调试

■ 9.1 任务导入

收音机与现在时尚数码电子产品相比，显然已经落伍了，但是能够帮助初学者学好电路知识，掌握电子产品组装与调试技能。为此绝大多数的电子产品制作训练项目都会选择一款全散件的收音机，来培养学生的电子知识和技能。

收音机的电路结构种类有很多，早期生产的收音机多为分立元器件电路，目前基本上都采用了大规模集成电路为核心的电路(本机电路采用日本索尼公司生产的调频调幅专用集成电路 CXA1691M，国产型号为 CD1691M)。集成电路收音机具有结构比较简单、性能指标优越、体积小等优点。如图 9.1 所示为集成电路 CXA1691M 实物图。

印制电路板的装配是整机质量的关键，装配质量的好坏对收音机的性能有很大的影响。

收音机的调整是收音机实训中的重要内容，有些同学一焊接完就以为大功告成，特别是有些同学还能收到一两个电台，就忽视了后面的项目，这是非常错误的思想。我们一定要重视收音机的调试部分的训练。如图 9.2 所示为组装收音机套件。

图 9.1   集成电路 CXA1691M 实物图

图 9.2   组装收音机套件

9.2   任务分析

会识别、检测元器件并判别其质量。

印制电路板装配的总要求：①元器件在装配前务必检查其质量好坏，确保元器件是正常能使用的；②装插位置务必正确，不能有插错，漏插；③焊点要光滑、无虚焊、假焊和连焊。

AM/FM 型的收音机电路可用如图 9.3 所示的框图来表示。收音机通过调谐回路选出所需的电台，送到变频器与本机振荡电路送出的本振信号进行混频，然后选出差频作为中频输出(我国规定的 AM 中频为 465kHz，FM 中频为 10.7MHz)，中频信号经过检波器检波后输出调制信号(低频信号)，调制信号(低频信号)经低频放大、功率放大后获得足够的电流和电压，即功率，再推动扬声器发出响亮的声音。

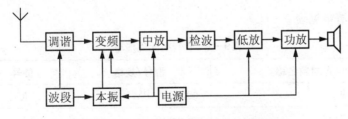

图 9.3   HX218 AM/FM 收音机电路框图

在调试前必须确保收音机能接收到"沙沙"的电流声(或电台)，若听不到电流声或电台，应先检查电路的焊接有无错误、元件有无损坏，直到能听到声音才可做以下的调整实验。

超外差收音机的调整有以下三种。

1. 调中频——调中频调谐回路

中放电路是决定收音机电路的灵敏度和选择性的关键所在,它的性能优劣直接决定了整机性能的好坏。调整中频变压器,使之谐振在 AM/465kHz(或 FM/10.7MHz)频率,这就是中放电路的调整任务。

2. 调覆盖——调本振谐振回路

超外差收音机电路接收信号的频率范围与机壳刻度上的频率标志应一致,所以要进行校准调整,也称调覆盖。

在超外差收音机中,决定接收频率的是本机振荡频率与中频频率的差值,而不是输入回路的频率,因此,调覆盖实质是调本振频率和中频频率之差。因此调覆盖即调整本振回路,使它比收音机频率刻度盘的指示频率高(AM/465kHz 或 FM/10.7MHz)。在本振电路中,改变振荡线圈的电感值(即调节磁心)可以较为明显地改变低频端的振荡频率(但对高频端也有影响)。改变振荡微调电容器的电容量,可以明显地改变高频端的振荡频率。

3. 统调——调输入回路

统调又称调整灵敏度,本机振荡频率与中频频率确定了接收的外来信号频率;输入回路与外来信号的频率的谐振与否,决定了超外差收音机的灵敏度和选择性(即选台功能),因此,调整输入回路使它与外来信号频率谐振,可以使收音机灵敏度高,选择性较好。调整输入回路的选择性也称为调补偿或调跟踪,但是在外差式收音机电路中,调整输入谐振回路的选择性会影响灵敏度,因此,调整谐振回路的谐振频率主要是调整灵敏度,使整机各波段的调谐点一致。

调整时,低端调输入回路线圈在磁棒上的位置,高端调天线接收部分的与输入回路并联的微调电容器。

9.3 任务知识点

9.3.1 元器件的选用

收音机元件清单见表 9-1。

表 9-1 收音机元件清单

序号	材料名称	型号/规格	位号	数量
1	集成块	CXA1691BM	IC	1块
2	发光二极管	ϕ3mm 红	LED	1支
3	三端陶瓷滤波器	455B	CF_1	1支
4	三端陶瓷滤波器	10.7MHz	CF_2	1支
5	中波振荡变压器	红色(中振)	T_1	1支

续表

序号	材料名称	型号/规格	位号	数量
6	中波中频变压器	黑色(465)	T_3	1支
7	调频中频滤波器	绿色 10.7MHz	T_2	1只
8	磁棒线圈	55mm×13mm×5mm	L_1	1套
9	调频天线线圈	ϕ6mm×4 圈	L_2	1支
10	调频振荡线圈	ϕ3mm×6 圈	L_3	1支
11	碳膜电阻	330Ω	R_3	1支
12	碳膜电阻	2kΩ、100kΩ	R_1、R_2	各1支
13	电位器	5kΩ	$R_P(K_1)$	1支
14	瓷片电容器	1pF、10pF	C_6、C_9	各1支
15	瓷片电容器	15pF、18pF	C_4、C_5	各1支
16	瓷片电容器	30pF、120pF	C_1、C_7	各1支
17	瓷片电容器	10nF	C_{11}	1支
18	瓷片电容器	22nF 或 20nF	C_3、C_{10}	2支
19	瓷片电容器	0.1μF	C_{17}、C_{20}	2支
20	电解电容器	0.47μF	C_{15}	1支
21	电解电容器	4.7μF	C_8、C_{12}	2支
22	电解电容器	10μF	C_2、C_{13}、C_{18}	3支
23	电解电容器	100μF	C_{16}、C_{19}	2支
24	四联电容器	CBM-443DF	SL	1支
25	扬声器	ϕ58mm	BL	1个
26	波段开关		K_2	1支
27	拉杆天线		TX	1根
28	耳机插座	ϕ2.5mm		1个
29	印制电路板			1块
30	刻度盘			1块
31	图纸装配说明书			1份
32	连体簧、负极片、正极片	3件		1套
33	连接带线	电池扬声器天线		6根
34	平机螺钉	ϕ2.5mm×5		4粒
35	自攻螺钉	ϕ2mm×5		1粒
36	平机螺钉	ϕ1.6mm×5　ϕ2mm×8		1粒

续表

序号	材料名称	型号/规格	位号	数量
37	焊片、螺母	$\phi2.5$mm $\phi2.0$mm		各1个
38	前后盖、大小拨盘、磁棒支架			1套

9.3.2　收音机的装配

电路板元件的插件图如图9.4所示。

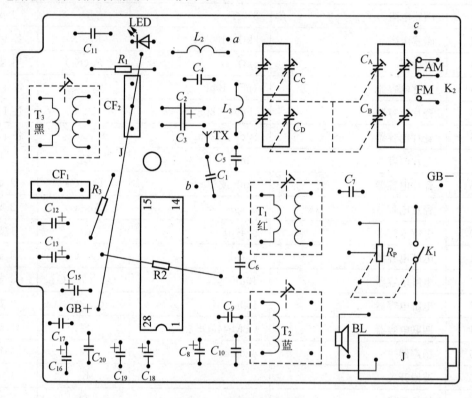

图9.4　印制电路板图

1. 元器件的装插焊接

元器件的装插焊接应遵循先小后大，先轻后重，先低后高，先外围再集成电路的原则。另一种办法是以集成电路为中心，"1"~"28"脚外围电路元器件依次一一清理的办法进行装配，这样有利于电路熟悉和装配顺利进行。

2. 瓷介电容器、电解电容器及晶体管等元器件的装插

瓷介电容器、电解电容器及晶体管等元器件立式安装：元器件引线不能太长，否则会降低元器件的稳定性，而且容易短路，也会导致分布参数受到影响而影响整机效果；但也不能过短，以免焊接时因过热损坏元器件。一般要求距离电路板面2mm，并且要注意电解电容器的正负极性，不能插错。

3. 可调电容器(四联)的装插

可调电容器(四联)的装插：六脚应插到位，不要插反(中心抽头多一个引脚的一面为调频部分)，应该先上螺钉再进行焊接。

4. 音量电位器的安装

音量电位器的安装：首先用铜铆钉固定两边开关脚，然后再进行焊接。使电位器与线路板平行，在焊电位器的三个焊接片时，应在短时间内完成，否则易焊坏电位器的动触片，从而造成音量电位器不起作用而失调或接触不良。

5. 集成电路的焊接

CD1691M 为双列 28 脚扁平式封装，焊接时首先要弄清引脚的排列顺序，并与线路板上的焊盘引脚对准，核对无误后，先焊接 1 脚和 15 脚用于固定 IC，再重复检查，确认后再焊接其余脚位。由于 IC 引脚较密，焊接完后要检查有无虚焊、连焊等现象，确保焊接质量，否则会有损坏 IC 的危险。

9.3.3　收音机的工作原理

本项目中采用的收音机是一种 108-2 型的 AM/FM 二波段的收音机，此收音机电路主要由大规模集成电路 CXA1691M(CD1691M)组成。由于集成电路内部不便制作电感器、电容器、大电阻及可调元件，故外围元件多以电感器、电容器和电阻及可调元件为主，组成各种控制、谐振、供电、滤波、耦合等电路。108-2 型收音机电路图如图 9.5 所示。

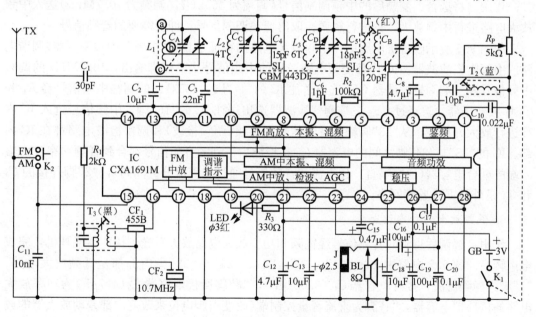

图 9.5　HX108-2 型 AM/FM 型收音机电路图

K₂ 置于 FM 段；L_3 对于 FM 段的调整很重要；C_A 是 AM 的输入联；

C_B 是振荡联；C_C 是 FM 的输入联；C_D 是振荡联

收音机电路各功能块电路的作用如下。

1. 输入调谐（即选台）与变频

由于同一时间内广播电台很多，收音机天线接收到的不仅仅是一个电台的信号，而是 N 个电台的信号。由于各个电台发射的载波频率均不相同，收音机的选频回路通过调谐，改变自身的振荡频率，当振荡频率与某电台的载波频率相同时，即可选中该电台的无线信号，从而完成选台（串联谐振原理）。

由于我们采用的是超外差式收音，选出的信号并不立即送到检波级，而是要进行频率的变换（即变频，目的是让收音机整个频段内的电台放大量基本一致，因为频率稳定放大倍数也就相对稳定）。利用本机振荡产生的频率与外来接收到的信号进行混频，选出差频，即获得固定的中频信号（AM 的中频为 465kHz，FM 的中频为 10.7MHz）。

如图 9.5 所示收音机电路中，这部分电路有四个 LC 调谐回路，带箭头用虚线连在一起的是一只四联可变电容器 CBM-443DF，其中 C_A 与 L_1 并联是调幅波段的输入回路（选台回路），C_B 与 T_1 相连的是调幅波段本机振荡电路，C_7（120pF）是一只垫振电容器，把本振频率垫高，使本振电路频率比输入回路频率高 465kHz，C_C 与 L_2 并联的是调频波段的输入回路（选台回路），C_D 与 L_3 并联为 FM（调频）波段本振回路，和可变电容器并联的分别是与它们适配的微调电容器，用作统调。K_2 是波段开关，与集成电路"15"脚内部的电子开关配合完成波段转换，开关闭合是低电平为调幅波段，开关断开是高电平为调频波段。以上元件与 IC 内部有关电路一起构成调谐和本机振荡电路，变频功能基本由 IC 内部完成。

2. 中频放大与检波

作用：将选台、变频后的中频调制信号（调幅为 465kHz，调频为 10.7MHz）送入中频放大电路进行中频放大，再进行解调，取出低频调制信号，即所需要的音频信号。

如图 9.5 所示收音机电路中，中频放大电路的特征是具有"中周"（中频变压器）调谐电路或中频陶瓷滤波器。IC 内部变频电路送出的中频信号从"14"脚输出，10.7MHz 的调频中频信号经三端陶瓷滤波器 CF_2 选出送往 IC 的"17"脚，465kHz 的调幅中频信号经 R_1 和 T_3 中频变压器，再经过 CF_1 三端陶瓷滤波器选出送往 IC 的"16"脚，中频信号进入 IC 内部进行放大并检波，从"23"脚输出音频信号。鉴频（调频检波）和调幅检波电路都在 IC 内部。IC 的"23"与"24"脚之间的电容器 C_{15} 是检波后得到的音频信号耦合到音频功率放大输入端的耦合电容器（通交隔直，让交流的音频信号通过，直流分量隔离），"2"脚外接的 C_9 和 T_2 是外接 FM 鉴频网络。

3. 低频放大与功率放大

作用：解调后得到的音频信号经低频和功率放大电路放大后送到扬声器或耳机，完成电声转换。图 9.5 电路中 IC 的"1"、"3"、"4"、"24"～"28"脚内部都是低频放大电路。"1"脚为静噪滤波，接有电容器 C_{10}（0.022μF），"3"脚所接电容器 C_8（4.7μF）为功率放大电路的负反馈电容器，"4"脚为直流音量控制端（改变引脚电位来改变内部差动放大器的放大倍数），外接音量控制电位器中心抽头。IC 的"25"脚接的 C_{18}（10μF）是功率放大电路的自举电容器，以提高 OTL 功放电路的输出动态范围，"26"脚为功放电路供电端，外接 C_{19}（100μF）和 C_{17}（0.1μF）分别为电源的低频滤波电容器和高频滤波电容器。音频信号经 "24"脚输入到 IC 中进行功率放大，放大后的音频信号从"27"脚输出，经 C_{16}（100μF）耦合送到扬声器或耳机发声，C_{20}（0.1μF）是一只高频滤波电容器，防止高频成分送入扬声器。

4. 电源及其他电路

本机的电源部分包括两节 1.5V 电池、"26"脚外围的低频滤波电容器 C_{19}(100μF)、C_{17}(0.1μF)电源高频滤波电容器，"8"脚外围的低频去耦滤波电容器 C_2(10μF)，电源高频滤波电容器 C_3(0.22μF)及由音量电位器连动的电源开关 K_1，R_3 和 LED 构成电源指示电路器。"21"脚外围的 C_{12}(4.7μF)、"22"脚外围的 C_{13}(10μF)是自动增益控制(AGC)电路滤波电容器。此外，为了防止各部分电路的相互干扰，IC 内部各部分的电路都单独接地，并通过多个引脚与外电路的地相接，如"13"脚是前置电路地，"28"脚是功放电路地。

5. 天线接收部分

CXA1691M(CD1691M)内部还设有调谐高放电路，目的是提高灵敏度。拉杆天线收到的调频电磁波由 C_1 耦合进入"12"脚调频 FM 高放输入，再进行混频。调幅部分则由天线磁棒汇聚接收电磁波，经 L_1 的次级线圈进入变频电路。

9.3.4 收音机的调试

收音机电路板的调整步骤如下。

1. 调幅部分的调整

1) 中频放大电路的调整——调 AM 中频变压器

用调幅高频信号发生器进行调整方法如下：调整时，整机置中波 AM 收音位置，调整前按图 9.4 配置仪表和接线或直接听收音机的扬声器输出声音。

将音量电位器置于最大位置，将收音机调谐到无电台广播又无其他干扰的地方(或者将可调电容器调到最大，即接收低频端)，必要时可将振荡线圈一次或二次短路，使之停振。

使高频信号发生器的输出载波频率为 465kHz，载波的输出电平为 99dB，调制信号的频率为 1kHz，调制度为 30% 的调幅信号接入 IC 的"14"脚，也可以通过圆环天线发射或接入输入回路(如图 9.6 所示)，由磁性天线接收作为调整的输入信号。

用无感螺钉旋具略微旋转中频变压器 T_3(黑色)的磁帽向上或向下调整(调整前最好做好记号，记住原来的位置)，使示波器显示的波形幅度最大，若波形出现平顶，应减小信号发生器的输出，同时再细调一次。在调整中频变压器时也可以用扬声器监听，当扬声器里能听到 1kHz 的音频信号，且声音最大，音色纯正，此时可认为中频变压器调整到最佳状态。

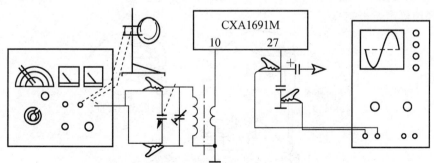

图 9.6 中频变压器调整仪器连接示意图

提示： 若中频放大器的谐振频率偏离 465kHz 较大时，示波器可能没有输出或幅度极小，这时可左右偏调输入调幅信号的频率，使示波器有输出，待找到谐振点后，再把调幅高频信号发生器的频率逐步接近 465kHz，同时调整中频变压器，直到把频率调整在 465kHz。

在调整过程中，必须注意当整机输出信号逐步增大后，应尽可能减小输入信号电平。这是因为收音部分的自动增益控制是通过改变直流工作点来控制晶体管增益的，而直流工作点的变化又会引起晶体管极间电容的变化，从而引起回路谐振频率的偏离，因此必须把输入信号电平尽可能降低。

2) 调整接收范围（频率覆盖）——调 AM 的电感和电容

相关国家标准中波段的接收频率范围规定为 525～1605kHz，实际调整时留有一定的余量，一般为 515～1625kHz。我们将对 515kHz 的调整称为低端频率调整，对 1625kHz 的调整称为高端频率调整。用高频信号发生器调整频率接收范围的方法如下。

(1) 低端频率调整。

调整时，整机置中波 AM 收音位置，调整前按图 9.6 配置仪表和接线或直接听收音机的扬声器输出声音，将音量电位器置于最大位置。

将可变电容器（调谐双联）旋到容量最大处，即机壳指针对准频率刻度的最低频端，将收音机调谐到无电台广播又无其他干扰的地方。

使高频信号发生器的输出频率为 515kHz，载波的输出电平为 99dB，调制信号的频率为 1kHz，调制度为 30% 的高频调幅信号接入收音机的 AM 磁性天线输入端（即 IC 的"10"脚），作为调整的输入信号。

用无感螺钉旋具调整中波振荡线圈的磁心（红色中频变压器），如图 9.7 所示，以改变线圈的电感量，使示波器出现 1kHz 波形，并使波形最大。或直接监听收音机的声音，使收音机发出的声音最响、最清晰。

(2) 高端频率调整。

将整机的可变电容器置容量最小处，这时机壳指针应对准频率刻度的最高频端。

使高频信号发生器的输出频率为 1625kHz，载波的输出电平为 99dB，调制信号的频率为 1kHz，调制度为 30% 的高频调幅信号接入收音机的 AM 磁性天线输入端（即 IC 的"10"脚），作为调整的输入信号。

调节并联在振荡回路上的和 C_B 并联的补偿电容器，如图 9.7 所示，使示波器的波形最大（或扬声器声音最响）。

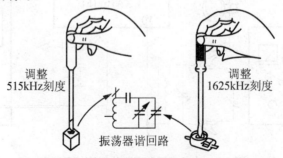

调整
515kHz刻度

调整
1625kHz刻度

振荡器谐回路

图 9.7　调整频率接收范围

这样接收电路的频率覆盖就达到 515～1625kHz 的要求了，但因为高低频端的谐振频率的调整相互牵制，所以必须反复调节多次，直到整机的接收频率范围符合要求为止。

（3）统调。

中波段的统调点为 630kHz、1000kHz、1400kHz。

调整时，整机置中波 AM 收音位置，调整前按图 9.6 配置仪表和接线或直接听收音机的扬声器输出声音。将音量电位器置于最大位置。

先统调低频率 630kHz 端。

由调幅高频信号发生器通过圆环天线送出频率为 630kHz，电平为 99dB，调制信号的频率为 1kHz，调制度为 30％的高频调幅信号作为调整的输入信号（或接入收音机的 AM 磁性天线输入端，即 IC 的"10"脚）。将接收机调谐到该 630kHz 频率上，然后调整磁性天线线圈在磁棒上的位置，如图 9.8 所示，使整机输出波形幅度最大（或听到的收音机的声音最响、最清晰）。

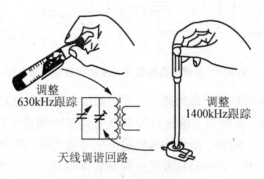

图 9.8　中波统调

接着统调高频端频率点，由调幅高频信号发出 1400kHz 的信号，将整机调谐到该频率上，然后用无感螺钉旋具调节磁性天线回路的补偿电容器（在四联可变电容器上面），如图 9.8 所示，使整机输出波形最大（或听到的收音机的声音最响、最清晰）。

提示：统调结果正确与否可以用铜棒或铁棒来鉴别。当统调正确时，用铜棒或铁棒的两头分别靠近磁性天线线圈后，整机输出都会下降（即收音机的声音变小），这种现象称为"铜降"和"铁降"，否则称为"铜升"和"铁升"。若"铁升"，则说明电感量不足，应增加电感量，将线圈向磁棒中心移动；若"铜升"，则反之。在高频端，若"铁升"应增加电容量；若"铜升"，则应减小电容量。按上述方法反复进行调整，直至高频端和低频端完全统调好为止。在一般情况下，低频端和高频端统调好后，中频端 1000kHz 的失谐不会太大。至此，三点频率跟踪已完成。

要注意的是，在统调时输入的调幅信号不宜太大，否则不易调到峰点。另外，磁棒线圈统调正确后应用蜡加以固封，以免松动，影响统调效果。

2. 调频部分的调整

1）中频放大电路的调整

与调幅收音电路相类似，调频收音电路的中频放大级也要进行调整。用调频高频信号发生器调整的方法如下。

调整时，整机置 FM 收音位置，调整前按图 9.9 配置仪表和接线或直接听收音机的扬声器输出声音。

将音量电位器置于最大位置，将收音机调谐到无电台广播又无其他干扰的地方。

高频信号发生器输出频率为 10.7MHz，电平为 99dB，调制频率为 1kHz，频偏为 ±22.5kHz 的调频信号。对于分立元件组成的调谐器，10.7MHz 信号经中频输入电路引出，用夹子夹在混频管的塑料壳上，由电路中的分布电容耦合到电路中去，对于集成电路组成的调谐器，10.7MHz 的中频调频信号可直接加到调频天线连接的信号输入端。

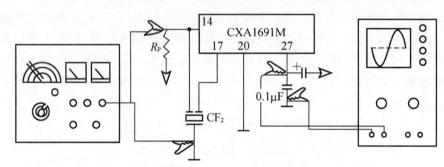

图 9.9　用调频高频信号发生器调整中频放大级

然后由小至大调节信号发生器的输出信号的幅值，直至示波器里能在收音机的输出端看到 1kHz 的音频信号，此时用无感螺钉旋具反复调整中频变压器 T_2（绿色），使输出为最大，而且波形不失真，同时，注意当整机输出信号增大时，适当减小输入信号电平，再进行调整，最后将信号发生器的调制方式由调频转向调幅，调制频率仍为 1kHz，调制度为 30%，调节绿色中频变压器，使输出最小，这样反复进行调整，使整机在接收 10.7MHz 中频调频信号时的输出最大，而在接收 10.7MHz 调幅信号时输出最小，即两点重合。在调整中频变压器时也可以用扬声器监听，当扬声器里能听到 1kHz 的音频信号，且声音最大，音色纯正，此时可认为中频变压器调整到最佳状态。

2）调整调频段的接收范围（频率覆盖）——调 FM 的电感和电容

调频广播的接收范围规定为 87～108MHz，实际调整时一般为 86.2～108.5MHz。这里介绍用信号发生器进行调整的方法。

调整时，整机置中波 FM 收音位置，将音量电位器置于最大位置，调整前按图 9.10 配置仪表和接线或直接听收音机的扬声器输出声音。

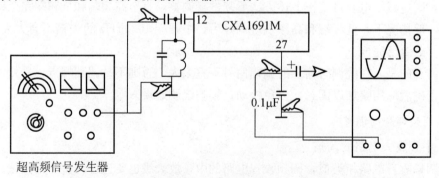

图 9.10　用调频高频信号发生器调整调频段的接收频率范围

(1) 低端频率调整。

将可变电容器(调谐双联)旋到容量最大处，即机壳指针对准频率刻度的最低频端，将收音机调谐到无电台广播又无其他干扰的地方。

使调频高频信号发生器送出调制频率为 1kHz，频偏为 22.5kHz，电平为 30dB (20μV)左右，频率为 86.2MHz 的调频信号，该信号经调频单信号标准模拟天线加到整机拉杆天线的输入端。

在频率低频端调节 L_3 振荡线圈，以改变线圈的电感量，使示波器出现 1kHz 波形，并使波形最大。或直接监听收音机的声音，使收音机发出的声音最响、最清晰。

(2) 高端频率调整。

将可变电容器(调谐双联)旋到容量最小处，即机壳指针对准频率刻度的最高频端，将收音机调谐到无电台广播又无其他干扰的地方。

使调频高频信号发生器送出调制频率为 1kHz，频偏为 22.5kHz，电平为 30dB (20μV)左右，频率为 108.5MHz 的调频信号。该信号经调频单信号标准模拟天线加到整机拉杆天线的输入端。

在频率高端，调节振荡回路与 C_D 并联的补偿电容器，使示波器出现 1kHz 波形，并使波形最大。或直接监听收音机的声音，使收音机发出的声音最响、最清晰。

由于高低频端的谐振频率的调整相互牵制较大，所以必须反复调节多次，直到整机的接收频率范围符合要求为止。

提示：调频振荡线圈一般为空心线圈，欲减小线圈的电感量，可将线圈拨得疏松些；欲增加线圈的电感量，可将线圈拨得紧密些。这样接收电路的频率覆盖就达到 87～108MHz 的要求了。

3. 统调灵敏度

统调灵敏度即调节 L_2 的电感量和与 C_C 并联的回路补偿电容器的容量。

调频波段的统调频率为 89MHz、98MHz、106MHz，但一般统调低频端和高频端两点就可以了。

调整时，整机置中波 FM 收音位置，调整前按图 9.10 配置仪表和接线(实际电路仅有一只 C_1，没有 88～108MHz 的带通滤波器)或直接听收音机的扬声器输出声音，将音量电位器置于最大位置。

先统调低频率 89MHz 端。

使调频高频信号发生器送出调制频率为 1kHz，频偏为 22.5kHz，电平为 26dB (20μV)左右，频率为 89MHz 的调频信号。该信号经调频单信号标准模拟天线加到整机拉杆天线的输入端。

调节的高频调谐回路线圈 L_2 的电感量，使示波器显示输出最大。或直接监听收音机的声音，使收音机发出的声音最响最清晰。

接着统调高频端频率点，使调频高频信号发生器送出调制 1kHz，频偏为 22.5kHz，电平为 26dB(20μV)左右，频率为 106MHz 的调频信号。该信号经调频单信号标准模拟天线加到整机拉杆天线的输入端。

调节输入回路补偿电容器(与 C_C 并联的补偿电容器)的容量，使整机输出波形最大

（或听到的收音机的声音最响、最清晰）。

为了能达到较好的效果，需要耐心而反复地调节。

任务小结

通过本任务学习了调试，可以对电路的各项技术指标进行测量并与设计指标进行比较，以便从中发现问题，并给予解决。通过调试使产品能达到预定的性能和功能要求。通过调试可以发现装配中的错误和缺陷。通过调试可以发现设计上的工艺缺陷，为以后的产品改进和提高产品质量提供足够的依据。测试分为静态测试和动态测试。

习　题

1. 填空题

（1）印制电路板装配的总要求：＿＿＿＿＿；＿＿＿＿＿；＿＿＿＿＿。

（2）超外差收音机的调整有三种：＿＿＿＿＿、＿＿＿＿＿、＿＿＿＿＿。

2. 选择题

（1）我国规定的 AM 中频为（　　），FM 中频为 10.7MHz。

  A. 460kHz   B. 46kHz   C. 470 kHz   D. 475 kHz

（2）（　　）是决定收音机电路的灵敏度和选择性的关键所在，它的性能优劣直接决定了整机性能的好坏。

  A. 低放电路   B. 中放电路   C. 高放电路   D. 功放电路

3. 问答题

（1）调整中波灵敏度时，信号源的环形天线与收音机的磁棒线圈应成什么角度？灵敏度统调点一般选在哪几点？如何统调灵敏度？

（2）在调整收音机灵敏度时，信号源的输出幅度为什么不能太大？

（3）如中波收音机低端收台时声音小，但用磁棒靠近则声音变大，试问低端统调好了吗？此时天线电感是过大还是过小？应怎样调整才正确？

（4）调整 AM、FM 波段的频率覆盖范围，应采取哪几个步骤？

项目4

电子电路仿真

本情境是学习电子电路仿真的重要环节，通过若干典型工作任务的学习，达到熟练运用软件实现电子线路仿真的目的。

教学要求

1. 了解和熟悉电子电路仿真软件 NI Multisim 11.0 的基本功能和使用方法。
2. 掌握在电子电路仿真软件 Multisim 11.0 平台上进行电子电路仿真的方法。
3. 了解和熟悉电子电路仿真软件 PROTEUS 7.8 的基本功能和使用方法。
4. 掌握在电子电路仿真软件 PROTEUS 7.8 平台上进行电子电路仿真的方法。

项目导读

对于电子信息、通信工程、自动化、电气控制类专业学生来说，最需要的是了解并掌握电子线路的基本分析方法和对电路工作条件的分析。但由于时间和实验条件限制等问题，电子线路的分析与设计越来越多地依靠 EDA 工具来完成。

EDA(Electronics Design Automation)即电子设计自动化，借助于先进的计算机技术，已能依靠 EDA 软件平台完成各类电子系统的设计、仿真和特定目标芯片的设计，不仅取代了系统许多烦琐的人工分析，避免因为解析法在近似处理中带来的较大误差，提高分析和设计能力，还可以与实物试制和调试相互补充，最大限度地降低设计成本，缩短系统研制周期。EDA 工具方法繁多。本章主要介绍两款在当前业界流行的电子电路仿真软件 NI Multisim 11.0 和 PROTEUS 7.8。

在讲述软件的主要功能及应用时，重点介绍了其中的元器件库、仪表库和仿真分析方法的使用，并通过实例引导学习电路的创建、元器件库和元器件的使用、虚拟仪器的使用和软件基本分析方法，感受到一个电子线路的完整而真实的设计与仿真过程，深刻领会电子线路设计与仿真的整套流程。每个任务给出了任务目标、任务分析、任务知识点、任务实施过程、任务结果分析。

任务 10　NI Multisim 11.0 仿真

10.1　任务目标

通过简易型四人抢答器的设计与仿真，了解和熟悉电子电路仿真软件 NI Multisim 11.0 的基本功能和使用方法。掌握在电子电路仿真软件 NI Multisim 11.0 平台上进行电子线路仿真分析的方法和技能。

10.2 任务分析

如图 10.1 所示为供四人用的简易型智力竞赛抢答器，A、B、C、D 为抢答操作按钮开关。抢答开始时，四个操作按钮开关均断开，所有发光二极管 LED 均熄灭，当主持人宣布"抢答开始"后，首先做出判断的参赛者立即按下开关且保持闭合状态，则与其对应的发光二极管（指示灯）被点亮，表示此人抢答成功，而紧随其后的其他开关再被按下，通过与非门的输出信号锁存，其余三个抢答者的抢答信息不再被接受，与其对应的发光二极管则不亮。

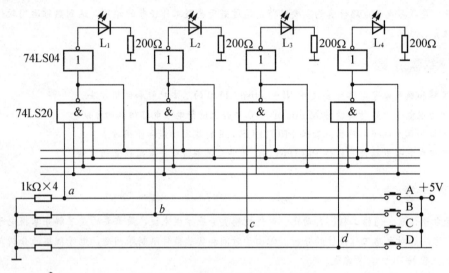

图 10.1　简易型四人抢答器原理图

10.3 任务知识点

10.3.1 Multisim 简介

Multisim 是加拿大图像交互技术（Interactive Image Technoligics，IIT）公司推出的以 Windows 为基础的仿真工具，它包含了电路原理图的图形输入、电路硬件描述语言输入方式，具有丰富的仿真分析能力，被称为电子设计工作平台或虚拟电子实验室。

Multisim 仿真软件经历了几次大的改版和升级。2003 年年底加拿大 IIT 公司推出了 Multisim 7，随后升级到 Multisim 8。2005 年 IIT 公司被美国国家仪器（NI）公司兼并。目前美国 NI 公司的 EWB 包含电路仿真设计的模块 Multisim、印制电路板设计软件 Ultiboard、布线引擎 Ultiroute 及通信电路分析与设计模块 Commsim 四个部分，各个部分相互独立，可以分别使用，有增强专业版（Power Professional）、专业版（Professional）、个人版（Personal）、教育版（Education）、学生版（Student）和演示版（Demo）等多个版本，能完成从电路的仿真设计到电路版图生成的全过程。Multisim 目前升级到 Multisim 12 版本，在保留老版本软件原有功能和操作习惯的基础上，功能更加强大，元器件库、仪器仪表库和仿真手段更加丰富，也更贴近实际。

Multisim 电子电路仿真软件提供了从分立元器件到集成元器件，从无源器件到有源器件，从模拟元器件到数字元器件甚至高频类元器件及机电类元器件等庞大的元器件库，并且提供了功能强大、设备齐全的虚拟仪器和能满足各种分析需求的分析方法。利用这些仪器和分析方法，不仅可以清楚地了解电路的工作状态，还可以测量电路的稳定性和灵敏度。Multisim 提炼了 SPICE 仿真的复杂内容，这样无须懂得深入的 SPICE 技术就可以很快地进行捕获、仿真和分析新的设计，通过 Multisim 和虚拟仪器技术，可以完成从理论到原理图捕获与仿真再到原型设计和测试这样一个完整的综合设计流程。

与其他电路仿真软件(如 Protel 等)相比，Multisim 更方便好用，并且形象直观，具有以下特点。

(1) Multisim 提供了一种易于使用的电路教学环境，使用了全交互式仿真器提取概括 SPICE 仿真的复杂特性，可以通过仿真实现电路概念而无须担心 SPICE 句法，通过在线修改电路值，然后查看实时仿真结果，从而达到专注于理解电路概念，简化电路设计的目的。采用直观的图形界面创建电路，操作方便。整个操作界面就像一个实验平台，创建电路图需要的元器件和电路仿真需要的测试仪器均可直接从电路窗口中选取。易学易用，经过一段时间，就可以很快熟悉它的操作。

(2) Multisim 可以将仿真驱动的仪器用于电路图中，像在硬件实验室中一样与电路进行交互。Multisim 除了提供 20 多种与真实仪器功能相同，而且控制面板外形和操作方式与实际仪器极为相似的虚拟仪器(如逻辑分析仪、安捷伦仪器、波特图仪、失真分析仪、频率计数器、函数信号发生器、数字万用表、网络分析仪、频谱分析仪、瓦特表和字信号发生器等)对电路进行测量、探测和故障排除工作外，还提供了安捷伦数字万用表 34401A、函数信号发生器 33120A 和示波器 54622D 等虚拟仪表，这些仪表不仅与实际仪表具有相同的功能，而且具有完全相同的面板，能完成实际仪表的各种操作。通过上述虚拟仪器，可以免去昂贵的仪表费用，可以毫无风险地接触所有仪器，掌握常用仪表的使用。

(3) 使用 Multisim 提供的 20 个功能强大的分析工具(包括瞬态分析、噪声分析、Monte Carlo 应用分析、最难案例分析、I-U 分析器等)，可以对电路特性进行深入分析，从而获得对电路特性的直观认识，可以探索不同的电路配置、元器件选择、噪声及信号源如何影响电路的设计。使用 NI Grapher 可以对数据进行可视化操作，该工具可以用标签标注显示的数据，并可以将数据以不同文件格式导出，或进行其他操作。Multisim 提供了强大的作图功能，可以将仿真分析结果进行显示、调节、存储、打印和输出。使用作图器还可以对仿真结果进行测量、设置标记、重建坐标系及添加网格。所有显示都可以被微软 Excel、Mathsoft、Mathcad 及 LabVIEW 等软件调用。利用后处理器，可以对仿真结果和波形进行传统的数学和工程运算，如算术运算、三角运算、代数运算、布尔代数运算、矢量运算和复杂的数学函数运算。

(4) 只需点击鼠标，即可从 Multisim 中的仿真电路跳转到真实物理电路。随着 Multisim 和 NI 教学实验室虚拟仪器套件 II(NI ELVIS II)的发布，结合使用这些产品可以弥补理论和实际的差距，从而提供全新动手学习的方法。使用 Multisim 可以对理论概念进行仿真；使用 NI ELVIS 对电路进行原型化；使用 Multisim 环境中的 NI ELVIS 图解与 NI ELVIS 虚拟仪器，可以将实际测量值与仿真测量值进行比较。

（5）通过对复杂的 VHDL 语言进行提取概括，使得硬件实现更加容易，从而可以捕捉并仿真可编程逻辑设备（PLD）图解中的数字电路，生成原始 VHDL 语言。应用这个 VDHL 文件到现场可编程门阵列（FPGA）硬件中，如 NI 数字电子 FPGA 板，从而简化通过仿真学习到的理论与真实实现的过渡。元器件放置迅速和连线简捷方便。在虚拟电子工作平台上建立电路的仿真，相对比较费时的步骤是放置元器件和连线，Multisim 几乎不需要指导就可以轻易地完成元器件的放置。元器件的连线也非常简单，只需要单击源引脚和目的引脚就可以完成元器件的连接。当元器件移动和旋转时，Multisim 仍可以保持它们的连接，连线可以任意拖动和微调。还提供了 RF（射频）电路的仿真，提供专门用于射频电路仿真的元器件模型库和仪表，以此搭建射频电路并进行实验，提高了射频电路仿真的准确性。

（6）Multisim 包含一些常用部件，包括领先制造商（如 Analog Device、Linear Technologies、Microchip、National Semiconductor 及 Texas Instruments）使用的符号、模型及 IPC 标准连接盘图形。部件库包含超过 14 000 个部件，虽然元器件库很大，但由于被分为不同的"系列"，所以可以很方便地找到所需要的元器件。它含有所有的标准器件及当今最先进的数字集成电路。数据库中的每一个器件都有具体的符号、仿真模型和封装，用于电路图的建立、仿真和印制电路板的制作。还有大量的交互元器件、指示元器件、虚拟元器件、额定元器件和三维立体元器件。交互式部件如仿真运行时可以操作的开关和电位计；动画部件如可以按照仿真结果更改显示的 LED 和 7 段显示；虚拟部件允许用户设置任意参数，即便现实中并不存在使用该参数的部件；额定部件在特定参数（比如功率或电流）超出额定值时会"熔断"；三维部件使用看起来十分真实的图片替代传统的图解符号，这有助于迅速理解图解和实际电路设计的差别。Multisim 除了自带的主元器件库以外，用户还可以建立"公司元器件库"，有助于一个团队的使用，简化仿真实验室的练习和工程设计。该软件与其他软件相比，提供更多方法向元器件库中添加个人建立的元器件模型。

（7）通过 LabVIEW 的图形编程功能，Multisim 能够引入自定义的虚拟仪器，从而延伸现有产品的仿真和分析能力。Multisim 内的 LabVIEW 虚拟仪器可以用于演示难以理解的或复杂的概念，如相量或电梯控制。因此，可以使用 LabVIEW 工具创建或编辑 LabVIEW 虚拟仪器来达到目的。此外，Multisim 和 LabVIEW 还可以将仿真数据和测量数据的比较功能集成到工作平台内。这样，LabVIEW 不仅可以从硬件收集测量数据，还可以接收 Multisim 的仿真输出数据。由于两组数据处在同一个界面下，因此比较和关联变得很简单。LabVIEW 能够分析出硬件原型是怎样与仿真期望结果产生偏差的。

（8）Multisim 不仅是世界上使用最广泛的电子教学软件，而且是专业电子设计自动化（EDA）市场上很受欢迎的一款工具，Multisim 的专业功能包括项目管理、强大总线支持、分级和多层设计、印制电路板布局的限制设计、功能强大的电子表格视图、可自动生成与用户指定参数相匹配电路的电路向导及变量支持等。Multisim 的专业功能可以很容易地处理更复杂的设计，从而应对未来复杂工程的挑战。

（9）开设了 EdaPARTS.com 网站，为用户提供了元器件模型的扩充和技术支持。针对不同的用户需要，发行了增强专业版（Power Professional）、专业版（Professional）、个人版（Personal）、教育版（Education）、学生版（Student）和演示版（Demo），各种版本的功能、价格有着明显的不同。

10.3.2　Multisim 的用户界面及设置

NI Multisim 11.0 易学易用，便于开展综合性的设计和实验，有利于培养综合分析能力、开发和创新的能力。下面对 NI Multisim 11.0 进行介绍。

软件以图形界面为主，采用菜单、工具栏和热键相结合的方式，具有一般 Windows 应用软件的界面风格，用户可以根据自己的习惯和熟悉程度自如使用。

1. Multisim 的主窗口界面

双击桌面上的 Multisim 11.0 的快捷方式图标，或执行开始→程序→National Instruments →Circuit Design Suite 11.0→Multisim 11.0 命令，启动 Multisim 11.0，屏幕上即出现如图 10.2 所示的 Multisim 11.0 的启动标识图。

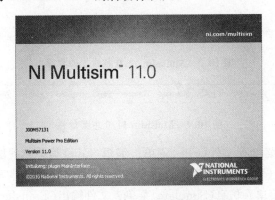

图 10.2　Multisim 11.0 的启动标识图

自检并计时完成后，可以看到如图 10.3 所示的 Multisim 11.0 的基本工作界面，即主窗口。主窗口如同一个实际的电子实验台，由多个区域构成：菜单栏、各种工具栏、电路输入窗口、状态栏、列表框等。屏幕中央区域最大的窗口就是电路工作区，在电路工作区上可将各种电子元器件和测试仪器仪表连接成实验电路。电路工作窗口上方是菜单栏、工具栏。从菜单栏可以选择电路连接、实验所需的各种命令。工具栏包含了常用的操作命令按钮。通过鼠标操作即可方便地使用各种命令和实验设备。电路工作窗口两边是元器件栏和仪器仪表栏。元器件栏存放着各种电子元器件，仪器仪表栏存放着各种测试仪器仪表，用鼠标操作可以很方便地从元器件和仪器库中提取实验所需的各种元器件及仪器、仪表到电路工作窗口并连接成实验电路。按下电路工作窗口的上方的"启动/停止"开关或"暂停/恢复"按钮可以方便地控制实验的进程。

2. Multisim 的菜单栏

菜单栏位于界面的上方，通过菜单可以对 Multisim 的所有功能进行操作。不难看出菜单中有一些与大多数 Windows 平台上的应用软件一致的功能选项，如 File，Edit，View，Options，Help。此外，还有一些 EDA 软件专用的选项，如 Place，Simulate，Transfer 及 Tool 等，Multisim 11.0 有如图 10.4 所示 12 个主菜单，每个主菜单下都有下拉菜单，有些下拉菜单中含有右侧带有黑三角的菜单项，当鼠标移至该项时，还会打开子菜单，菜单中提供了本软件几乎所有的功能命令。

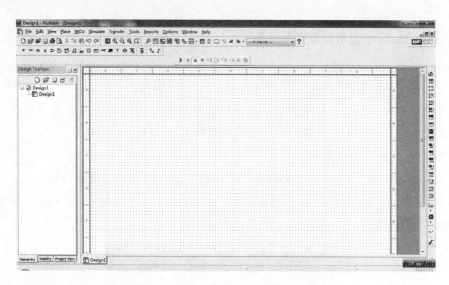

图 10.3　Multisim 11.0 基本工作界面

File　Edit　View　Place　MCU　Simulate　Transfer　Tools　Reports　Options　Window　Help

图 10.4　Multisim 11.0 主菜单栏

主菜单栏一般的菜单有文件(File)菜单、编辑(Edit)菜单、视图(View)菜单、选项(Options)菜单、窗口(Windows)菜单、帮助(Help)菜单，软件本身特殊的菜单有放置(Place)菜单、MCU 菜单、仿真(Simulate)菜单、文件输出(Transfer)菜单、工具(Tools)菜单和报告(Reports)菜单。以上每个菜单下都有一系列菜单项，用户可以根据需要在相应的菜单下寻找。下面仅对文件(File)菜单、编辑(Edit)菜单的操作做简单介绍，其余菜单主要功能可见附录。

1) 文件(File)菜单

文件菜单如图 10.5 所示，提供 19 个文件操作命令。

New：建立一个新文件。

Open：打开一个已存在的 *.msm11、*.msm10、*.msm9、*.msm8、*.msm7、*.ewb 或 *.utsch 等格式的文件。

Close：关闭当前电路工作区内的文件。

Close All：关闭电路工作区内的所有文件。

Save：将电路工作区内的文件以 *.msm11 的格式存盘。

Save As：将电路工作区内的文件另存为一个文件，仍为 *.msm11 格式。

Print：打印电路工作区内的电原理图。

Print Preview：打印预览。

Print Options：包括 Print Setup(打印设置)和 Print Instruments(打印电路工作区内的仪表)命令。

Recent Designs：选择打开最近打开过的文件。

Recent Projects：选择打开最近打开过的项目。

Exit：退出。

2）编辑（Edit）菜单

编辑菜单如图 10.6 所示，提供 19 个文件操作命令。

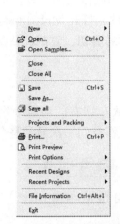

图 10.5　Multisim 11.0 文件菜单　　　　图 10.6　Multisim 11.0 编辑菜单

编辑菜单在电路绘制过程中，提供对电路和元器件进行剪切、粘贴、旋转等操作命令，共 21 个命令。编辑菜单中的命令及功能如下。

Undo：取消前一次操作。

Redo：恢复前一次操作。

Cut：剪切所选择的元器件，放在剪贴板中。

Copy：将所选择的元器件复制到剪贴板中。

Paste：将剪贴板中的元器件粘贴到指定的位置。

Delete：删除所选择的元器件。

Select All：选择电路中所有的元器件、导线和仪器仪表。

Delete Multi-Page：删除多页面。

Merge Selected Buses：合并所选择的总线。

Find：查找电原理图中的元器件。

Graphic Annotation：图形注释。

Order：顺序选择。

Assign to Layer：图层赋值。

Layer Settings：图层设置。

Orientation：旋转方向选择，包括 Flip Horizontal（将所选择的元器件左右旋转），Flip Vertical（将所选择的元器件上下旋转），90 Clockwise（将所选择的元器件顺时针旋转 90°），90 CounterCW（将所选择的元器件逆时针旋转 90°）。

Title Block Position：工程图明细表位置。

Edit Symbol/Title Block：编辑符号/工程明细表。

Font：字体设置。

Comment：注释。

Forms/Questions：格式/问题。

Properties：属性编辑。

3. Multisim 标准工具栏

标准工具栏如图 10.7 所示，主要提供一些常用的文件操作功能，按钮从左到右的功能分别为：新建 Multisim 文件、打开已有的 Multisim 文件、打开 Multisim 随机自带的设计实例、保存设计文件、打印设计电路、打印预览和基本的剪切、复制、粘贴、撤销和恢复等快捷按钮。

4. Multisim 视图工具栏

Multisim 提供的视图工具栏如图 10.8 所示，按钮从左到右的功能分别为：全屏显示、放大、缩小、对设计电路的指定区域进行放大和在工作空间一次显示整个电路。

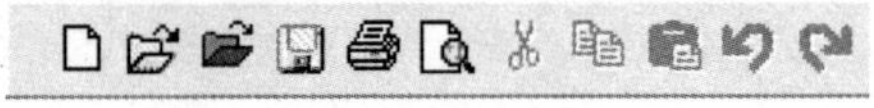

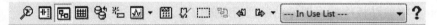

图 10.7　标准工具栏 　　　　　图 10.8　视图工具栏

5. Multisim 主工具栏

主工具栏如图 10.9 所示，它集中了 Multisim 的核心操作，从而使电路设计更加方便。该工具栏中的按钮从左到右依次为：查找实例、显示或隐藏 SPICE 网标视窗、显示或隐藏设计工具栏、显示或隐藏电子表格视窗、打开数据库管理窗口、创建元器件、图形和仿真列表、对仿真结果进行后处理、ERC 电路规则检测、屏幕区域截图、切换到总电路、将 Ultiboard 电路的改变标到 Multisim 电路文件中、将 Multisim 原理图文件的变化标注到存在的 Ultiboard 11.0 文件中、使用中的元器件列表、帮助。

图 10.9　主工具栏

6. Multisim 仿真开关

仿真开关如图 10.10 所示，用于控制仿真过程的按钮有前三个：仿真启动、仿真暂停开关和停止开关。

图 10.10　仿真工具栏

10.3.3　Multisim 对元器件的管理

EDA 软件所能提供的元器件的多少及元器件模型的准确性都直接决定了该 EDA 软件的质量和易用性。Multisim 为用户提供了丰富的元器件，并以开放的形式管理元器件，使得用户能够自己添加所需要的元器件。Multisim 以库的形式管理元器件，通过执行 Tools→Database Management 命令打开"Database Management"（数据库管理）窗口，对元器件库进行管理。在"Database Management"窗口中的"Daltabase"列表中有两个数据库：

Multisim Master 和 User。其中"Multisim Master"数据库中存放的是软件为用户提供的元器件，"User"是为用户自建元器件准备的数据库。用户对"Multisim Master"数据库中的元器件和表示方式没有编辑权。

Multisim 的元器件工具栏包括 16 种元器件分类库，如图 10.11 所示。每个元器件库放置同一类型的元器件，元器件工具栏还包括放置层次电路和总线的命令。元器件工具栏从左到右的模块分别为：电源库、基本元器件库、二极管库、晶体管库、模拟集成电路库、TTL 数字集成电器库、CMOS 数字集成电路库、杂合类数字元器件库、数模混合集成电路库、功率元器件库、杂合类元器件库、高级外围元器件库、RF 射频元器件库、机电类元器件库、微处理模块元器件库、层次化模块和总线模块。其中，层次化模块是将已有的电路作为一个子模块加到当前电路中。单击元件工具栏的某一个图标即可打开该元器件库。下面介绍在电子线路仿真中用到的主要元器件库。

图 10.11　元器件工具栏

1. 电源/信号源库

电源/信号源库包含接地端、直流电压源（电池）、正弦交流电压源、方波（时钟）电压源、压控方波电压源等多种电源与信号源。电源/信号源库如图 10.12 所示。

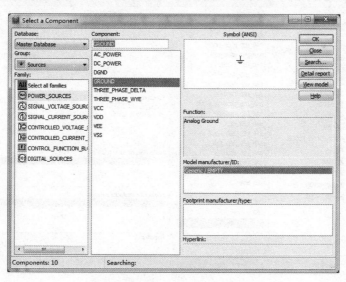

图 10.12　电源/信号源库

2. 基本元器件库

基本元器件库包含有电阻、电容器等多种元器件。基本元器件库中的虚拟元器件的参数是可以任意设置的，非虚拟元器件的参数是固定的，但是可以选择。基本元器件库如图 10.13 所示。

3. 二极管库

二极管库包含二极管、闸流晶体管等多种器件。二极管库中的虚拟器件的参数是可以任意设置的，非虚拟元器件的参数是固定的，但是可以选择。二极管库如图 10.14 所示。

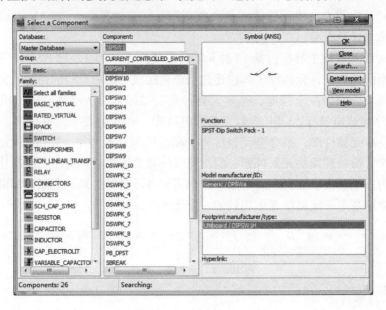

图 10.13　基本元件库

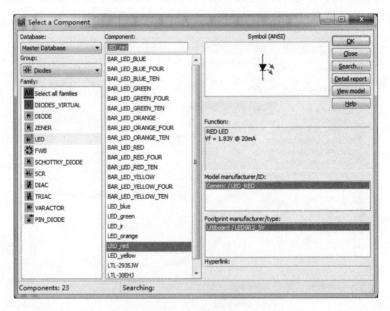

图 10.14　二极管库

4. 晶体管库

晶体管库包含晶体管、FET 等多种器件。晶体管库中的虚拟器件的参数是可以任意设置的，非虚拟元器件的参数是固定的，但是可以选择。晶体管库如图 10.15 所示。

5. 模拟集成电路库

模拟集成电路库包含多种运算放大器。模拟集成电路库中的虚拟器件的参数是可以任意设置的，非虚拟元器件的参数是固定的，但是可以选择。模拟集成电路库如图 10.16 所示。

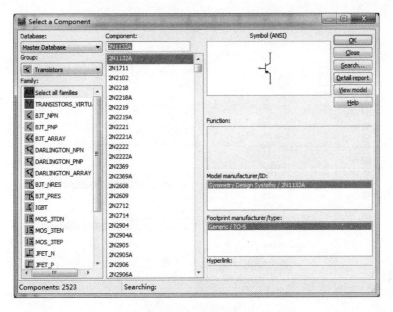

图 10.15 晶体管库

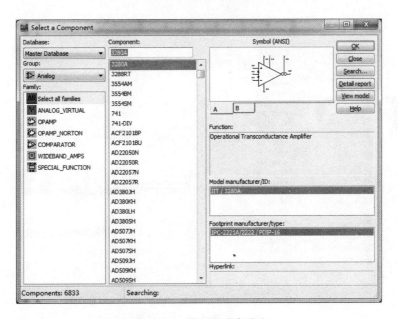

图 10.16 模拟集成电路库

6. TTL 数字集成电路库

TTL 数字集成电路库包含 74××系列和 74LS××系列等 74 系列数字电路器件。TTL 数字集成电路库如图 10.17 所示。

7. CMOS 数字集成电路库

CMOS 数字集成电路库包含 40××系列和 74HC××系列多种 CMOS 数字集成电路系列器件。CMOS 数字集成电路库如图 10.18 所示。

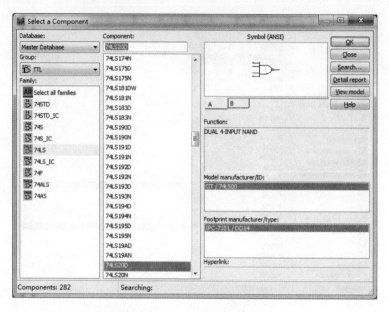

图 10.17　TTL 数字集成电路库

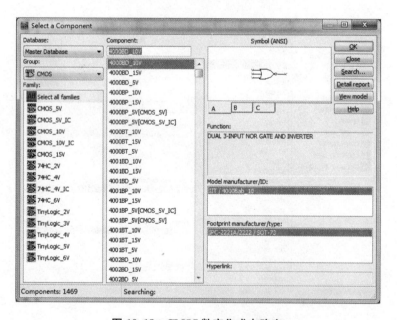

图 10.18　CMOS 数字集成电路库

8. 数字器件库

数字器件库包含 DSP、FPGA、CPLD、VHDL 等多种器件。数字器件库如图 10.19 所示。

9. 数模混合集成电路库

数模混合集成电路库包含 ADC/DAC、555 定时器等多种数模混合集成电路器件。数模混合集成电路库如图 10.20 所示。

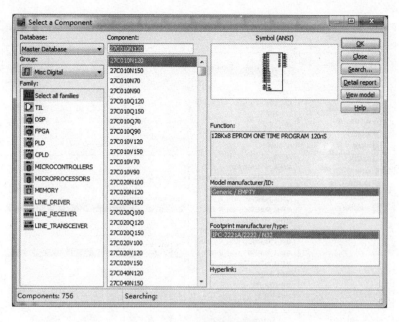

图 10. 19　数字器件库

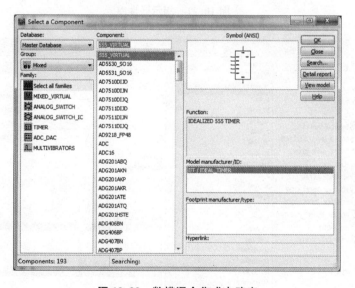

图 10. 20　数模混合集成电路库

10. 指示器件库

指示器件库包含电压表、电流表、七段数码管等多种器件。指示器件库如图 10.21 所示。

11. 电源器件库

电源器件库包含三端稳压器、PWM 控制器等多种电源器件。电源器件库如图 10.22 所示。

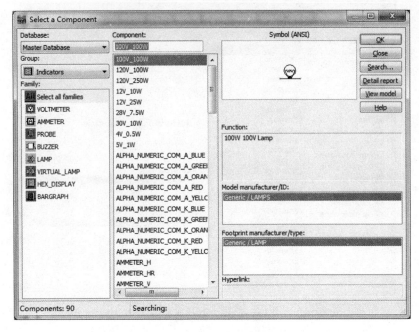

图 10.21　指示器件库

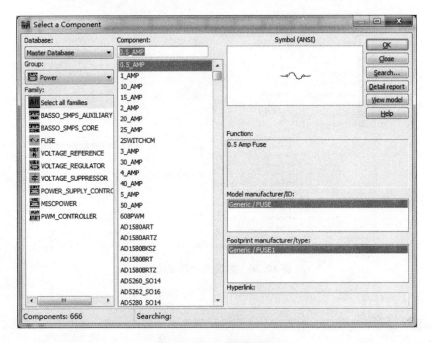

图 10.22　电源器件库

12. 其他器件库

其他器件库包含滤波器等多种器件。其他器件库如图 10.23 所示。

13. 虚拟器件工具框图

在 Multisim Master 中有实际元器件和虚拟元器件，它们之间根本差别在于：一种是与实际元器件的型号、参数值及封装都相对应的元器件，在设计中选用此类器件，不仅可以使设计仿真与实际情况有良好的对应性，还可以直接将设计导出到 Ultiboard 中进行印制电路板的设计；另一种器件的参数值是该类器件的典型值，不与实际器件对应，用户可以根据需要改变器件模型的参数值，只能用于仿真，这类器件称为虚拟器件。它们在工具栏和对话窗口中的表示方法也不同。在元器件工具栏中，虽然代表虚拟器件的按钮的图标与该类实际器件的图标形状相同，但虚拟器件的按钮有底色，而实际器件没有，虚拟器件工具框图在系统启动后一般默认为隐藏状态，可通过如图 10.24 所示设置为显示状态。

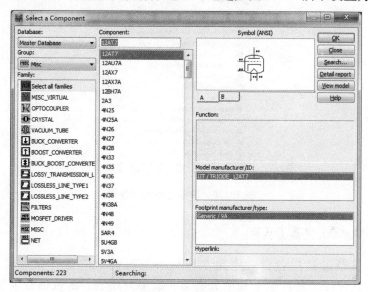

图 10.23　其他器件库

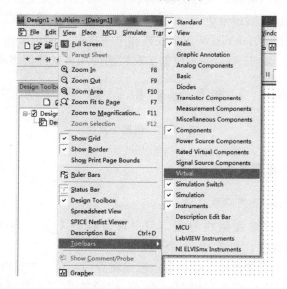

图 10.24　显示虚拟器件库

虚拟器件工具框图如图 10.25 所示，在 Multisim 用户界面中，是一组底色为天蓝色图标的工具栏，包含 9 个虚拟图标，单击每个图标都会弹出相应的一组虚拟元器件栏，如单击 Show Basic Family 就会弹出如图 10.26 所示的虚拟基本元器件栏。

图 10.25　虚拟器件工具框图

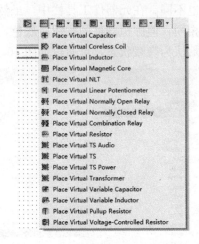

图 10.26　虚拟基本元器件栏

10.3.4　Multisim 仪器工具栏

Multisim 仪器工具栏包含对电路工作状态进行测试的各种仪器仪表、探针，如图 10.27 所示。仪器工具栏从上到下分别为：数字万用表、函数信号发生器、瓦特表、双通道示波器、四通道示波器、波特图仪、频率计、字信号发生器、逻辑分析仪、伏安特性分析仪、失真分析仪、频谱分析仪、网络分析仪、安捷伦函数发生器、安捷伦示波器、泰克示波器、测量探针、LabVIEW 虚拟仪器和电流探针。通过按钮上的图标就可大致清楚该类元器件的类型，关于 Multisim 仪器工具栏的使用方法我们将在项目 6 中详细介绍。

图 10.27　仪器工具栏

10.3.5　Multisim 的基本操作

1. 设置 Multisim 的通用环境变量

为了适应不同的需求和用户习惯，用户可以执行 Option→Preferences 命令打开"Sheet Properties"对话框，如图 10.28 所示。

通过该窗口的 6 个标签选项，用户可以就编辑界面颜色、电路尺寸、缩放比例、自动存储时间等内容做相应的设置。以"Workspace"标签为例，当选中该标签时，"Sheet Properties"对话框如图 10.29 所示。

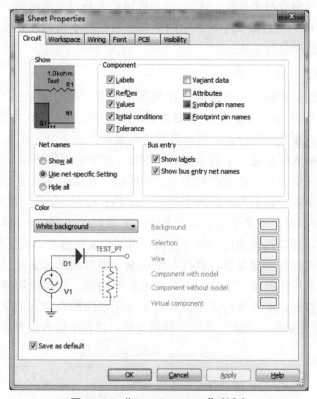

图 10.28 "Sheet Properties"对话窗

图 10.29 "Workspace"标签对话窗

在这个对话窗口中有两个分项：①Show，可以设置是否显示网格、页边界及标题框；②Sheet size，设置电路图页面大小。其余的标签选项在此不再详述。在具体电路设计中，可根据需要对标签选项进行设置。

2. 在电路工作区内输入文字

为加强对电路图的理解，有时需要在电路图中的某些部分添加适当的文字注释，在Multisim 的电路工作区内可以输入中英文文字，执行 Place→Text 命令，如图 10.30 所示，然后单击需要放置文字的位置，可以在该处放置一个文字块，在文字输入框中输入所需要的文字，文字输入框会随文字的多少自动缩放。文字输入完毕后，单击文字输入框以外的地方，文字输入框会自动消失，如图 10.31 所示。如果需要改变文字的颜色，可以将鼠标指针指向该文字块，右击弹出快捷菜单，执行 Pen Color 命令，在颜色对话框中选择文字颜色，选择 Font 可改动文字的字体和大小。需要移动文字时，可将鼠标指针指向文字，按住鼠标左键，移动到目的地后放开左键即可完成文字移动。需要删除文字时，则先选取该文字块，右击打开快捷菜单，执行 Delete 命令即可删除文字。

另外，还可以利用注释描述框输入文本对电路的功能、使用说明等进行详尽的描述，并且在需要查看时打开，不需要时关闭，具有不占用电路窗口空间的优点。执行 Place→Comment 命令，打开如图 10.32 所示的注释描述框，在其中输入需要说明的文字。

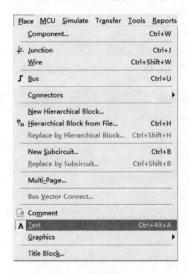

图 10.30　执行 Text 命令

四人简易抢答器电路

Administrator (2013-12-25):

图 10.31　放置文字块　　　　　　　图 10.32　放置注释描述框

3. 元器件的取用

取用元器件的方法有两种：从工具栏取用或从菜单取用。下面将以 74LS00 为例说明两种方法。单击工具栏 TTL 按钮，选择 74LS 系列。在如图 10.33 所示的该系列"Component"下拉列表框中，单击该元器件，然后单击"OK"按钮，用鼠标拖曳该元器件到电路工作区的适当位置即可。如从菜单取用：执行 Place→Component 命令打开"Component Browser"对话框。该对话框也与图 10.33 所示一样，其余操作与工具栏方式一样，在此不再赘述。

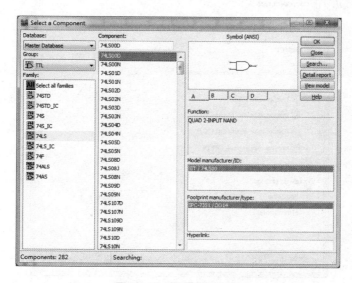

图 10.33 元器件的取用

当然有些元器件也可以从虚拟元器件工具栏中提取，两者不同的是，从元器件工具栏中提取的元器件都与具体型号的元器件相对应，在元器件属性对话框中不能更改元器件的参数，只能用另一型号的元器件来代替。从虚拟元器件工具栏中提取的元器件的大多数参数是该类元器件的典型值，部分参数可由用户根据需要自行确定。

放置好元器件后，双击各个元器件的图标，或者执行菜单命令 Edit→Properties(元器件特性)会弹出其属性对话框，在对话框中有多种标签可供设置，包括 Label(标识)、Display(显示)、Value(数值)、Fault(故障)、Pins(引脚端)、Variant(变量)等内容。以放置 33kΩ 的虚拟电阻来说明。先放置好一个 1kΩ 的虚拟电阻，双击该电阻图标弹出如图 10.34 的属性对话框。

"Label"标签的对话框用于设置元器件的 Label 和 RefDes(编号)。RefDes(编号)由系统自动分配，必要时可以修改，但必须保证编号的唯一性。注意连接点、接地等元器件没有编号。在电路图上是否显示标识和编号可通过执行 Options→Global Preferences(设置操作环境)命令打开的对话框设置。

"Display"标签用于设置 Label、RefDes 的显示方式。该对话框的设置与执行 Options→Global Preferences(设置操作环境)命令打开的对话框的设置有关。如果遵循电路图选项的设置，则 Label、RefDes 的显示方式由电路图选项的设置决定。

单击"Value"标签，出现"Value"标签对话框。Resistense 设置电阻值，Tolerance 设置

电阻的容差，Temperature 设置环境温度，Temperature Coefficient 1/2 设置电阻的一次或二次温度系数，Normal Temperature 设置参考环境温度（默认值为 27）。

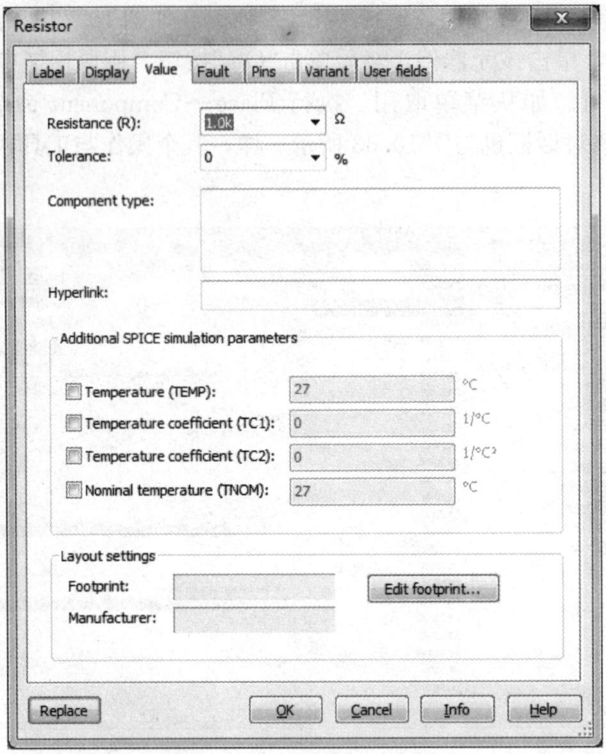

图 10.34　修改电阻值

"Fault"标签可供人为设置元器件的隐含故障。例如，在晶体管的故障设置对话框中，E、B、C 为与故障设置有关的引脚号，对话框提供 Leakage（漏电）、Short（短路）、Open（开路）、None（无故障）等设置。如果选择了 Open 设置，图中设置引脚 E 和引脚 B 为 Open 状态，尽管该晶体管仍连接在电路中，但实际上隐含了开路的故障。这可以为电路的故障分析提供方便。

在复杂的电路中，可以将元器件设置为不同的颜色。要改变元器件的颜色，将鼠标指针指向该元器件，右击弹出快捷菜单，如图 10.35 所示，执行 Change Color 命令，出现颜色选择框，然后选择合适的颜色即可。

在连接电路时，经常需要对元器件进行移动、旋转、删除、设置参数等操作。单击某个元器件后可选中该元器件。被选中的元器件的四周出现四个黑色小方块，就可以对选中的元器件可以进行移动、旋转、删除、设置参数等操作。用鼠标拖曳形成一个矩形区域，可以同时选中在该矩形区域内包围的一组元器件进行操作。要取消某一个元器件的选中状态，只需单击电路工作区的空白部分即可。

如需要移动元器件，只要单击该元器件，按下左键不松手，拖曳该元器件即可移动该元器件。要移动一组元器件，必须先用前述的矩形区域方法选中这些元器件，然后用鼠标左键拖曳其中的任意一个元器件，则所有选中的部分就会一起移动。元器件被移动后，与其相连接的导线就会自动重新排列。选中元器件后，也可使用箭头键使之进行微小的移动。

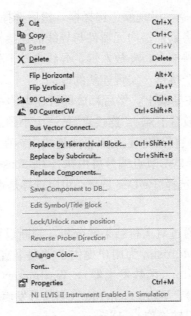

图 10.35　修改元器件颜色

对元器件进行旋转或反转操作，需要先选中该元器件，然后右击或者单击"Edit"菜单，执行菜单中的 Flip Horizontal(将所选择的元器件左右旋转)、Flip Vertical(将所选择的元器件上下旋转)、90 Clockwise(将所选择的元器件顺时针旋转 90°)、90 CounterCW：(将所选择的元器件逆时针旋转 90°)等命令。也可使用 Ctrl 键实现旋转操作。"Ctrl"键的定义标在菜单命令的旁边。

对选中的元器件，进行元器件的复制、移动、删除等操作，可以右击或者执行 Edit→Cut(剪切)、Edit→Copy(复制)和 Edit→Paste(粘贴)、Edit→Delete(删除)等菜单命令实现元器件的复制、移动、删除等操作，或者右击弹出快捷菜单，执行所需操作命令。

4. 导线的连接

在将电路需要的元器件放置在电路编辑窗口后，用鼠标就可以方便地将器件连接起来。方法是单击连线的起点并拖动鼠标至连线的终点。在 Multisim 中连线的起点和终点不能悬空。Multisim 提供了两种连线方式。一种是自动连线：将鼠标移到需要连线的引脚，鼠标就会变成一个中间有黑点的十字，单击该引脚；移动鼠标就会跟随着鼠标的移动产生一条线路，该线路会自动绕过中间的元器件(此时若右击，就会终止此次连线)；将鼠标移到需连线的另一个引脚，并单击该引脚，就会自动将两个引脚连起来。另一种是手动连线：将鼠标移到需要连线的引脚，鼠标就会变成一个中间有黑点的十字，单击该引脚；移动鼠标就会跟随着鼠标的移动产生一条线路，该线路会自动绕过中间的元器件(此时若右击，就会终止此次连线)；鼠标在电路窗口移动时，若需在某一位置人为地改变路线走向，则单击，那么在此之前的路线就被确定下来，不随鼠标的移动而改变位置；将鼠标移到需连线的另一个引脚，并单击该引脚，就会自动将两个引脚连起来。

若想添加节点，只需在已存在的连线上单击即可。在复杂的电路中，为观察方便，可以将导线设置为不同的颜色。要改变导线的颜色，用鼠标指向该导线，右击可以出现快捷菜单，执行 Change Color 命令，出现颜色选择框，然后选择合适的颜色即可。

如需删除与改动连线，将鼠标指向元器件与导线的连接点使出现一个圆点，按下左键拖曳该圆点使导线离开元器件端点，释放左键，导线自动消失，完成连线的删除。也可以将拖曳移开的导线连至另一个接点，实现连线的改动。

将元器件直接拖曳放置在导线上，然后释放即可在电路中插入元器件。如需使用连接点，单击 Place Junction 可以放置节点。"连接点"是一个小圆点，一个"连接点"最多可以连接来自四个方向的导线。可以直接将"连接点"插入连线中。在连接电路时，Multisim 自动为每个节点分配一个编号。是否显示节点编号可由执行 Options→Sheet Properties 命令弹出对话框中的"Circuit"选项设置。选择"RefDes"选项，可以选择是否显示连接线的节点编号。

5. 仪器仪表的基本操作

对电路进行仿真运行，通过对运行结果的分析，判断设计是否正确合理，是 EDA 软件的一项主要功能。为此，Multisim 为用户提供了类型丰富的虚拟仪器：Multimeter（数字万用表），Function Generator（函数发生器），Wattmeter（瓦特表），Oscilloscope（示波器），Bode Plotter（波特图仪），Word Generator（字信号发声器），Logic Analyzer（逻辑分析仪），Logic Converter（逻辑转换仪），Distortion Analyzer（失真分析仪），Spectrum Analyzer（频谱分析仪）和 Network Analyzer（网络分析仪）。可以用它们来测量仿真电路的性能参数，这些仪器的设置、使用和数据读取方法都和在现实中的仪器一样，它们的外观也和我们在实验室所见到的仪器相同。仪器仪表以图标方式存在，仪器仪表库的图标及功能见表 10 - 1。

表 10 - 1   仪器仪表库的图标

菜单上的表示方法	对应按钮	仪器名称	电路中的仪器符号
Multimeter		万用表	XMM1
Function Generator		波形发生器	XFG1
Wattmeter		瓦特表	XWM1
Oscilloscope		示波器	XSC1
Bode Plotter		波特图图示仪	XBP1
Word Generator		字元发生器	XWG1
Logic Analyzer		逻辑分析仪	XLA1

续表

菜单上的表示方法	对应按钮	仪器名称	电路中的仪器符号
Logic Converter		逻辑转换仪	XLC1
Distortion Analyzer		失真度分析仪	XDA1
Spectrum Analyzer		频谱仪	XSA1
Network Analyzer		网络分析仪	XNA1

在 Multisim 用户界面中，用鼠标选中仪器工具栏中需放置的仪器，单击就会出现一个随鼠标移动的虚显示的仪器框，在电路窗口再次单击，仪器图标和标示就会被放置到工作区上。仪器标示符用来识别仪器的类型和放置的次数。例如，在电路窗口中放置的第一万用表被称为"XMM1"，第二个就被称为"XMM2"等，这些编号在同一电路中是唯一的。也可以从 Design 工具栏→Instruments 工具栏，或执行菜单命令（Simulation→instrument）选用这些仪表。在选用后，各种虚拟仪表都以面板的方式显示在电路中。仪器连接只要将仪器图标上的连接端（接线柱）与相应电路的连接点相连，连线过程类似元器件的连线。

双击仪器图标即可打开仪器面板。可以用鼠标操作仪器面板上相应按钮及参数设置对话窗口的设置数据。如双击图中的示波器，就会出现示波器的面板。通过 Simulation 工具栏启动电路仿真，示波器面板的窗口中就会出现被观测点的波形，如图 10.36 所示。在测量或观察过程中，可以根据测量或观察结果来改变仪器仪表参数的设置。

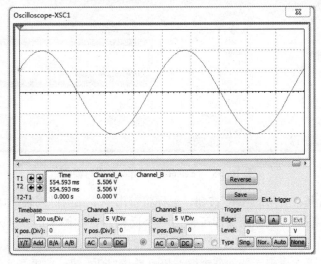

图 10.36　示波器参数设置

10.4 任务实施过程

10.4.1 绘制仿真电路图

双击电子电路仿真软件 NI Multisim 11.0 图标，或执行 Windows"开始"菜单中的 NI Multisim 11.0 命令，启动该程序。

(1) 看到操作界面后点击界面上端左列的真实元器件工具栏中"TTL"按钮，如图 10.37 所示。

图 10.37　真实元器件工具栏

(2) 弹出如图 10.38 所示的"Select a Component"对话框。先选取对话框左侧"Family"栏下的"74LS"系列，再在中间"Component"栏下选取"74LS04D"，这时在右侧上方预览框中可以看到它的图标，预览框下面有 A、B、C、D、E、F 共 6 个小按钮，表示该数字集成电路内共封装了 6 个性能完全相同又互相独立的反相器。

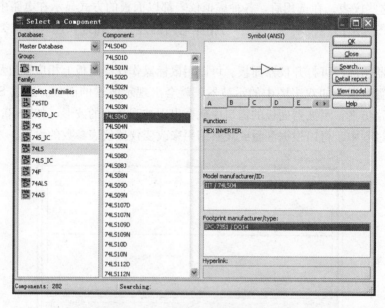

图 10.38　"Select a Component"对话框

(3) 单击对话框右上角的"OK"按钮，鼠标将带出一个元器件列表框，如图 4.39 所示。

(4) 单击"A"按钮，鼠标箭头即可带出一个反相器，如图 10.40 所示，单击即将反相器放置在电子平台上。由于我们在设置用户界面时，将放置元器件模式单选成可以连续放置元器件，所以将再次出现元器件列表框，仍可单击"B"按钮，在电子平台单击即将第二个反相器放置在电子平台上。从图 10.41 还可以看出选取放置后的反相器文字呈灰色。如需要再次放置照此可以一直放置下去，不需要放置时单击"Cancel"按钮退出，如图 10.41 所示。

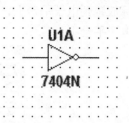

图 10.39　元器件列表框　　　　　　　　　　　图 10.40　反相器原件图

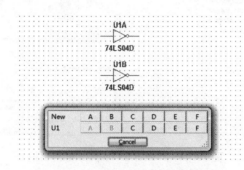

图 10.41　选取放置后的反相器文字

（5）用上述相同方法在电子平台上放置 4 个非门"74LS04D"和 4 个与非门"74LS20D"，如图 10.42 所示。

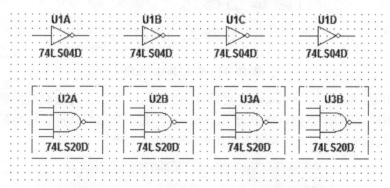

图 10.42　放置 4 个非门"74LS04D"和 4 个与非门"74LS20D"

（6）单击电子电路仿真软件 NI Multisim 11.0 基本界面上端左列元器件工具栏"Place Source"按钮，如图 10.43 所示。

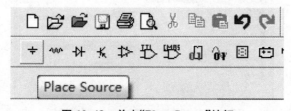

图 10.43　单击"Place Source"按钮

（7）弹出的"Select a Component"对话框如图 10.44 所示。先选取对话框左侧"Family"栏下的"POWER _ SOURCES"系列，在中间"Component" 栏下选取"V_{CC}"，将电源图标放置到电子平台上；再在中间"Component" 栏下选取"GROUND"，将地线图标放置到电子平台上。

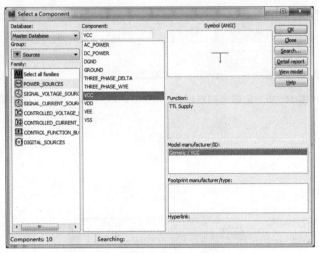

图 10.44　"Select a Component"对话框

（8）单击电子电路仿真软件 NI Multisim 11.0 基本界面上端左列真实元器件工具栏"Basic"按钮，如图 10.45 所示。

图 10.45　单击"Basic"按钮

（9）弹出的"Select a Component"对话框如图 10.46 所示。先选取对话框左侧"Family"栏下的"RESISTOR"系列，在中间"Component" 栏下选取"1.0k"，将电阻放置到电子平台上，共放四个，再用上述相同方法放置四个"200"电阻。

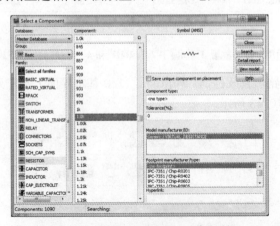

图 10.46　"Select a Component"对话框

（10）先按住"Shift"键，再分别单击四个"74LS20D"图标，可使它们四周出现黑色小方块，表示该元器件处于激活状态，如图 10.47 所示。

（11）右击，将出现如图 10.48 所示的快捷菜单。

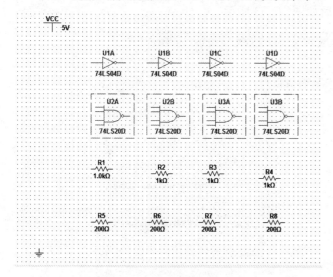

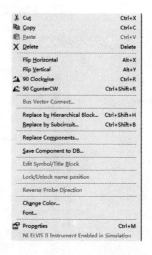

图 10.47　"74LS20D"激活状态　　　　**图 10.48　右击后弹出的快捷菜单**

（12）执行逆时针旋转 90°（90 CounterCW）命令，再在电子平台空白处单击，可将"74LS20D"竖向放置，如图 10.49 所示。

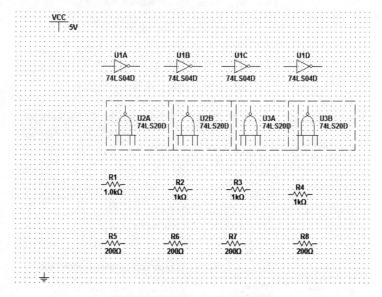

图 10.49　"74LS20D"逆时针旋转 90°

（13）仍在上述对话框的"Family"栏选取"SWITCH"系列，在中间"Component"栏下选取"DIPSW1"，如图 10.50 所示。右侧上方预览框中可以看到单刀单掷开关图标，单击右上方的"OK"按钮，将单刀单掷开关放置到电子平台上，共放四个。

单击电子仿真软件 NI Multisim 11.0 基本界面上端左列真实元器件工具栏"Place Diode"按钮，如图 10.51 所示。在上述对话框的"Family"栏选取"LED"系列，在中间"Component" 栏下选取"LED _ red"，如图 10.52 所示。右侧上方预览框中可以看到红色发光二极管图标，单击右上方的"OK"按钮，将红色发光二极管放置到电子平台上，共放四个；放置完所有元器件后，经移动整理后如图 10.53 所示。

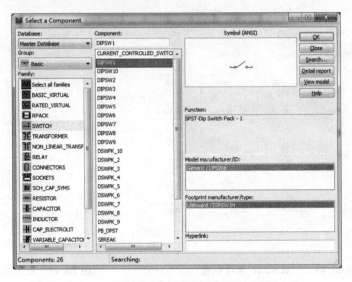

图 10.50　选取"DIPSW1"

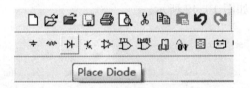

图 10.51　放置二极管

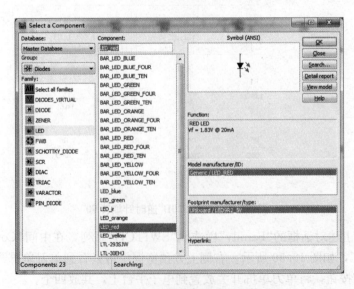

图 10.52　放置红色发光二极管

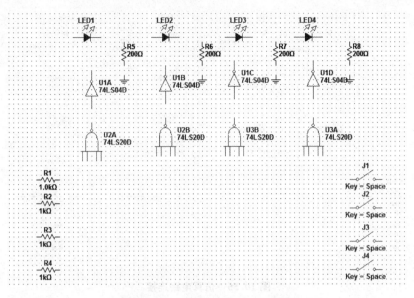

图 10.53　经移动整理后的元器件

从图 10.53 中可以看到四个单刀单掷开关的"Key＝Space"，即表示开关的开或关均由空格键"Space"控制。双击单刀单掷开关"J1"，将弹出如图 10.54 所示对话框，单击"Key for Switch"栏右侧下拉箭头，可以出现下拉列表，共有 Space 和 26 个英文字母可供选择，在此选取"A"，单击下方"OK"按钮退出。这样单刀单掷开关"J1"的开或关就由"A"键控制了。以此类推，将其余三个开关分别设置为由"B"、"C"、"D"键控制。

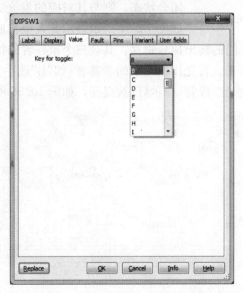

图 10.54　单刀单掷开关控制设置

（14）将所有元器件连成仿真电路，如图 10.55 所示（注：元器件连接方法请参阅导线连接的相关内容）。

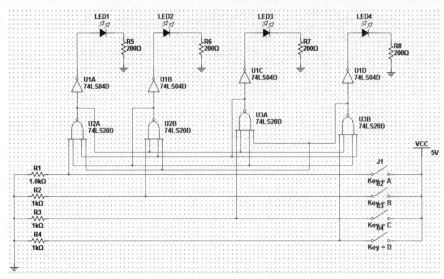

图 10.55　仿真电路连接

10.4.2　仿真电路图调试

（1）单击电子电路仿真软件基本界面绿色仿真开关，如图 10.56 所示。

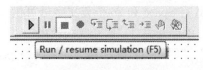

图 10.56　仿真开关

（2）抢答开始时，四个操作开关均断开，所有发光二极管 LED 均熄灭。当主持人宣布"抢答开始"后，首先做出判断的参赛者（如"A"选手）立即按下开关且保持闭合状态，则与其对应的发光二极管（指示灯）被点亮。如图 10.57 所示表示此人抢答成功，而紧随其后的其他开关再被按下，通过与非门的输出信号锁存，其余三个抢答者的抢答信息不再被接受，与其对应的发光二极管则不亮。首先作出判断的参赛者（如"B"选手）立即按下开关且保持闭合状态，则与其对应的发光二极管（指示灯）被点亮，如图 10.58 所示。

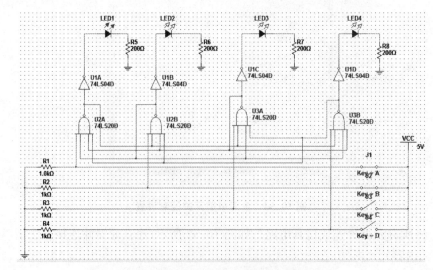

图 10.57　"A"选手抢答成功

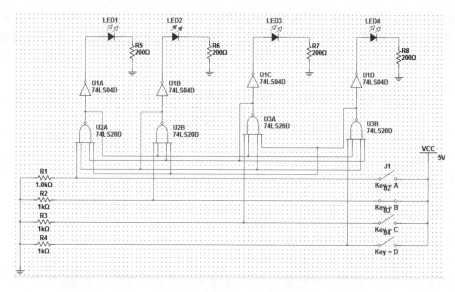

图 10.58　"B"选手抢答成功

10.4.3　实物电路图调试

根据仿真电路图，制作实物，接通电源后，四个操作按钮开关均断开，所有发光二极管 LED 均熄灭，当主持人宣布"抢答开始"后，首先做出判断的参赛者立即按下开关且保持闭合状态，则与其对应的发光二极管（指示灯）被点亮，如 A、B 选手分别按下抢答按钮，对应指示灯亮，如图 10.59 和图 10.60 所示，表示此人抢答成功，而紧随其后的其他开关再被按下，其余三个抢答者的抢答信息不再被接受，与其对应的发光二极管不亮。观察四盏指示灯的发光情况，与设计要求完全吻合。

图 10.59　"A"选手抢答成功

图 10.60　"B"选手抢答成功

任务小结

通过本任务主要学习电子线路计算机仿真设计与分析的常用基础软件 NI Multisim

11.0 的使用方法。分别介绍了仿真软件的发展、软件的基本界面，对操作界面中的菜单栏、工具栏、元器件栏、虚拟仪器中的仪器按钮进行了较为详细的介绍，便于初步掌握仿真软件中电路创建及调试的方法。

习 题

1. 问答题

(1) 虚拟元器件和实用元器件在元器件库中有什么区别？

(2) 如何放置文字注释？

(3) 如何取消或增加设计窗口中的网格？

(4) 如何在仿真时调整电位器滑动阻值？

(5) 如何在仿真时对开关进行开、关操作？

(6) 如何改变元器件的放置位置方向？（水平翻转？垂直翻转？90°翻转？）

(7) 如何放置元器件？

(8) 如何放置设计图纸标题？

(9) 如何在元器件中连线？

(10) 怎样更改元器件？

(11) 如何在元器件库中找到电阻、电感、开关、电位器、二极管、晶体管、电源、地、灯、指示灯、变压器、电压表、电流表？

(12) 万用表、示波器、频率计、信号发生器、逻辑转换仪、瓦特表的英文单词分别是什么？

(13) 如何改变元器件的欧、美标准？

(14) 数字万用表测交流电压、直流电流、电阻时应怎样操作？数字万用表测直流电时测得什么值？数字万用表测交流电压时测得什么值？

(15) 如何调整信号发生器发出的信号？

(16) 如何调整示波器显示的波形？

2. 操作题

(1) 试用函数信号发生器产生幅度为 5V、频率为 1kHz(占空比为 50%)的三角波信号，并用示波器观察其波形。

(2) 图 4.61 所示电路为供四人用的智力竞赛抢答装置线路。图中 U_1 为四 D 触发器 74LS175，它具有公共置 0 端和公共 CP 端，U_2 是双 D 触发器 74LS74，组成四分频电路，用以产生抢答电路中的 CP 时钟脉冲源。U_3 为双 4 输入与非门 74LS20；U_4 是四 2 输入与非门 74LS00，组成多谐振荡器。抢答开始时，由主持人先按下复位开关 S，发出清除信号，74LS175 的输出 $Q_1 \sim Q_3$ 全为 0，所有发光二极管 LED 均熄灭，图中 R 为限流电阻。当主持人宣布"抢答开始"后，首先做出判断的参赛者立即按下开关，对应的发光二极管亮，同时，通过与非门的输出信号锁住时钟信号 CP，其余三个抢答者的抢答信息不再被接受，直到主持人再次按下清除信号为止，绘制仿真电路图并验证其功能。

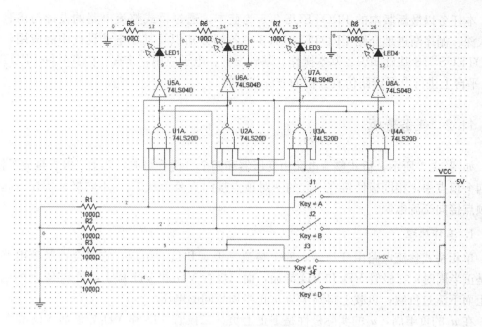

图 10.61 四人智力竞赛抢答器

任务 11 PROTEUS 7.8 仿真

11.1 任务导入

当今社会人们极大地享受着电子设备带来的便利,但是任何电子设备都有一个共同的电路——电源电路,大到超级计算机、小到袖珍计算器,所有的电子设备都必须在电源电路的支持下才能正常工作,虽然这些电源电路的样式、复杂程度千差万别,电子设备对电源电路的要求就是能够提供持续稳定、满足负载要求的电能,即提供稳定的直流电能。单相小功率直流稳压电源是把交流电整流变换成稳定的直流电的电子电路,主要包括变压、整流、滤波和稳压四个基本部分。其中整流电路可以把交流电利用二极管的单向导通原理整变成直流电。在电子设备中,大量的直流电都是采用桥式整流电路。如图 11.1(a)所示,四个二极管组成一个桥,所以称为桥式整流电路,这个桥也可以简化成如图 11.1(b)、(c)的形式。

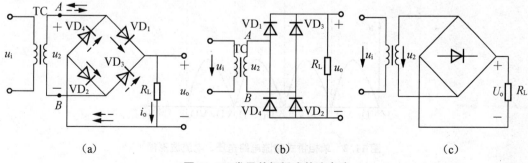

图 11.1 常见单相桥式整流电路

本任务以最新版本的 PROTEUS 7.8 为蓝本，通过桥式整流电路的设计与仿真，由浅入深、循序渐进地介绍 PROTEUS 7.8 中各部分知识及其在电子设计中的应用，包括 PROTEUS 7.8 基础知识、基本操作、基础设置、电子应用，掌握在仿真软件 PROTEUS 7.8 平台上进行电子线路仿真分析的方法和技能。

11.2 任务分析

如图 11.1 所示，桥式整流电路由变压器和四个二极管组成，四个二极管接成了桥式，在四个顶点中，相同极性接在一起的一对顶点接向直流负载 R_L，不同极性接在一起的一对顶点接向交流电源。

1. 工作原理

单相桥式整流电路由变压器，四个整流二极管和负载组成，它属全波整流电路。当 u_2 是正半周时，二极管 VD_1 和 VD_2 导通，而二极管 VD_3 和 VD_4 截止，负载 R_L 上的电流是自上而下流过负载，负载上得到了与 u_2 正半周相同的电压。

在 u_2 的负半周，u_2 的实际极性是下正上负，二极管 VD_3 和 VD_4 导通而 VD_1 和 VD_2 截止，负载 R_L 上的电流仍是自上而下流过负载，负载上得到了与 u_2 正半周相同的电压，其电路工作波形如图 11.2 所示，从波形图上可以看出，单相桥式整流比单相半波整流电路波形增加了 1 倍。

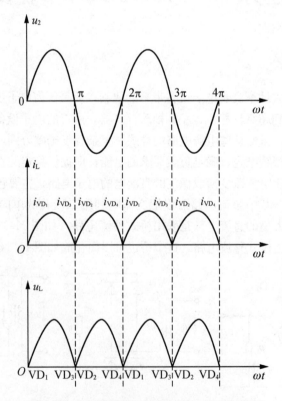

图 11.2　单相桥式整流电路电压、电流波形图

2. 负载上的直流电压和直流电流

由上述分析可知,桥式整流负载电压和电流是半波整流的两倍。负载上的电压、电流平均值分别为

$$\overline{U_{\mathrm{L}}}=\frac{2\sqrt{2}}{\pi}U_2\approx 0.9U_2$$

$$\overline{I_{\mathrm{L}}}=\frac{0.9U_2}{R_{\mathrm{L}}}$$

3. 整流二极管的参数

在桥式整流电路中,因为二极管 $\mathrm{VD_1}$、$\mathrm{VD_2}$ 和 $\mathrm{VD_3}$、$\mathrm{VD_4}$ 在电源电压变化一周内是轮流导通的,所以流过每个二极管的电流都等于负载电流的一半,即

$$\overline{I_{\mathrm{L}}}=\frac{1}{2}\overline{I_{\mathrm{L}}}=\frac{0.45U_2}{R_{\mathrm{L}}}$$

二极管在截止时两端的最大反向电压可以从图 11.2 看出。在 u_2 的正半周,$\mathrm{VD_1}$、$\mathrm{VD_2}$ 导通,$\mathrm{VD_3}$、$\mathrm{VD_4}$ 截止。此时 $\mathrm{VD_3}$、$\mathrm{VD_4}$ 所承受到的最大反向电压均为 u_2 的最大值,即

$$U_{\mathrm{VM}}=\sqrt{2}U_2$$

桥式整流电路与半波整流电路相比,电源利用率提高了 1 倍,同时输出电压波动小,因此桥式整流电路得到了广泛应用。电路的缺点是二极管用得较多,电路连接复杂,容易出错。

11.3　任务知识点

11.3.1　PROTEUS 简介

PROTEUS 软件由英国 Labcenter Electronics 公司开发的 EDA 工具软件(该软件中国总代理为广州风标电子技术有限公司)。它从 1989 年问世至今,经过了 20 多年的使用、发展和完善,功能越来越强大,性能越来越好,从原理图布图、代码调试到单片机与外围电路协同仿真,一键切换到印制电路板设计,真正实现了从概念到产品的完整设计。是目前世界上唯一将电路仿真软件、印制电路板设计软件和虚拟模型仿真软件三合一的设计平台,其处理器模型支持 8051、HC11、PIC10/12/16/18/24/30、dsPIC33、AVR、ARM、8086 和 MSP430 等,2010 年又增加了 Cortex 和 DSP 系列处理器,并持续增加其他系列处理器模型。在编译方面,它也支持 IAR、Keil 和 MPLAB 等多种编译器。

PROTEUS 安装以后,主要由两个程序组成:ARES 和 ISIS。前者主要用于 印制电路板自动或人工布线及其电路仿真,后者主要采用原理布图的方法绘制电路并进行相应的仿真。除了上述基本应用之外,PROTEUS 革命性的功能在于它的电路仿真是互动的,针对微处理器的应用,可以直接在基于原理图的虚拟原型上编程,并实现软件源代码级的调试,还可以直接实时动态地模拟按键、键盘的输入,LED、液晶显示的输出,同时配合虚拟工具(如示波器、逻辑分析仪等)进行相应的测量和观测,其基本结构体系如图 11.3 所示。

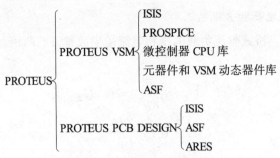

图 11.3 PROTEUS 结构体系

PROTEUS VSM(Virtual System Modelling)：PROTEUS 虚拟系统模型。

PROTEUS PCB DESIGN：PROTEUS 印制电路板设计。

ISIS(Intelligent Schematic Input System)：智能原理图输入系统。

PROSPICE：混合模型仿真器。

ASF(Advanced Simulation Feature)：高级图表仿真。

ARES(Advanced Routing and Editing Software)：高级布线编辑工具。

PROTEUS VSM 的核心是 ProSPICE，这是一个组合了 SPICE3F5 模拟仿真器核和基于快速事件驱动的数字仿真器的混合仿真系统，SPICE 内核使用众多制造商提供的 SPICE 模型，可对电路进行非线性直流分析、非线性瞬态分析和线性交流分析，被分析的电路中的元器件可包括电阻、电容器、电感器、互感器、独立电压源、独立电流源、各种线性受控源、传输线及有源半导体器件，SPICE 内建半导体器件模型，用户只需选定模型级别并给出合适的参数。

ProSPICE 有基本版本和高级版本，前者仅仅包括交互式瞬时分析，后者包括频率、傅里叶、失真、噪声及多变量的交直流扫描分析。

(1) 仿真功能：ProSPICE 完全集成于 ISIS 原理图输入系统，包含了齐全的分析、检测虚拟仪器仪表和交互式动态器件。提供了 13 种虚拟仪器，如 DC/AC 电压/电流表，信号发生器、模式发生器、逻辑分析仪、计数/定时器、虚拟终端和逻辑探头，包含了齐全的分析，检测虚拟仪器仪表。交互式动态器件包括开关、按钮、电位器、灯、LED、7 段码显示 LED 等。还可以根据自己的需要自制动态器件，无须源代码编程，提供多种外围器件。采用形象生动的方式仿真器件或电路，采用探针可实时动态地显示探测点的实时参数，能动态实时仿真。电路仿真可通过颜色的冷暖色调显示引脚的逻辑状态、导线电压，通过箭头显示电流的方向、生动的仿真信号流。

(2) 模拟仿真特点：包括 SPICE3 的整套仿真原型，包括 Mosfet、Bsim3、Mesfet 等类型器件原型，有超过 6000 多种包括封装的模型，与不同厂商提供的 SPICE 模型兼容。

(3) 数字仿真特点：能对市面上的各种数字器件进行仿真，包括门、寄存器、锁存器、计时器、存储器等数字仿真原型，以及时钟、脉冲等事件数字仿真模型。模型库包括 TTL 的 74 系列、CMOS 的 4000 系列、存储 IC 等。保险丝模型允许 PLD 直接通过 JE-DEC 文件仿真。

(4) 高级仿真选项：在基本的 ProSPICE 模型上可以添加高级仿真选项，这样就可以进行包括傅里叶、频率、噪声、失真及多变量的交直流扫描分析，以确保系统可靠性。

11.3.2　智能原理图输入系统 ISIS

ISIS 是整个 PROTEUS 的中心，智能原理图输入系统比其他的原理图绘制系统更强大。它有强大的设计环境，包含了原理图绘制的各方面内容。如果要对一个复杂的设计进行仿真、制版或需要用来发表的图表，ISIS 是一个非常理想的工具。ISIS 包含在 PROTEUS VSM 或者 PCB DESIGN 产品包中。它主要的特点如下。

可以设置原理图中的线宽、填充类型、颜色、前端字体等。

人性化的操作界面。

鼠标操作放置、移动和删除，加快设计速度。

元器件旋转时走线自动跟随。

完整的元器件库：元器件可以使用绘图工具绘制添加。

集成印制电路板封装预览。

层次化电路设计，子电路组成和属性可以自己设置。

支持子电路端口和元器件总线绘制。

元器件属性采用文本格式，可以手动编辑或外部数据库输入。

支持的网络表格式：LABCENER SDF、SPICE、SPICE-AGE、Tango、BoardMaker、EE-Designer、Futurenet、Racal、Vutrax 和 Valid 格式。

可进行电气规则检测，可以生成使用元器件表。

支持 Windows 环境下打印。

支持输出 BITMAP、METAFILE、DXF、EPS 等图形格式。

与其他的 EDA 工具比较，ISIS 具有以下优点。

(1) 绘制出版级的原理图：传统的原理图绘制系统绘制的原理图很少关心图纸印刷出来的效果。在 ISIS 中用户可以选择填充的颜色，线宽和前端字体的样式，甚至可以改变连接点的大小和形状。这使 ISIS 可以设计出符合出版质量的电路图，用户可以直接输出 Windows 识别的格式，通过粘贴的方式插入到文档中。

(2) 元器件库：ISIS 共有 8000 多种元器件，包含 TTL、CMOS、ECL、Microprocessor、Memory、Analogue ICs 等库，另外还有几百种 Bipolar、FET 及二极管等半导体元器件。这些库元器件有一些默认属性，如仿真模型及印制电路板封装。

(3) 印制电路板封装工具：ISIS 和 ARES 高度集成。印制电路板封装可以直接从 ARES 库中直接提取，引脚信息可以直接通过虚拟封装工具直接输入。

(4) 层次化设计：这个特点使用户可以对电路进行层次化设计，提高原理图的可读性，当一个电路使用很多次时，层次化设计可以节省很多时间。ISIS 将层次化设计内涵进行了拓展，可以在主电路中对子电路进行相关的参数设计。例如，一个低通滤波器子电路，可以将滤波频率设定成一个参数。这样只需设定不同的滤波频率，就可以将这个滤波子电路运用到不同的场合。

(5) 总线：ISIS 支持总线、终端、模块端口及元器件引脚。这使得在进行复杂 MCU (引脚超过 400 个)设计时操作更为便捷，避免了地址和数据线连接的冗杂。总线终端和模块端口使得在进行原理图连接时更为方便。

(6) 属性管理设计中使用的每一个元器件都有一个属性列表。包含印制电路板封装和仿真模型，可以根据自己的使用目的添加其他的属性。这些属性可以隐藏也可以显示在原理图中，利用全体属性编辑工具选择相同属性的元器件进行属性编辑，如把所有的BC108S 改成 BC109S，通过 SERACH AND TAG 工具选中所有 BC108S，再使用属性分配工具更改。

（7）报告产生：元器件报告清单包括设置 ISIS 设计中使用的元器件所有的属性。电气规则检测报告（ERC）提供一个设计错误清单。

（8）设备驱动：PROTEUS 对屏幕及打印机提供标准的 Windows 驱动。可以支持本色及彩色打印。另外支持输出 BITMAP、METAFILE、DXF、EPS 等图形格式。

11.3.3 PROTEUS 中的资源

PROTEUS 中提供了多种类齐全的电子元器件资源和虚拟仪器仪表资源，同时提供了多种测试信号，用于元器件或电路的测试。

1. PROTEUS 软件所提供的元器件资源

PROTEUS 软件提供了 30 多个元器件库，数千种元器件。元器件涉及数字和模拟、交流和直流等，能满足绝大多数单片机应用系统设计及电子线路设计需求，具体情况见表 11-1。

表 11-1　PROTEUS 中的主要元器件库

库名	元器件类型或系列
74std	74 系列，有 AS、F、HC、HCT、LS、S、ALS 等 8 个库
Analog	电源电路、555、常规 DC/AC、AC/DC 转换器等
Bipolar	晶体管，有 2N、BX、MU、TIP、2Tx 等系列
Cmos	CMOS 集成电路
Device	常规元器件，有电阻、电容器、电感器等
Diode	稳压二极管，有 IN、3EZ、BAZ、MMBA、MZD 等系列
Ecl	ECL 集成电路
Fairchld	晶体管，有 2N、J、MP、PU、U、TIS 系列
Fet	PET 管，有 2N、2SJ、2SK、BF、BUK、IRF 、UN 等系列
Lintec	运算放大器，有 LF、LT、LTC、OP 等系列
Memory	存储器（EPROM、EEPROM、RAM）
Micro	处理器，有 51 系列、6800 系列、PIC16 系列、z80 和相关总线等
Natdac	AC/DC、DC/AC 转换器，有 LF、LM、MF 等系列
Natoa	运算放大器，有 LF、LM、LPC 等系列
Opamp	运算放大器，有 AD、CA、EL、MC、NE、OPA、TL 等系列
Pld	PLD 集成电路，有 AM16、AM20、AM22、AM29 等系列
Teccor	可控硅，有 2N、EC、L、Q、S、T、TCR 等系列

库名	元件类型或系列
Texoac	运算放大器，有 LF、LM、LP、TL、TLC、TLE、TLV 等系列
Valves	电子管
Zetex	晶体管、二极管、变容二极管等
I2cmems	涉及 24 系列、Fm24 系列、m24 系列、nm24 系列等
Resistors	电阻元件，涉及的系列较多
Capacitors	电容器件，涉及的系列较多
Display	显示器件，数码管有 7SEG 系列，液晶有 LM、MD、PG 等系列
Active	常规元器件和仪器仪表
Asimmdls	数字基本逻辑门电路等

2. PROTEUS 可提供的仿真仪表资源

虚拟仪器仪表的数量、类型和质量，是构成虚拟实验室的关键因素，也是在虚拟实验室进行实验内容的重要基础。在 PROTEUS 软件包中，包含了大量的不同类型的高质量测试所有仪器仪表，见表 11 - 2，同类仪表可以重复使用，不存在使用数量的问题。

表 11 - 2　PROTEUS 中提供的仪器仪表

名称	备注
OSCILLOSCOPE	虚拟示波器
LOGIC ANALYSE	逻辑分析仪
SOUNTER TIME	计数器、计时器
VIRTUAL TERMAINAL	虚拟终端
SIGNAL GENERATOR	信号发生器
PATTERN GENERATOR	模式发生器
AC/AD Voltmeters/Ammeters	交、直流电压表和电流表
SPI DEBUGGER	SPI 调试器
I2C DEBUGGER	I2C 调试器

除了现实存在的仪器外，PROTEUS 还提供了一个图形显示功能，见表 11 - 3，可以将线路上变化的信号以图形的方式实时地显示出来，其作用与示波器相似但功能更多。这些虚拟仪器仪表具有理想的参数指标，如极高的输入阻抗、极低的输出阻抗。这些都尽可能减少了仪器对测量结果的影响。

表 11 - 3　PROTEUS 的图形显示功能

名称	备注
Analogue	模拟信号显示
Digital	数字信号显示
Mixed	混合信号显示
Frequency	频谱信号显示
Transfer	传递信号显示
Noise	噪声信号显示
Distortion	失真(变形)信号显示
Fourier	傅氏变换信号显示
Audio	音频信号显示
Interactive	交互信号显示
Conformance	性能试验
DC Sweep	直流扫描信号显示
AC Sweep	交流扫描信号显示

3. PROTEUS 可提供的调试手段

PROTEUS 提供了比较丰富的测试信号用于电路的测试。这些测试信号包括模拟信号和数字信号，见表 11 - 4。

表 11 - 4　PROTEUS 提供的测试信号

信号名称	信号描述
DC	直流信号，参数：电压值
Since	交流信号，参数：三要素，阻尼因素和幅值偏移
Pulse	脉冲信号，参数：初始值、最大值、开始时间、上升时间、下降时间、占空比和频率（周期）
EXP	指数信号，参数：初始值、最大值、上升开始时间、上升时间、下降开始时间、下降时间
SFFM	调制信号，参数：偏移量、增值、载波频率、调制指数、信号频率
Pwlin	自定义 U-t 特性信号，参数：自定义输入
File	来自文件的信号，参数：文件的位置
Audio	来自音频文件的信号，参数：WAV 文件的位置
Dstate	数字状态信号，参数：提供了 7 种状态供选择
Dedge	数字边沿触发信号，参数：L-H/H-L 选择、边沿时间
Dpulse	数字脉冲信号(单)，参数：LHL/HLH、开始时间、宽度
Dclock	数字时钟信号，参数：LHL/HLH 选择、第一个边沿时间、周期
Dpattern	数字模型信号，参数：初态、第一个边沿时间、脉冲宽度、信号连续的类型等

11.3.4　PROTEUS 的基本使用方法

在 Windows 环境下进行安装 PROTEUS。本任务采用 PROTEUS 7.8，安装完成后，在桌面和程序列表中就生成了启动 PROTEUS ISIS 的快捷图标。双击该快捷图标，PROTEUS ISIS 的启动画面如图 11.4 所示。

图 11.4　PROTEUS ISIS 的启动画面

PROTEUS ISIS 启动后，就出现了如图 11.5 所示的工作界面，是一种标准的可视化 Windows 界面。工作界面由标题栏、主菜单、标准工具栏、绘图工具栏、状态栏、对象选择按钮、预览对象方位控制按钮、仿真进程控制按钮、预览窗口、对象选择器窗口、图形编辑窗口等组成。

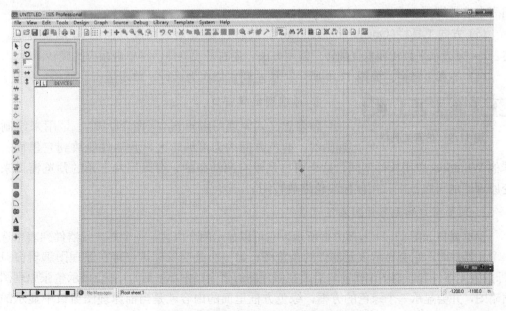

图 11.5　PROTEUS ISIS 的工作界面

1. 绘图工具栏

在设计中熟练地使用工具，可使设计变得非常轻松自如，绘图工具栏有按功能类排列。

（1）主要模型工具栏（Main Modes）：主模型工具栏提供的工具如图11.6所示，从左到右依次为选择元器件的工具按钮、编辑元器件参数、放置连接点、放置标签、放置文本、绘制总线、放置子电路。设计中只要单击按钮，即可进行相应的功能操作。

（2）配件（Gadgets）：配件工具如图11.7所示，从左到右依次为终端接口（Terminals）、器件引脚、仿真图表（Graph）、录音机、信号发生器（Generators）、电压探针、电流探针、虚拟仪表的工具按钮。设计中单击按钮，即可进行相应的功能操作。

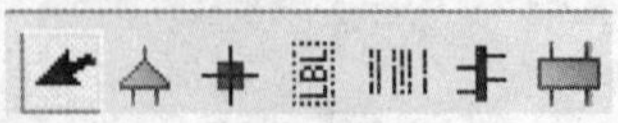

图11.6　主要模型工具栏 　　　　图11.7　配件工具按钮

（3）2D图形（2D Graphics）：2D图形如图11.8所示，从左到右依次为画各种直线、画各种方框、画各种圆、画各种圆弧、画各种多边形、画各种文本、画符号、画原点等。设计中单击按钮，即可进行相应的功能操作。

图11.8　2D图形按钮

（4）元器件列表（The Object Selector）：用于挑选元器件（Components）、终端接口（Terminals）、信号发生器（Generators）、仿真图表（Graph）等。例如，当你选择"元器件（Components）"，单击"P"按钮会打开挑选元器件对话框，选择了一个元器件后（单击了"OK"按钮后），该元器件会在元器件列表中显示，以后要用到该元器件时，只需在元器件列表中选择即可。

（5）方向工具栏（Orientation Toolbar）。旋转：旋转角度只能是90°的整数倍。翻转：完成水平翻转和垂直翻转。使用方法：先右击元器件，再单击相应的旋转图标。

（6）仿真工具栏：如图11.9所示，从左到右依次为运行、单步运行、暂停、停止。

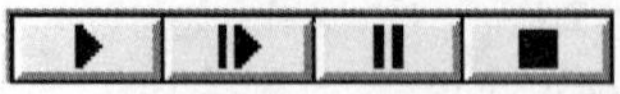

图11.9　仿真工具栏

2. 原理图编辑窗口

顾名思义，原理图编辑窗口（图11.10），是用来绘制原理图的。蓝色方框内为可编辑区，元器件要放到它里面。与其他Windows应用软件不同，这个窗口是没有滚动条的，可以用左上角的预览窗口来改变原理图的可视范围，用鼠标滚轮缩放视图。

3. 预览窗口和元器件列表区

预览窗口如图11.11上部方框所示，它可以显示两个内容：一个是在元器件列表中选择一个元器件时，它会显示该元器件的预览图；另一个是当鼠标焦点落在原理图编辑窗口时（即放置元器件到原理图编辑窗口后或在原理图编辑窗口中单击后），它会显示整张原理图的缩略图，并会显示一个绿色的方框，绿色方框里面的内容就是当前原理图窗口中显示的内容，因此可用鼠标在它上面单击来改变绿色方框的位置，从而改变原理图的可视范围。

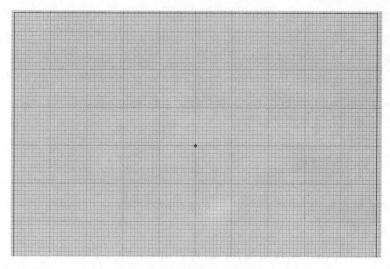

图 11.10 原理图编辑窗口

元器件列表(The Object Selector)如图 11.11 下部方框所示,它用于挑选元器件
(Components)、终端接口(Terminals)、信号发生器(Generators)、
仿真图表(Graph)等。例如,当你选择"元器件(Components)",单
击"P"按钮会打开挑选元件对话框,选择了一个元器件后(按了
"OK"按钮),该元器件会在元件列表中显示,以后要用到该元器件
时,只需在元器件列表中选择即可。

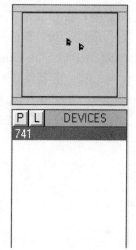

4. 电路原理图的设计流程

电路设计的第一步是进行原理图设计,这是电路设计的基础。
只有在设计好的原理图的基础上才可以进行电路图的仿真等。电路
原理图的设计流程如下所述。

(1) 新建设计文档。在进行原理图的设计前,首先要构思好原
理图,即必须知道所设计的项目需要哪些电路、元器件来完成,用
何种模板,然后在 PROTEUS ISIS 编辑环境中画出电路原理图。

**图 11.11 预览窗口和
元器件列表区**

(2) 设置工作环境。根据实际电路的复杂程度来设置图纸的大
小及注释的风格等。在电路图设计的整个过程中,图纸的大小可以
不断地调整。设置合适的图纸大小是完成原理图设计的第一步。

(3) 放置元器件。根据需要从元器件库中添加相应的类;然后从添加元器件对话框中
选取需要添加的元器件,将其布置到图纸的合适位置,并对元器件的名称、标注进行设
定;再根据元器件之间的走线等联系对元器件在工作平面上的位置进行调整和修改,使得
原理图美观、易懂。

(4) 对原理图进行布线。根据实际电路的需要,利用 PROTEUS ISIS 编辑环境提供
的各种工具、指令进行布线,将工作平面上的元器件用导线连接起来,构成一幅完整的电
路原理图。

(5) 建立网络表。在完成上述步骤之后,即可看到一张完整的电路图;但要完成电路
板的设计,还需要生成网络表文件。网络表是电路板和电路原理图之间的纽带。

（6）对原理图进行电气规则检查。当完成原理图布线后，利用 PROTEUS ISIS 编辑环境所提供的电气规则检查命令对设计进行检查，并根据系统提供的错误检查报告修改原理图。

（7）调整。如果原理图已经通过电气规则检验，那么原理图的设计就完成了，但是对于一般电路设计而言，尤其是较大的项目，通常需要对电路多次修改才能通过电气规则检测。

（8）存盘和输出报表。PROTEUS ISIS 提供了多种报表输出格式，同时可以对设计好的原理图和报表进行存盘和输出打印。

■ 11.4 任务实施过程

下面以桥式整流电路为例来详细讲述 PROTEUS 的操作方法及注意事项。

1. 新建设计文件

从开始菜单启动 ISIS 原理图工具，软件启动后，进入 PROTEUS ISIS 软件编辑环境，执行 File→New Design 命令，出现选择模板窗口，如图 11.12 所示，选中默认模板"DEFAULT"，再单击"OK"按钮则以该模板建立一个新的空白文件。

PROTEUS 中主要的文件类型有以下几种。设计文件（*.DSN）：包含了一个电路所有的信息；备份文件（*.DBK）：保存覆盖现有的设计文件时会产生备份；局部文件（*.SEC）：设计图的一部分，可输出为一个局部文件，以后可以导入到其他的图中。在文件菜单中以导入（Import）、导出（Export）命令来操作；模型文件（*.MOD）；库文件（*.LIB）：元器件和库；网表文件（*.SDF）：当输出到 PROSPICE AND ARES 时产生的网表文件。若要保存设计文件，执行 File→Save Design 命令，在文件名框中输入文件名后，再单击"Save"（保存）按钮，则完成新建设计文件的保存，其后缀自动为.DSN。

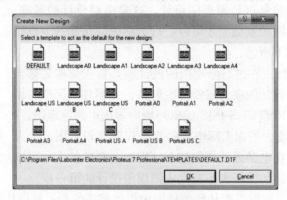

图 11.12　模板选择窗口

2. 从 PROTEUS 库中选取元器件

执行 Library→Pick Device/Symbol 命令或单击编辑窗口中 P 按钮（Pick Devices，拾取元器件）来打开"Pick Devices"（拾取元器件）对话框，从元器件库中拾取所需的元器件。对话框如图 11.13 所示。

添加元器件的方法有以下两种。

（1）在其左上角"Keywords"（关键字）一栏中输入桥式整流电路所需要元器件的关键字，将以下元器件添加到对象选择器中，如要选择项目中使用的二极管 1N4007，就可以直接输入。输入以后能够在中间的"Results"(结果)栏里面看到搜索的元器件的结果。在对话框的右侧,还能够看到选择的元器件的仿真模型、引脚及印制电路板参数。如果所选择的元器件并没有仿真模型,对话框将在仿真模型和引脚一栏中显示"No Simulator Model"(无仿真模型)。那么就不能够用该元器件进行仿真了,或者只能做它的印制电路板,或者选择其他与其功能类似而且具有仿真模型的元器件;搜索到所需的元器件以后,可以双击元器件名来将相应的元器件加入到文档中,接下来还可以用相同的方法来搜索并加入其他的元器件。当已经将所需的元器件全部加入到文档中时,可以单击"OK"按钮来完成元器件的添加。

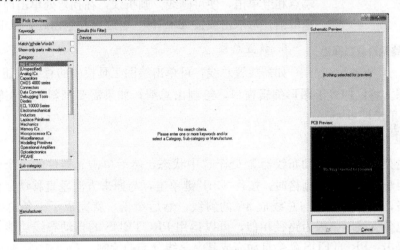

图 11.13 元器件选择窗口

(2)元器件列表中选择元器件所属类,再在子类列表区域中选择所属子类。
桥式整流电路中添加元器件到对象选择器窗口如图 11.14 所示。

3. 将元器件放至图形编辑窗口

添加好元器件以后,下面所需要做的就是将元器件按照需要放至图形编辑窗口。首先在对象选择器窗口中单击需要添加到文档中的元器件,这时就可以在预览窗口看到所选择的元器件的形状与方向,如果其方向不符合的要求,可以通过单击预览对象方位控制按钮中的工具来任意进行调整,调整完成之后在文档中单击并选定好需要放置的位置即可。移动单个器件:在原理图编辑区中,右击目标即选中目标,然后按住目标元器件移动鼠标就可以移动元器件。

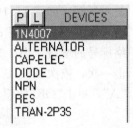

图 11.14 添加元器件

移动多个元器件:在原理图编辑区中,右击选中要选的元器件,然后单击按钮██,就可以移动。移动多个元器件并且复制:在原理图编辑区中,右击选中要选的元器件,然后单击按钮██,就可以移动复制的元器件。旋转元器件:在原理图编辑区中,选中目标元器件,然后单击██按钮或图标██以旋转目标的方向。删除元器件:在原理图编辑区中,双击目标,或者选中目标后,单击按钮图标██删除目标元器件。打开元器件的属性:右击目标元器件,然后单击目标元器件,就会出现一个对话框。添加元器件到原理编辑区中:在元器件列表中,选中目标元器件,然后在原理图编辑区中单击即可。接着按相同的操作即可完成所有元器件的布置,按照原理图合理放置元器件。

4. 放置电源和地(终端)

单击工具栏中的终端按钮▤ ，在如图 11.15 所示的对象选择器中选取电源(POW-
ER)、地(GROUND)，用上述放置元器件方法分别放置于编辑区中。

5. 电路图连线

PROTEUS ISIS 没有提供具有电气性质的画线工具，因为
ISIS 的智能化程度很高，系统默认自动布线▨有效。只要在两
端点相继单击，便可画线。画折线，在拐弯处单击即可，若想中
途取消，可双击或按"Esc"键；若终点在空白处，双击即可结束。

图 11.15 终端对象选择器

6. 放置总线

如需放置总线，可单击绘图工具栏中的总线按钮┿ ，使之处
于选中状态。将鼠标置于图形编辑窗口，绘制出总线，如果需要画斜线，在转弯处按住
"Ctrl"键再单击即可。

7. 放置总线分支

先使主菜单栏下的自动布线器▨处于选中状态，然后单击元器件的一个引脚，拖动
鼠标，在距总线一个背景栅格时，按住"Ctrl"键单击，与原来方向垂直移动鼠标，移动一
个背景栅格，就可以画出与总线成 45°的斜线，然后单击，就完成了一条总线分支的绘
制。画其他分支线时，因为路径相似，可以运用 PROTEUS 的自动布线功能，只要在每
个引脚上双击，PROTEUS 就会自动完成其余总线分支的绘制。

8. 放置网络标号

单击绘图工具栏中的总线按钮，使之处于选中状态。单击主菜单栏中"Tool"菜单，
单击其下拉菜单中的"Property Assignment Tool"或按快捷键"A"，将会弹出属性设置工
具对话框，如图 11.16 所示。对话框中的"String"表示属性及属性关键字，即当前属性，
将它改为"net＝D♯"；"Count"表示关键字 D 计数的初值，默认为 0；"Increment"表示网
络标号的增量，为 1 时，则设置完后，第一次单击总线分支时，标注将从 D0 开始，每单
击一次，依次从 D1、D2、…、递增标注。当要第二次标注网络标号时，就再按快捷键
"A"，单击"OK"按钮，第二次还可以从 D0 开始重新标注。

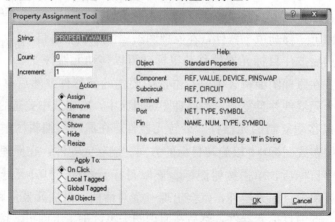

图 11.16 网络标号属性设置工具对话框

9. 放置正弦信号源和变压器

首先在查找时输入"vsin"，就可以找到正弦信号源，如图 11.17 所示，然后放置此信号源，并双击它，在其属性窗中按图 11.18 输入，其中电压值为 311V，是峰值，有效值就是 220V 了。

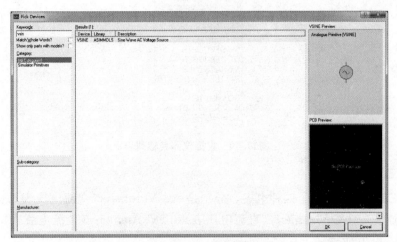

图 11.17　放置正弦信号源

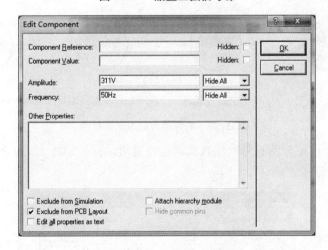

图 11.18　正弦信号源设置

依此方法再放入变压器 TRAN-2P3S。

10. 放置虚拟示波器

在 PROTEUS ISIS 环境中单击虚拟仪器模式"Virtual Instrument Mode"按钮图标 ，出现如图 11.19 所示的所有虚拟仪器名称列表。单击列表区的"OSCILLOSCOPE"，则在预览窗口出现示波器的符号。在编辑窗口单击，出现示波器的拖动图像，拖动鼠标指针到合适位置，再次单击，示波器就被放置到原理图编辑区中。虚拟示波器的原理符号如图 11.19 预览窗口所示。

示波器的四个接线端 A、B、C、D 应分别接四路输入信号，信号的另一端应接地。该虚拟示波器能同时观看四路信号的波形。

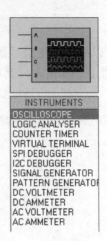

图11.19　虚拟仪器名称列表

11. 放置虚拟电表

PROTEUSVSM 提供了四种电表，分别是 AC Voltmeter(交流电压表)、AC Ammeter(交流电流表)、DC Voltmeter(直流电压表)和 DC Ammeter(直流电流表)。四种电表的符号如图 11.20 所示。

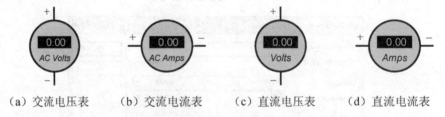

（a）交流电压表　　（b）交流电流表　　（c）直流电压表　　（d）直流电流表

图 11.20　四种电表的原理图符号

双击任一电表的原理图符号，出现其属性设置对话框，如图 11.21 所示是交流电压表的属性设置对话框。

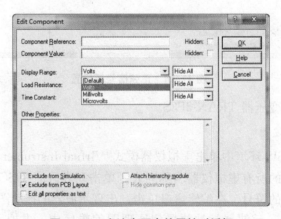

图 11.21　交流电压表的属性对话框

在元器件名称"Component Reference"项可给该交流电压表命名，元器件值"Component Value"中不填。在显示范围"Display Range"中有四个选项，用来设置该交流电压表是伏特表（Volts）、毫伏表（Millivolts)或是微伏表(Microvolts)，默认为伏特表。然后单击"OK"按钮即可完成设置。其他三个表的属性设置与此类似。这四个电表的使用方法和实际的交、直流电表一样，电压表并联在被测电压两端，电流表串联在电路中，要注意方向。运行仿真时，直流电表出现负值，说明电表的极性接反了。两个交流表显示的是有效值。

在 PROTEUS ISIS 的界面中，选择虚拟仪器图标，在出现的元器件列表中，分别把所需电表放置到原理图编辑区中，放置好元器件及虚拟仪表的桥式整流电路如图 11.22 所示。

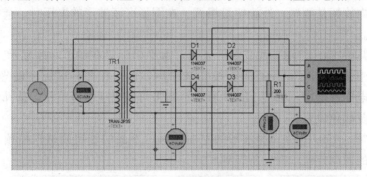

图 11.22　桥式整流电路仿真图

12. 仿真

进入调试运行窗口单击仿真运行开始按钮　▶　，启动仿真，出现如图 11.23 所示的示波器运行界面。可以看到，左面的图形显示区有四条不同颜色的水平扫描线，其中 A 通道由于接了变压器一次正弦信号，已经显示出正弦波形，B 通道则显示整流后的输出波形，可以看出和前面理论分析图 11.2 完全吻合。若单击停止按钮　■　，则终止仿真。

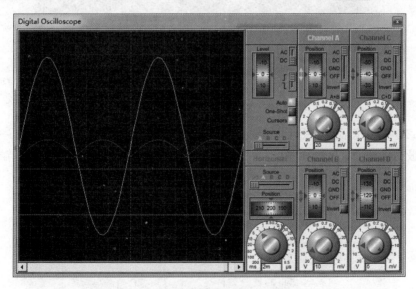

图 11.23　仿真运行后的示波器界面

由图 11.23 可见，示波器的操作区共分为以下六部分。

（1）Channel A：A 通道。

（2）Channel B：B 通道。

（3）Channel C：C 通道。

（4）Channel D：D 通道。

（5）Trigger：触发。

（6）Horizontal：水平。

四个通道区：每个区的操作功能都一样。主要有两个旋钮，"Position"用来调整波形的垂直位移；下面的旋钮用来调整波形的 Y 轴增益，白色区域的刻度表示图形区每格对应的电压值。内旋钮是微调，外旋钮是粗调。在图形区读波形的电压时，会把内旋钮顺时针调到最右端。

触发区：其中"Level"用来调节水平坐标，水平坐标只在调节时才显示。"Auto"按钮一般为红色选中状态。"Cursors"光标按钮选中后，可以在图标区标注横坐标和纵坐标，从而读波形的电压和周期，如图 11.24 所示。右击可以出现快捷菜单，选择清除所有的标注坐标、打印及颜色设置。

水平区："Position"用来调整波形的左右位移，下面的旋钮调整扫描频率。当读周期时，应把内环的微调旋钮顺时针旋转到底。

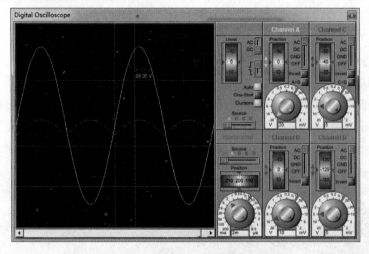

图 11.24　触发区"Cursors"按钮的使用

图 11.25 中使用了两个交流电压表显示变压器一次、二次的电压有效值，一个交流电压表显示最初的脉动直流稳压输出，一个交流电压表显示最终的脉动直流稳压输出。

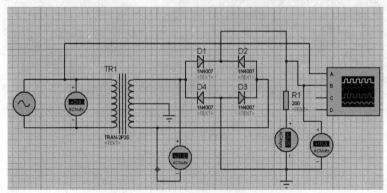

图 11.25　交流电压表的使用

任务小结

通过本任务主要学习使用 PROTEUS 进行电子电路设计与仿真的方法，以 PRO-TEUS 7.8 为蓝本，通过基础知识和实例训练相结合的方式，由浅入深、循序渐进地介绍 PROTEUS 在电子设计中的应用，包括 PROTEUS 基础知识：PROTEUS 历史、应用领域、PROTEUS VSM 组件、PROTEUS ISIS 的启动与退出及设计流程等；PROTEUS 基本操作：工作界面、编辑环境设置、系统参数设置、导线操作、对象操作、虚拟仪器、激励源等内容；且在其中穿插了电子技术的相关知识。

习 题

1. 问答题

（1）PROTEUS 中怎样使用模板？

（2）PROTEUS 怎样移动整块电路？

（3）PROTEUS 元器件在电路图上怎样旋转？

2. 操作题

（1）设计并制作如图 11.26 所示可由主持人控制的三人抢答器电路，要求如下：由集成触发器构成的改进型抢答器中，S_1、S_2、S_3、S_4 为四路抢答操作按钮。任何一个人先将某一按钮按下，则与其对应的发光二极管（指示灯）被点亮，表示此人抢答成功；而紧随其后的其他开关再被按下均无效，指示灯仍保持第一个开关按下时所对应的状态不变。S_5 为主持人控制的复位操作按钮，当 S_5 被按下时抢答器电路清零，松开后则允许抢答。

（2）制作如图 11.27 所示的电动机运行故障监测报警电路，要求：某车间有三台电动机工作，监测电路对三台电动机工作状态进行监测。使用发光二极管显示检测结果：

① 绿色发光二极管亮。表示三台电动机都正常工作。

② 黄色发光二极管亮。表示有一台电动机出现故障。

③ 红色发光二极管亮。表示有 2 台以上电动机出现故障。

（3）制作如图 11.28 所示的叮咚门铃，要求如下。

① 下开关后，扬声器发出"叮"的响声，松开手后，扬声器发出"咚"的响声。

② "叮咚"的声音要求悦耳，响声持续时间合适。

（4）设计并制作如图 11.29 所示的锯齿波发生器，要求如下。

① 输入 10kHz 脉冲信号。

② 输出频率为 39Hz。

③ 基准电压 10V。

④ 峰值约为 10V。

⑤ 分辨率 8 位。

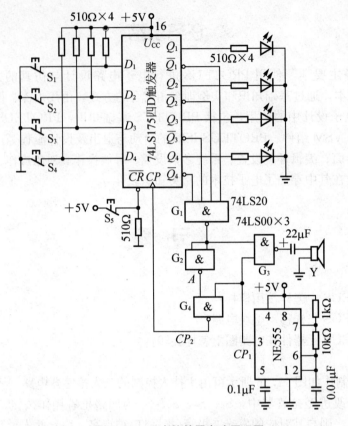

图 11.26 三人抢答器电路原理图

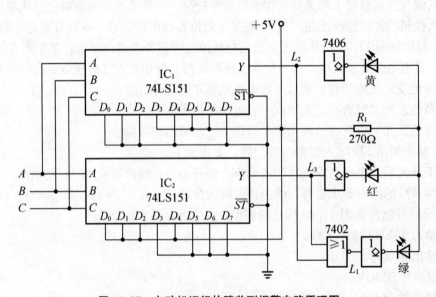

图 11.27 电动机运行故障监测报警电路原理图

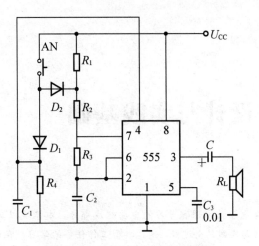

图 11.28　叮咚门铃电路原理图

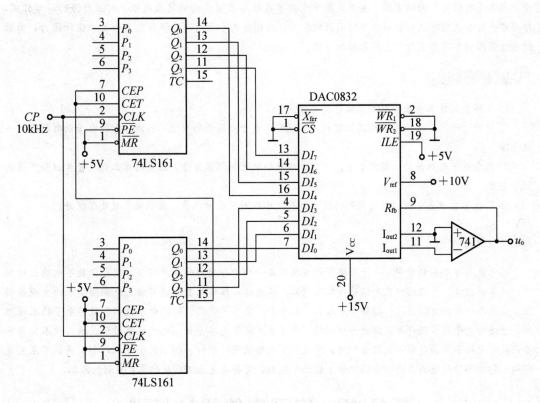

图 11.29　锯齿波发生器电路原理图

项目5

电子电路设计与实践基础

 **教学目标**

电子电路设计与实践是电子技术课程学习的重要组成部分，本情境以实际电路的设计和应用为主线，详细阐述电子电路设计与实践的全过程，通过典型工作任务的学习，在电路设计、安装、调试、整理资料等环节的实践中，使学生进一步理解课程内容，对现代电子电路设计的基本技术、模拟与数字、分立与集成有较为全面的了解。着重提高学生在集成电路应用方面的实践技能，树立严谨的科学作风，培养学生综合运用理论知识解决实际问题的能力，达到提高学生的动手操作能力和工程设计能力，为后续专业课程的学习奠定打下良好基础的目的。

教学要求

1. 了解查阅技术手册和有关文献资料的方法。
2. 熟悉电子产品或小系统的设计流程，掌握常用电子元器件的性能、特点，掌握电子电路的设计一般方法。
3. 熟悉电子电路设计、装配工艺，掌握电路的组装配和调试方法，注重培养工程质量意识和严谨的科学态度。
4. 培养学生独立分析、解决问题的能力，并能正确判断故障现象，正确记录与处理数据。

 项目导读

在电类高等职业教学中，电子电路设计与实践是一个十分重要的教学环节，它包括数字电路设计制作、计算机仿真、电路的组装和调试等实践内容。通过这些环节的教学，可以充分调动学生的主观能动性，实现知识向能力的转化。按照专业培养计划要求，在学完电路、模拟电子技术和数字电子技术课程后，应进行电子技术设计与实践的专项训练，使学生在电子电路分析、电子电路设计、编写技术文件和查阅技术文献等方面受到一次综合训练，掌握电子电路设计、制作、调试的全过程，全面提高学生发现问题、解决问题的能力，进一步强化学生的动手能力，为将来走上工作岗位奠定良好的基础。

任务12 电子电路设计基础

12.1 任务导入

在实际工作中，经常需要对信号的频率进行测量。虽然利用示波器可以粗略测量被测信号的频率，但数字频率计测量频率具有精度高，显示醒目直观，测量迅速，以及便于实现测量过程自动化等一系列突出优点，已成为计算机、通信设备、音频视频等科研生产领域不可缺少的测量仪器。因此本任务我们以数字频率计的设计与制作项目为例进一步熟悉电子产品或小系统的设计流程，学会电子电路的设计方法包括方案论证、电路设计、选择器件、应用 NI Multisim 11.0 仿真等。

■ 12.2　任务分析

电子电路设计作为电子技术课程的重要组成部分，目的是使学生进一步理解课程内容，着重提高学生在模拟、数字集成电路应用方面的实践技能，树立严谨的科学作风，培养学生综合运用理论知识解决实际问题的能力。学生通过电路设计、安装、调试、整理资料等环节，初步掌握工程设计方法和组织实践的基本技能，逐步熟悉开展科学实践的程序和方法。

12.2.1　电子电路设计与实践的内容

1. 总体方案设计

确定电子电路设计的总体方案：根据系统中的输入输出变量及控制信号，画出实现方法的系统方框图。

2. 部分电路设计

进行部分电路的设计：在实验室进行方案试验或用 NI Multisim 11.0 软件进行电路模拟仿真，确定电路参数，画出电路总图。

3. 实物制作及调试

按要求进行实物制作，要求布局合理；先进行部分电路调试，然后进行总体电路的联合调试（统调）。

4. 总结鉴定

写出电子电路设计说明书，参加答辩。

12.2.2　电子电路设计与实践方法

1. 方案设计

根据设计任务书给定的技术指标和条件，初步设计出完整的电路（这一阶段又称为"预设计"阶段）。

（1）提出原理方案。对电子电路的任务、要求和条件进行仔细的分析与研究，找出其关键问题是什么，然后根据此关键问题提出实现的原理与方法，并画出其原理框图。

（2）分析方案的可行性和优缺点，一般应通过仿真和实验加以确认。

（3）比较方案。

（4）确定总体方案。

（5）画出较详细的框图。

选择方案时还应注意几点：关系到全局的电路要深入分析比较，提出各种具体电路，找出最优方案；不要盲目热衷于数字化方案；要特别注意各单元电路的相互配合，少用接口电路；既要考虑方案的可行性，还要考虑性能价格比、可靠性、功耗和体积等实际问题。

2. 方案试验、实物制作及调试

对所选定的设计方案进行安装调试。由于生产实际的复杂性和电子元器件参数的离散性，加上设计者经验不足，一个仅从理论上设计出来的电路往往是不成熟的，可能存在许多问题，而这些问题不通过实验是不容易检查出来的，因此，在完成方案设计之后，需要进行电路的装配和调试，以发现实验现象与设计要求不相符合的情况。为便于学生掌握实际硬件装调技能，我们选用在实验室进行方案试验。对某些较复杂的电路，可分单元电路依次进行安装调试，一般先装调主电路后装调控制电路，分别达到指标要求之后，再联系起来统调。具体步骤如下：安装、调试、故障排除。

3. 总结鉴定

考核实物是否全面达到规定的技术指标，能否长期可靠地工作。完成制作实物所必需的文件资料，包括整机结构设计、所用元器件清单及电路板布局设计等，同时写出电子电路设计说明书并参加答辩。

以上叙述了电子电路设计的全过程。现在，也可在计算机上仿真完成以上某些阶段的工作。

▌■ 12.3　任务知识点

12.3.1　管理制度

（1）本电子电路设计时间集中为一周，采用理论与实践相结合的原则，教师指导学生解决电子电路设计过程中的问题。

（2）学生应在电子电路设计任务书布置后，根据指导教师的分组计划，熟悉课题相关资料。

（3）每一个学生都必须独立完成电子电路设计必做和选做项目，不得相互抄袭设计说明书。

（4）每位学生独立进行电路设计，在画出基本电路图并经理论验证无错误后方可完成电路元器件的安装、调试工作。

（5）安装调试过程中的工艺操作应严守规范要求；实验数据力求准确可靠；数据应当忠实地记录，绝不允许臆造、拼凑。

（6）原理图、布线图、元器件清单都应按照标准要求。

（7）学生应在规定的时间内按照统一的格式完成电子电路设计说明书，指导教师在检验学生设计并制作完成的作品时对所设计的内容质疑和调试。

（8）通过严格的科学训练和工程设计实践，树立严肃认真、一丝不苟、实事求是的科学作风，并培养学生具有一定的生产观点、经济观点、全面观点及团结协作的精神。

12.3.2　电子电路设计与实践要求

1. 教学基本要求

要求学生独立完成课题设计，掌握数字系统设计方法；完成系统的组装配及调试工作；在电子电路设计中要注重培养工程质量意识，并写出专项训练报告。

教师应事先准备好电子电路任务书，指导学生查阅有关资料，安排适当的时间进行答疑，帮助学生解决电子电路过程中的问题。

2. 能力培养要求

通过查阅手册和有关文献资料培养学生独立分析和解决实际问题的能力；通过实际电路方案的分析比较、设计计算、元器件选取、安装调试等环节，掌握简单实用电路的分析方法和工程设计方法；掌握常用仪器设备的使用方法，学会简单的实验调试，提高动手能力；综合应用课程中学到的理论知识去独立完成一个设计任务；培养严肃认真的工作作风和严谨的科学态度。

3. 电子电路设计应遵循的基本原则

(1) 满足系统功能和性能的要求。

(2) 电路简单，成本低，体积小。

(3) 电磁兼容性好。

(4) 可靠性高。

(5) 系统的集成度高。

(6) 调试简单方便。

(7) 生产工艺简单。

(8) 操作简单方便。

(9) 耗电少。

(10) 性能价格比高。

12.3.3 电子电路设计与实践元器件的选择

电子元器件分为有源元器件和无源元器件两大类。其中有源元器件是指器件工作时，其输出不仅依靠输入信号，还要依靠电源，即它在电路中起到能量转换的作用。例如，晶体管、集成电路等。无源元器件分为耗能元器件、储能元器件和结构元器件三种。电阻是典型的耗能元器件；储存电能的电容器和储存磁能的电感器属于储能元器件；接插件和开关等属于结构元器件。

1. 选用电阻的主要思路

(1) 优先选用通用型电阻。

(2) 优先选用标准系列的电阻。

(3) 针对电路稳定性的要求选用不同温度特性的电阻。

(4) 根据工作环境场合选用不同类型电阻。

(5) 在高频电路中，应选用分布参数小的电阻。

(6) 在高增益前置放大电路中，应选用噪声电动势小的电阻。

2. 选用电容器的基本思路

(1) 选用电容器要选用符合电路要求的类型。

(2) 电容器的额定工作电压要符合电路要求。

(3) 要优先选用绝缘电阻大、介质损耗小、漏电流小的电容器。

(4) 选用温度系数小的电容器。

(5) 在选用高频电路的电容器时，还要考虑电容器的频率特性。

(6) 选用电容器，最后还要从电容器的外表和形状上来考虑。

3. 选择集成电路的原则

（1）首先应熟悉集成电路的品种和几种典型产品的型号、性能、价格。

（2）尽量选择市面流行的或大公司的产品。

（3）注意系统对芯片的可靠性及环境要求。

（4）同一种功能的数字集成电路可能既有 CMOS 产品，又有 TTL 产品。注意它们的不同性能。

（5）CMOS 器件可以与 TTL 器件混合使用在同一电路中，注意电平匹配。

（6）注意集成电路的常用封装形式：扁平式、直立式、双列直插式。通常选用双列直插式集成电路。

■ 12.4　任务实施过程

数字频率计通常是指电子计数式频率计，采用数字电路制作成的能实现对周期性变化信号频率测量的仪器，数字电路系统一般包括输入电路、控制电路、输出电路、时钟电路、脉冲产生电路和电源等。

输入电路主要作用是将被控信号加工变换成数字信号，其形式包括各种输入接口电路，有些模拟信号则通过模/数转换电路转换成数字信号后再进行处理。在设计输入电路时，必须首先了解输入信号的性质及接口的条件，以满足设计要求。

控制电路的功能是将信息进行加工运算，并为系统各部分提供所需的各种控制。

数字电路系统中，各种逻辑运算、判别电路等都是控制电路，它们是整个系统的核心。设计控制电路是数字系统设计的最重要的内容，必须充分注意不同信号之间的逻辑关系与时序关系。

输出电路是完成系统最后逻辑功能的重要部分。数字电路系统中存在各种各样的输出接口电路，其功能可能是发送一组经系统处理后的数据，或显示一组数字，或将数字信号进行转换，变成模拟输出信号等。设计输出电路时，必须注意电路与负载在电平、信号极性、拖动能力等方面要相匹配。

时钟电路是数字电路系统中的灵魂，它属于一种控制电路，整个系统都在它的控制下按一定的规律工作。时钟电路包括主时钟振荡电路及经分频后形成各种时钟脉冲的电路。设计时钟电路时，应根据系统的要求首先确定主时钟的频率，再由它与其他控制信号结合产生系统所需的各种时钟脉冲。

电源为整个系统工作提供所需的能源，为各端口提供所需的直流电平。在数字电路系统中，TTL 电路对电源电压要求比较严格，电压值必须在一定范围内。CMOS 电路对电源电压的要求相对比较宽松。设计电源时，必须注意电源的负载能力、电压的稳定度及波纹系数等。

显然，任何复杂的数字电路系统都可以逐步被划分成不同层次、相对独立的子系统。我们通过对子系统的逻辑关系、时序等的分析，可以选用合适的数字电路器件来实现各子系统。将各子系统组合起来，便完成了整个大系统的设计。按照这种由大到小，由整体到局部，再由小到大，由局部到整体的设计方法进行系统设计，就可以顺利完成设计任务。

了解以上数字电路系统构成的相关知识，我们提出进行电子电路设计的一般方法与步骤如下，为讲解方便，我们以数字频率计的设计与制作项目为例进一步熟悉电子电路设计、制作与调试的方法和步骤，包括功能和性能指标分析、系统设计、原理电路设计、可靠性设计、电磁兼容特性设计、调试方案设计等。

12.4.1　方案设计

根据设计任务书给定的技术指标和条件，初步设计出完整的电路(这一阶段又称为"预设计"阶段)。

这一阶段的主要任务是准备好实验文件，其中包括：画出方框图；画出构成框图的各单元的逻辑电路图；画出整体逻辑图；提出元器件清单；画出各元器件之间的连接图。要完成这一阶段的任务，需要设计者进行反复思考，大量参阅文献和资料，将各种方案进行比较及可行性论证，然后才能将方案确定下来。具体步骤如下。

1. 理解课题

必须充分了解设计要求，明确被设计系统的全部功能及技术指标，熟悉被处理信号与被控制对象的各种参数与特点。

数字频率计的技术指标如下。

(1) 频率测量范围：10～9999Hz。

(2) 输入电压幅度：0.3～3V。

(3) 输入信号波形：任意周期信号。

(4) 显示位数：4 位。

(5) 电源：220V、50Hz。

2. 明确待设计系统的总体方案

根据系统逻辑功能画出系统的原理框图，将系统分解；确定连接不同方框的各种信号的逻辑关系与时序关系；框图应能简洁、清晰地表示设计方案的原理。

数字频率计的主要功能是测量周期信号的频率。频率是在单位时间(1s)内信号周期性变化的次数。如果我们能在给定的 1s 时间内对信号波形计数，并将计数结果显示出来，就能读取被测信号的频率。数字频率计首先必须获得相对稳定与准确的时间，同时将被测信号转换成幅度与波形均能被数字电路识别的脉冲信号，然后通过计数器计算这一段时间间隔内的脉冲个数，将其换算后显示出来。从数字频率计的基本原理出发，根据设计要求，得到如图 12.1 所示系统的原理框图。

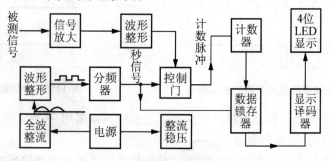

图 12.1　数字频率计框图

3．设计单元电路

根据设计要求和已选定的总体方案的原理框图，把系统方案划分为若干相对独立的单元，确定各单元电路的设计要求，每个单元的功能再由若干个标准器件来实现，化分为单元的数目不宜太多，但也不能太少，必要时应详细拟定主要单元电路的性能指标。

设计并实施各个单元电路，按前后顺序分别设计各单元电路，在设计中应尽可能多地采用大、中规模集成电路，以减少器件数目，减少连接线，提高电路的可靠性，降低成本。这要求设计者应熟悉器件的种类、功能和特点。

把单元电路组装成待设计系统。设计者应考虑各单元之间的连接问题。各单元电路在时序上应协调一致，电气特性上要匹配。电气性能相互匹配，主要有阻抗匹配、线性范围匹配、负载能力匹配、高低电平匹配。单元电路之间的信号耦合方式：直接耦合、阻容耦合、变压器耦合和光电耦合，数字系统的时序配合等。此外，还应考虑防止竞争冒险及电路的自启动问题。当电路中采用 TTL、CMOS、运算放大器、分立器件等多种器件时，如果采用不同的电源供电，则要注意不同电路之间电平的正确转换，并设计出电平转换电路。

由以上原则确定数字频率计的单元电路如下。

1）电源与整流稳压电路

框图中的电源采用 50Hz 的交流市电。市电被降压、整流、稳压后为整个系统提供直流电源。系统对电源的要求不高，可以采用串联式稳压电源电路来实现。

2）全波整流与波形整形电路

本频率计采用市电频率作为标准频率，以获得稳定的基准时间率漂移不能超过 0.5Hz，即在 1‰的范围内。用它作为普通频率计的基准信号完全能满足系统的要求。全波整流电路首先对 50Hz 交流市电进行全波整流，得到如图 12.2(a)所示。100Hz 的全波整流波形。波形整形电路对 100Hz 信号进行整形，使之成为如图 12.2(b)所示 100Hz 的矩形波。采用过零触发电路可将全波整流波形变为矩形波，也可采用施密特触发器进行整形。

3）分频器

分频器的作用是为了获得 1s 的标准时间。首先对如图 12.2 所示的 100Hz 信号进行 100 分频得到如图 12.3(a)所示周期为 1s 的脉冲信号。然后再进行二分频得到如图 12.3(b)所示占空比为 50％脉冲宽度为 1s 的方波信号，由此获得测量频率的基准时间。利用此信号去打开与关闭控制门，可以获得在 1s 时间内通过控制门的被测脉冲的数目。

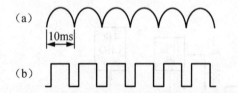

图 12.2　全波整流与波形整形电路的输出波形　　　图 12.3　分频器的输出波形

分频器可以采用由计数器通过计数获得。二分频可以采用 T′触发器来实现。

4）信号放大、波形整形电路

为了能测量不同电平值与波形的周期信号的频率，必须对被测信号进行放大与整形处理，使之成为能被计数器有效识别的脉冲信号。信号放大与波形整形电路的作用即在于此。信号放大可以采用一般的运算放大电路，波形整形可以采用施密特触发器。

5）控制门

控制门用于控制输入脉冲是否送计数器计数。它的一个输入端接标准秒信号，一个输入端接被测脉冲。控制门可以用与门或或门来实现。当采用与门时，秒信号为正时进行计数，当采用或门时，秒信号为负时进行计数。

6）计数器

计数器的作用是对输入脉冲计数。根据设计要求，最高测量频率为 9999Hz，应采用 4 位十进制计数器。可以选用现成的十进制集成计数器。

7）锁存器

在确定的时间（1s）内计数器的计数结果（被测信号频率）必须经锁定后才能获得稳定的显示值。锁存器通过触发脉冲的控制，将测得的数据寄存起来，送显示译码器。锁存器可以采用一般的 8 位并行输入寄存器。为使数据稳定，最好采用边沿触发方式的器件。

8）显示译码器与数码管

显示译码器的作用是把用 BCD 码表示的十进制数转换成能驱动数码管正常显示的段信号，以获得数字显示。显示译码器的输出方式必须与数码管匹配。

4. 分析电路

有这种可能：设计的单元电路不存在任何问题，但组合起来后系统却不能正常工作。因此，必须充分分析各单元电路，尤其是对控制信号要从逻辑关系、正反极性和时序几个方面进行深入考虑，确保不存在冲突。在深入分析的基础上通过对原设计电路的不断修改，获得最佳设计方案。硬件电路中元器件选择与参数计算如下。

首先根据具体要求和设计方案选择元器件，每个元器件应具有哪些功能和性能指标，是否满足单元电路对元器件性能指标的要求；其次哪些元器件市场上能买到，性能价格比如何，体积多大。一般情况下，选择集成电路，集成电路的选择可以大大简化电路的设计，使成本下降。但在特殊场合下，如频率高、电压高、电流大或要求低噪声等，仍须采用分立器件。

计算参数时应注意：各元器件的工作电压、电流、频率和功耗等应在允许的范围内，并留有适当裕量；对于环境温度、交流电网电压等工作条件，计算参数时应按最不利的情况考虑；涉及元器件的极限参数时，必须留有足够的裕量，一般按 1.5 倍左右考虑；在保证电路性能的前提下，尽可能设法降低成本，减小器件品种，减小元器件的功耗和体积，为安装调试创造有利条件。

另外还要注意干扰的问题，抑制干扰源：减小来自电源的噪声、对特殊元器件采取必要的措施、每个 IC 的电源端要并接一个 $0.01\sim0.1\mu$F 高频电容器，以减小 IC 对电源的影响、布线时避免 90°折线，减少高频噪声发射；切断干扰传播路径：合理布置元器件，处理好接地线，用好去耦电容器；提高敏感器件的抗干扰性能。

5. 完成整体设计，进行逻辑仿真，验证设计

在各单元电路完成的基础上，将各单元电路连接起来，画出符合设计要求的整机逻辑电路图，反复审查电路，以消除因各种疏忽造成的错误。然后利用数字电路仿真软件对电路进行仿真测试，以确定电路是否准确无误。

衡量一个电路设计的好坏，主要是看是否达到了技术指标及能否长期可靠地工作；此外还应考虑经济实用、容易操作、维修方便；为了设计出比较合理的电路，设计者除了要具备丰富的经验和较强的想象力之外，还应该尽可能多地熟悉各种典型电路的功能，尤其是大、中规模集成电路器件；学会查阅数字电路器件手册，了解不同器件之间的区别，了解各器件输入端、控制端对信号的要求和输出端输出信号的特点，对设计者来说也是十分重要的；熟悉电子 CAD 及各种仿真软件的使用，对我们的设计也十分有帮助。只要将所学过的知识融会贯通，反复思考，周密设计，一个好的电路方案是不难得到的。

根据以上步骤，用 NI Multisim 11.0 软件绘制数字频率计的整体仿真电路如图 12.4 所示。

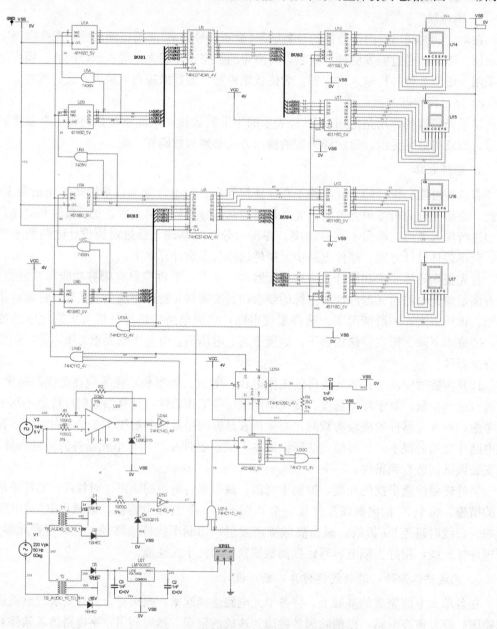

图 12.4 数字频率计的整体仿真电路

图 12.4 中，稳压电源采用 7805 来实现，电路简单可靠，电源的稳定度与波纹系数均能达到要求。对 100Hz 全波整流输出信号，由 7 位二进制计数器 74HC4024 组成的 100 进制计数器进行分频。计数脉冲下降沿有效。在 74HC4024 的 Q_7、Q_6、Q_3 端通过与门加入反馈清零信号。当计数器输出为二进制数 1100100（十进制数为 100）时，计数器异步清零，实现 100 进制计数。为了获得稳定的分频输出，清零信号与输入脉冲"与"后再清零，使分频输出脉冲在计数脉冲为低电平时能保持高电平一段时间（10ms）。

电路中采用双 JK 触发器 74HC109 中的一个触发器组成 T' 触发器。它将分频输出脉冲整形为脉宽为 1s、周期为 2s 的方波。从触发器 Q 端输出的信号加至控制门，确保计数器只在 1s 的时间内计数。从触发器端输出的信号作为数据寄存器的锁存信号。

被测信号通过 741 组成的运算放大器放大 20 倍后送施密特触发器整形，得到能被计数器有效识别的矩形波输出。通过由 74HC11 组成的控制门送计数器计数。为了防止输入信号太强损坏集成运算放大器，可以在运算放大器的输入端并接两个保护二极管。

频率计数器由两块双十进制计数器 74HC4518 组成，最大计数值为 9999Hz。由于计数器受控制门控制，每次计数只在 JK 触发器 Q 端为高电平时进行。当 JK 触发器 Q 端跳变至低电平时，端由低电平向高电平跳变，此时，8D 锁存器 74HC374（上升沿有效）将计数器的输出数据锁存起来送显示译码器。计数结果被锁存以后。即可对计数器清零。由于 74HC4518 为异步高电平清零，所以将 JK 触发器的同 100Hz 脉冲信号"与"后的输出信号作为计数器的清零脉冲。由此保证清零是在数据被有效锁存一段时间（10ms）以后再进行。

12.4.2 方案试验

由于生产实际的复杂性和电子元器件参数的离散性，加上设计者经验不足，数字试验系统整体电路设计完毕后，还必须通过电路板的安装与调试，纠正设计中因考虑不周而出现的错误或不足，并检测出实际系统正常运行的各项技术指标、参数、工作状态、输出驱动情况、动作情况与逻辑功能。因此，系统装调工作是验证理论设计，进一步修正设计方案的重要实践过程，其具体步骤叙述如下。

1. 制作电路板

如果整体电路是利用电子 CAD 软件按要求绘制的，则可以利用该软件绘制印制电路板图，制作出印制电路板。采用印制电路板制作数字电路系统可以保证试验系统工作可靠，减少不必要的差错，大大节省电路试验时间。因条件限制，也可采用在多功能板上制作的方法。但应注意将原理图上所用集成块进行合理布局，使接线距离短、接线方便，而且美观可靠，对照芯片引脚图的引脚接线，也可先在原理图上标上引脚号。

2. 检测器件

在将器件安装到印制电路板或多功能板上之前，对所选用的器件进行测试是十分有必要的，它可以减少因器件原因造成的电路故障，缩短调试时间。

数字频率计制作前用数字集成电路检测仪对所要用的 IC 进行检测，以确保每个器件完好。如有兴趣，也可对 LED 数码管进行检测，检测方法由自己确定。

3. 安装元器件

将各种器件安装到印制电路板上是一件不太困难的工作。安装时，集成电路最好通过插座与电路板连接，便于器件不小心损坏后进行更换。数字电路的布线一般比较紧密，焊点较小，在焊接过程中注意不要出现挂锡或虚焊情况。

在装配电路的时候，一定要认真仔细、一丝不苟，注意集成块不要插错或方向插反，连线不要错接或漏接并保证接触良好，电源和地线不要短路，以避免人为故障。

在对多功能板各集成芯片和元器件进行连接时，导线要先拉直，每根线量好长度后，再剪断、剥好线头、根据走线位置折好后插入板中，要求导线的走线方向横平、竖直。导线的剥线长度与电路板的厚度相适应（比板的厚度稍短）。

导线的裸线部分不要露在板的上面，以防短路，但是绝缘部分绝对不能插入金属片内，导线要插入金属孔中央。

在印制电路板上将制作数字频率计所需的 IC 插座及各种器件焊接好；装配时，先焊接 IC 等小器件，最后固定并焊接变压器等大器件。电路连接完毕后，先不插 IC。

4. 调试

对某些较复杂的电子电路的调试可分两步来进行：一是单元电路的调试；二是总调。只有通过调试使单元电路达到预定要求，总调才能顺利进行。调试时应注意以下几点。

1）心中有数

充分理解电路的工作原理和电路结构，对电路输入输出量之间的逻辑关系，正常情况下信号的电平、波形、频率等做到心中有数，据此设计出科学的调试方法。它包括选用的仪器设备，调试的步骤，每个步骤中检测的部位，如何人为设置电路工作状态进行测试等。

2）调试方法

单元电路安装好后，应该先认真进行通电前的检查，通电后，检查每片集成电路的工作电压是否正常［TTL 型集成电路电源电压为 $(5\pm0.25)\text{V}$］，这是电路有效工作的基本保证。调试该单元电路直至正常工作。调试可分为静态调试和动态调试两种，一般组合电路应静态调试，时序电路应动态调试。

统调主电路的方法是将已调试好的若干单元电路连接起来，然后跟踪信号流向，由输入到输出，由简单到复杂，依次测试，直至正常工作。因此时控制电路尚未安装，需人为地给受控电路加以特定信号使其正常工作。

调试控制电路常分为两步：第一步单独调试控制电路本身，施加于控制电路的各个信号可以人为设定为某种状态，直至正常工作。第二步将控制电路与系统主电路中各个功能部件连接起来，进行电路统调。

调试过程中要充分利用实验室提供的调试功能及万用表等工具。数字频率计所需仪器设备有示波器、音频信号发生器、逻辑笔、万用表、数字集成电路测试仪和直流稳压电源。

3）故障排除

实验中出现了故障和问题，不要急躁，要善于用理论与实践相结合的方法，去分析原因，这样就可能较快地找出解决问题的方法和途径。在寻找故障时，可以按信号的流程对电路进行逐级测量，或由前往后，或由后向前；也可以根据电路的特点从关键部位入手进行；或根据通电连接后系统的工作状态直接从电路的某一部分着手进行。

一般常见故障源：接触不良（特别是当电源线接触不良时可能工作不稳定）、接线错误（错接或漏接）、器件本身损坏（需单独测试其功能方能确定确实损坏）、多余控制输入端未正确处理（一般若悬空会有较大干扰，应接固定电平）、设计上有缺陷（出现预先估计不到的现象，就需要改变某些元器件的参数或更换元器件，甚至需要修改方案）。

寻找故障的常用方法：对换法（将检测好的器件或电路代替怀疑有故障的器件或电路）、对比法（通过测量将故障电路与正常电路的状态、参数等进行逐项对比）、对分法（把有故障的电路根据逻辑关系分成两部分，确定哪一部分有问题，然后再对有故障的电路再次对分，直至找到故障所在）、信号注入法（根据电路的逻辑关系人为设置输入端口电平或注入数字信号，观测电路的响应，判断故障所在）、信号寻迹法（从信号的流向入手，在电路中跟踪、寻找信号，找出故障所在）。

在数字电路中，由于不存在大功率、大电流、高电压的工作状态，电路故障一般都是由装配过程中出现的挂锡、虚焊、元器件插错等原因造成的，所以，有源器件损坏的可能性较小，除非 IC 插反了方向或电源接错了极性。

4）检测方法

明确每次测量的意义，即要了解什么，希望解决什么问题等，一定要做到心中有数。从测量中掌握的各种数据、现象、观测到的信号波形等入手，通过分析、试验（调整），再开始新的测量。如此循环向下进行，就可以发现和排除故障，达到预定的设计目标。

数字频率计的检测步骤如下。

（1）电源测试。将与变压器连接的电源插头插入 220V 电源，用万用表检测稳压电源的输出电压。输出电压的正常值应为 +5V。如果输出电压不对，应仔细检查相关电路，消除故障。稳压电源输出正常后，接着用示波器检测产生基准时间的全波整流电路输出波形。

（2）基准时间检测。关闭电源后，插上全部 IC。依次用示波器检测由 U1（74HC4024）与 U3A 组成的基准时间计数器与由 U2A 组成的 T′ 触发器的输出波形，并与图 13.6 所示波形对照。如无输出波形或波形形状不对，则应对 U1、U3、U2 各引脚的电平或信号波形进行检测，消除故障。

（3）输入检测信号。从被测信号输入端输入幅值在 1V 左右、频率为 1kHz 左右的正弦信号，如果电路正常，数码管可以显示被测信号的频率。如果数码管没有显示，或显示值明显偏离输入信号频率，则做进一步检测。

（4）输入放大与整形电路检测。用示波器观测整形电路 U1A（74HC14）的输出波形。正常情况下，可以观测到与输入频率一致、信号幅值为 5V 左右的矩形波。

（5）检测信号。从被测信号输入端输入幅值在 1V 左右，频率为 1kHz 左右的正弦信号，如果电路正常，数码管可以显示被测信号的频率。如果数码管没有显示，或显示值明显偏离输入信号频率，则做进一步检测。

（6）输入放大与整形电路检测。用示波器观测整形电路 U1A（74HC14）的输出波形。正常情况下，可以观测到与输入频率一致、信号幅值为 5V 左右的矩形波。

（7）控制门检测。检测控制门 U3C（74HC11）输出信号波形。正常时，每间隔 1s 时间，可以在荧屏上观测到被测信号的矩形波。如观测不到波形，则应检测控制门的两个输入端的信号是否正常，并通过进一步的检测找到故障电路，消除故障。如电路正常，或消除故障后频率计仍不能正常工作，则检测计数器电路。

（8）计数器电路的检测。依次检测 4 个计数器 74HC4518 时钟端的输入波形。正常时，相邻计数器时钟端的波形频率依次相差 10 倍。正常情况时，各电平值或波形应与电路中给出的状态一致。如频率关系不一致或波形不正常，则应对计数器和反馈门的各引脚电平与波形进行检测，通过分析找出原因，消除故障。如电路正常，或消除故障后频率计仍不能正常工作，则检测锁存器电路。

（9）锁存电路的检测。依次检测 74HC374 锁存器各引脚的电平与波形。正常情况时，各电平值应与电路中给出的状态一致。其中，第 11 脚的电平每隔 1s 跳变一次。如不正常，则应检查电路，消除故障。如电路正常，或消除故障后频率计仍不能正常工作，则检测锁存器电路。

（10）显示译码电路与数码管显示电路的检测。检测显示译码器 74HC4511 各控制端与电源端引脚的电平，同时检测数码管各段对应引脚的电平及公共端的电平。通过检测与分析找出故障。

12.4.3　总结鉴定

考核实物是否全面达到规定的技术指标，能否长期可靠地工作，完成制作实物时的文件资料，包括整机结构设计及电路板设计、元器件清单；画出各元器件之间的连接图等，同时写出电子电路设计说明书。

当电路能够正常工作以后，应将测试的数据、波形、计算结果等原始数据归纳保存，以备以后查阅。最后编写专项训练说明书。专项训练说明书应对本设计的特点、所采用的设计技巧、存在的问题、解决的方法、电路的最后形式、电路达到的技术指标等进行必要的分析与阐述。

以上叙述了一个数字系统装置的设计制作全过程。因为电路仿真软件已经成为现代电路分析的必要手段，仿真是实际电路设计与实现的重要一环。学会使用这些工具，可以培养能力，接触工程知识，了解电路分析方法的实际应用。利用仿真的非破坏实验性质，还能发现在真实的实验室中得不到的数据，验证设计方案。所以，可选择在计算机上完成部分阶段的工作。

市场上有很多电路仿真软件，有些是针对特定任务的，有些专用于教学或演示目的。比较流行的通用数字电子技术仿真软件是 NI Multisim，因为该软件具备 SPICE 分析功能，并且可以对模拟与数字混合电路用虚拟工作台方式进行实时仿真，可以用虚拟的仪器仪表对电路模型进行观测，软件功能强，且容易掌握。

在整个电子电路设计与实践的过程中，每个同学应完成两个文件：预设计作业、电子电路设计与实践说明书。

（1）预设计作业应按下述原则画出框图和逻辑图交指导教师审阅。

画框图的原则：比较简单的逻辑电路的框图一般由几个方框构成，复杂一些的电路由十几个方框构成，所画的框图不必太详细，也不能过于含糊，关键是反映出逻辑电路的主要单元电路、信号通路、输入、输出及控制点的设计思路；框图要能清晰地表示出控制信息和数据信息的流向；每个方框不必指出功能块中所包含的具体器件，但应标明各方框的功能名称；所有连线必须清晰整齐。

画逻辑图的原则：所有小规模器件应使用标准逻辑符号；大、中规模集成电路的符号，我们规定画成一个方框，框内应标明器件的型号或名称，引脚的符号应标注清楚。必要时还可以标注出引脚的顺序号。各引脚不要求按顺序排列，可按设计者要求排列；电阻、电容、电感类元器件应计算出具体值；若作为正式图纸还应列出元器件清单，放在图纸的右下角。

（2）电子电路设计与实践说明书是设计的文字性小结，主要培养学生的表达、归纳和总结提高的能力，也是成绩考核的主要依据。学生应独立编写，要求写规范、文字通顺、图纸清晰、数据完整、结论明确。

说明书应按封面、摘要、目录、正文、设计小结（电子电路训练与实践中的体会及设计优缺点分析等）、参考文献、附录的顺序装订，放入规定的档案袋上交。其中封面包括报告名称、项目名称、学生姓名、班级、撰写日期；摘要是对设计报告的总结，包含设计的主要内容、主要方法、创新点、关键技术、结果和结论；目录包含设计报告的章节标题、附录的内容及其对应的页码；正文是设计报告的核心。设计报告正文的主要内容：功能及性能指标；总体设计方案论证及选择；硬件单元电路的设计与选择，硬件电路结构和元器件参数计算与选择、EDA仿真；软件设计与调试；系统调试及调试中出现问题及解决途径与方法；结果测试，包括测试仪器、测试的数据、曲线及波形等；误差分析及结论；参考文献应列出在设计过程中参考的主要书籍、刊物、杂志等；附录包括元器件明细表、仪器设备清单、电路原理图、印制电路板图、设计的程序清单、系统的使用说明等。

撰写说明书时，也可根据实际情况调整内容顺序及增删有关内容，下面对有关知识点再做详细说明。

1. 目录

电子电路设计与实践说明书要求层次分明，必须按其结构顺序编写目录，它是文章展开的步骤，也是作者思路的直接反映。

目录格式虽然只是说明书的结构层次，但也反映了作者的思维能力，要注意的是所用格式全文统一，每一层次下的正文必须另起一行。

目录独立成页，工程类设计（论文）的目录，常以章、节、目来编排，将章、节依次书写，在其同行的右侧注上页码号，如图12.5所示。

目录
第1章 ×××× …………………… 1
　1.1 ×××× …………………… 1
　　1.1.1 ×××× …………………… 1
　　1.1.2 ×××× …………………… 1
　1.2 ×××× …………………… 1
　　1.2.1 ×××× …………………… 1

图 12.5 说明书目录范例

2. 摘要

摘要一般不分段，不用图表，而以精练的文字对说明书的内容、观点、方法、成果和结论进行高度概括，具有独立性和自含性，自成一篇短文，富有报道色彩。中文摘要以350字为宜，置于前页；外文摘要与中文摘要对应，紧接其后。

关键词（也称主题词），是反映内容主题的词或词组，一般有3~8个。中文关键词放在中文摘要的下面，外文关键词放在外文摘要的下面。关键词之间用分号分开。

3. 正文

正文包括绪论、本论、结论三个紧密相连的部分，此外，还有一个结束语。

绪论（即概述或引言或前言等）：说明书的开头，应阐述课题的来源、要求、意义，完成任务的条件，将采取的对策、手段、步骤和应该达到的目标。如果是一个大课题中子课题，应简述该课题的全貌及本子课题的具体任务。

本论：正文的主体，它包括文献资料的综述，该课题的现状和发展趋势，方案的论证与比较，结构设计，参数计算，经济分析，安全环保，有关问题的讨论和应采取的措施等。对于实验研究类论文，结果讨论是全文的核心。撰写时，对必须而充分的实验数据，误差分析，各种现象及产生现象的原因，分析和推理中认识的由来和发展都做出交代，并指出所得结论的前提和适用条件。运用图表反映研究结果，则是常见的有效表现方法。

结论（或结果结论）：集中反映说明书的特点，对在说明书工作中曾直接给予帮助的人员，如指导教师、答疑老师和其他有关人员表示自己的谢意，所写内容要实在，语言要诚恳。

4. 参考文献

说明书的最后必须列写所用过的参考文献，列写参考文献必须严格按照说明书中引用文献的先后顺序依次列写。

参考文献的书写格式如下。

(1) 文中引用的文献依次编序，其序号用方括号括起，如[5]、[6]，置于右上角。

示例：××[5]。

(2) 期刊文献书写示例：

作者. 论文篇名[J]. 刊物名. 出版年，卷(期)：论文在刊物中的页码 A～B.

例如中文期刊标注示例：

黄乾平. 塑料炼胶机轧辊齿轮的修复[J]. 无锡职业技术学院学报. 2011，10(4)：64～66.

英文期刊标注示例：

BANG S. Active earth pressure behind retaining walls[J]. Journal of Geotechnical Engineering，1985，111(3)：407～412.

(3) 图书文献(专著)书写示例：

作者. 书名[M]. 出版地：出版社，出版年.

例如：张爱红. 数控系统及应用[M]. 南京：江苏教育出版社，2010.

(4) 文集析出文献书写示例：

英文：名姓速写。例如：Sander E. M.

作者. 论文篇名—论文集名[C]. 出版地：出版社，出版年.

例如：王承绪，徐辉. 发展战略：经费、教学科研、质量—中英高等教育学术讨论会论文集[C]. 杭州：杭州大学出版社，1993.

(5) 新闻文献书写示例：

作者. 文献名[N]. 报刊名，时间.

例如：李劲松. 21 世纪的光电子产生[N]. 科学时报，2001-02-19.

(6) 专利文献书写示例：

作者. 专利名[P]. 专利国别，专利号，出版日期.

例如：于广云，李宏波. 塌陷区抗变形公路路面结构[P]. 中国，ZL200520070646.3,

2006-05-10.

(7) 电子文献书写示例：

作者．电子文献题名．出版社或网址，发表时间．

例如：中国科学院水利部水土保持研究所．黄河流域水文泥沙数据库[DB/OL].
http：//www. loess. csdb. cn/hyd/user/index. jsp，2006-07-25.

(8) 学位论文标注示例：

作者．文献名[D]．出版地：论文单位，时间．

例如：张永虎．$B\alpha$ 空间上算子逼近[D]．银川：宁夏大学，1997.

5. 附录

凡不宜收入正文中的，又有价值的内容可编入说明书的附录中。

例如：

(1) 大号的设计图纸。

(2) 篇幅较大的计算机程序(以研究软件程序为主的说明书题目，其程序可作为正文的一部分)。

(3) 过长的公式推演过程。

其他内容如译文及原文，专题调研报告等可另行装订成册。

6. 对说明书的要求及书写规范化

(1) 引用有关政策、方针性内容务必正确无误，不得泄露国家机密。

(2) 使用普通语体文写作，要文句通顺，体例统一，无语法错误，简化字应符合规范，正确使用标点符号，符号的上下角标和数码要写清楚且位置准确。

(3) 采用国家标准 GB 3100～3102—1993《量和单位》规定的计量单位和符号，单位用正体，量用斜体。

(4) 使用外文缩写代替一名词术语时，首先出现的，应用括号注明其含义，如 CPU
(Central Processing Unit，中央处理器)。

(5) 国内工厂、机关、单位名称等应使用全名，如不得把无锡职业技术学院写成"无院"。

(6) 公式应另起一行并居中书写，一行写不完的长公式，最好在等号处或在运算符号处转行。公式编号用圆括号括起，示于公式行右末端。公式编序可以全文统一依前后次序编排，也可以分章编排，但二者不能混用。文中公式、表格、图的编排方式应统一。

(7) 文中表格(插表)可以全文统一编序，也可以逐章独立排序。表序必须连续。文中引用时，"表"在前，序号在后，如见"表 1-2"。

表格的名称和编号应居中写与表格上方，表序在前，表名在后，其中空一格，末尾不加标点，如图 12.6 所示。

表 1-2　××××××××

图 12.6　表格示例

（8）文中插图都应有名称和序号。可以全文统一编序，也可以逐章独立排序。图序必须连续。文中引用时，"图"在前，序号在后，如"图1.5"。

图的名称和编号应居中写于图下方，图序在前，图名在后，其中空一格，末尾不加标点。以统一编序为例，如图12.7所示。

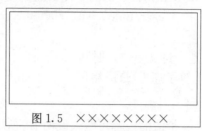

图1.5 ××××××××

图 12.7　图编号示例

插图应在描图纸或空白图纸上用墨线绘制。墨色要浓，线条要光滑。不得用铅笔或圆珠笔绘制，不得用彩色纸或方格纸绘制。

（9）"正文"中如对某一述语或情况需加解释而又不宜写入正文时，可用注释加以说明，即在此"述语"或"情况"后引用注释符号[注]，置于右上角。注释文字写在当页下端，并用半行长横线与正文隔开，注释文字不得跨页书写。当同一页有多个注释时，应依次编号，如[注1]，[注2]。

7. 说明书装订规范化

说明书文本按下列次序装订成册。

（1）封面。

（2）扉页。

（3）说明书任务书。

（4）说明书目录。

（5）中文摘要及关键词。

（6）外文摘要及关键词。

（7）正文。

（8）参考文献。

（9）附录。

（10）封底。

12.4.4　考核方法

为了培养严肃认真、一丝不苟的科学态度，教师在每个教学环节都应对学生严格要求。必要的设计、计算要准确无误；工艺操作应严守规格要求；实验数据力求准确可靠；数据应当忠实地记录，绝不允许臆造、拼凑；原理图、布线图、元器件清单都应按照标准要求；要有统一的格式和严格的要求，并且限期完成。同时，要求学生在设计过程中，一切考虑都要从生产实际和现有条件出发，力争较高的性能价格比。另外，在整个设计过程中还应注重培养学生遵守纪律、安全操作和团结协作的精神。

本电子电路设计与实践为小型电子产品的设计，设计时间可安排在理论教学过程中利用业余时间进行。成绩考核的主要内容包括：设计任务的完成情况；运用理论分析计算的能力；实际动手能力和创造能力；设计报告的编写能力；设计态度；团结协作能力等。

任务小结

　　通过本任务主要培养学生独立分析和解决实际问题的能力，引导学生通过实际电路方案的分析比较、设计计算、元器件选取、安装调试等环节，掌握简单实用电路的分析方法和工程设计方法，了解电子产品或小系统的设计流程；掌握器件性能特点及常用仪器设备的使用方法，学会简单的实验调试，提高动手能力；综合应用课程中学到的理论知识去独立完成一个设计任务，学会观察现象的方法，能分析判断逻辑推理取得正确结果、并能正确记录与处理数据，用简洁的语言清晰、准确、严密地表达方案论证及实测结果；培养严肃认真的工作作风和严谨的科学态度。

习　题

　　1. 采用分立元器件设计一台串联型稳压电源。其功能和技术指标如下。输出电压 U_O 可调：$6 \sim 12\text{V}$；输出额定电流：$I_O = 500\text{mA}$；电压调整率：$K_u \leqslant 0.5$；电源内阻：$R_s \leqslant 0.1\Omega$；纹波电压：$S \leqslant 5\text{mV}$；过载电流保护：输出电流为 600mA 时，限流保护电路工作。

　　2. 设计一个四路彩灯显示电路，要求电路实现的功能是，开机后彩灯分四个节拍循环工作：Q_1、Q_2、Q_3、Q_4 依次为1，相应灯依次亮，间隔为1s；Q_1、Q_2、Q_3、Q_4 依次为0，相应灯依次灭，间隔为1s；Q_1、Q_2、Q_3、Q_4 同时为1，四灯同时亮，间隔为0.5s；Q_1、Q_2、Q_3、Q_4 同时为1，四灯同时灭，间隔为0.5s；第三节拍和第四节拍过程重复4遍，共4s。完成一个循环共需12s。

　　3. 设计一个数字钟电路，要求：时间以 24h 为一个周期；显示时、分、秒；有校时功能，可以分别对时及分进行单独校时，使其校正到标准时间；计时过程具有报时功能，当时间到达整点前 5s 进行蜂鸣报时；为了保证计时的稳定及准确须由晶体振荡器提供表针时间基准信号。

项目6

电子电路设计实例

教学目标

本情境是学习电子电路设计的重要环节，通过对六个电路的分析，提出了设计要求并确定具体方案，进行了基于 NI Multisim 11.0 的电路仿真，达到熟练运用该软件辅助电子电路设计的目的，部分电路制作了实物，利于对比研究仿真电路与实际电路的数据的差别。

教学要求

1. 掌握电子电路设计的基本方法。
2. 掌握基于 NI Multisim 11.0 电路仿真的基本方法。
3. 理解并基本掌握电子电路制作的一般步骤和技巧。

项目导读

本文在结合前面五个项目学习的基础上，通过对八路数显报警电路、倒计时显示电路、交通控制电路、三端稳压电源电路、分压式偏置放大电路、正弦波发生电路六个典型任务进行了深入的研究，根据电路的实际要求，对其中的电路原理进行了分析，并将电路设计利用 NI Multisim 11.0 仿真软件进行了仿真，改变了利用电子元器件、仪器等物质手段的传统型设计模式，可以随时地更改实验参数，在完成基本实物电路搭建前利用虚拟仪器多角度地观察更细微的实验现象，从而达到事半功倍的效果，在计算机中仿真成功后，进行了部分电路的实物制作。在一块多功能板上，进行元器件焊接，电路调试，成功制成了八路数字显示优先报警电路、倒计时显示电路、交通控制电路、三端稳压电源电路、分压式偏置放大电路、正弦波发生电路，并对实验的结果和数据进行了分析。

任务 13　八路数字显示优先报警电路的设计

13.1　任务导入

在实际生活中，我们经常需要设计报警监控系统，对多点同时控制，如八路数显可燃气体报警器，当环境中气体浓度超过预置报警值时，报警器立即发出声光报警，并能驱动排风等控制系统，防止爆炸、中毒事故发生，从而保障安全生产。

13.2 任务分析

如图 13.1 所示为八路数字显示优先报警电路原理图。该电路由控制电路、编码器、显示译码电路、定时报警电路等组成。74LS147 为八位优先编码器，它的八路输入控制线分别接有 Key1～Key8 八个开关，当八路中某一路断开时，显示该路编码，显示译码器对前面编出的三位地址进行译码，并驱动 LED 数码管显示出相应的码值，555 和 R、C 组成音频振荡器，与报警器相连，实现声音报警。报警存在优先级，在两个或两个以上报警条件符合时，只显示高优先级的编码，报警时间持续 1min 或人为解除报警。

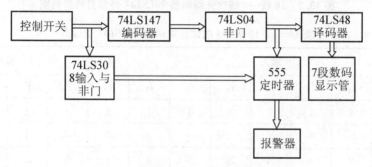

图 13.1 八路数字显示优先报警电路原理图

13.3 任务知识点

13.3.1 编码器

在日常生活中，人们通常使用十进制数来进行处理计算，然而数字系统和设备中却是采用二进制或者代码进行判断处理的。在数字系统中将有特定意义的信息（如字母、数字、符号等）编成相应的若干位二进制代码的过程，称为编码。用来实现编码的电路就是编码器。

按照编码方式的不同，编码器可以分为普通编码器和优先编码器。按照输出代码种类的不同，又可以分为二进制编码器和二—十进制编码器。二—十进制编码器也被称为 8421BCD 编码器，它的功能是将十进制数码（或其他 10 个信息）转换为 8421BCD 码，该编码器有十个输入端，四个输出端，为了防止输出产生混乱，通常会将这种编码器设计成优先编码器。本任务所用 74LS147 就是一种标准型 TTL 集成 10 线—4 线 8421BCD 码优先编码器。其芯片外部引脚排列如图 13.2 所示，其功能见表 13-1。

由功能表可以看出 74LS147 具有下列功能特点。

(1) 输入为 $\bar{I}_0 \sim \bar{I}_9$，输出为 $\bar{Y}_3 \sim \bar{Y}_0$，都是低电平有效。输入信号中，$\bar{I}_9$ 的优先级最高，$\bar{I}_0$ 依次降低，$\bar{I}_0$ 的优先级最低。

(2) 编码器的输出是反码形式的 BCD 码，如 $\bar{I}_9 = 0$ 时，其原码应为 $Y_3 Y_2 Y_1 Y_0 = 1001$（十进制数 9 的 8421BCD 码）。则反码输出为 $\bar{Y}_3 \bar{Y}_2 \bar{Y}_1 \bar{Y}_0 = 0110$。

(3) 功能表中未列出输入的情况，因为当 $\bar{I}_1 \sim \bar{I}_9$ 均为高电平时，也就意味着要对十进制数 0 进行编码，其原码应为 $Y_3 Y_2 Y_1 Y_0 = 0000$，则反码输出为 $\bar{Y}_3 \bar{Y}_2 \bar{Y}_1 \bar{Y}_0 = 1111$。

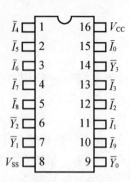

图 13.2　10 线—4 线优先编码器 74LS147 外部引脚排列图

表 13-1　10 线—4 线优先编码器 74LS147 功能表

输入									输出			
$\bar{I}_1$	$\bar{I}_2$	$\bar{I}_3$	$\bar{I}_4$	$\bar{I}_5$	$\bar{I}_6$	$\bar{I}_7$	$\bar{I}_8$	$\bar{I}_9$	$\bar{Y}_3$	$\bar{Y}_2$	$\bar{Y}_1$	$\bar{Y}_0$
1	1	1	1	1	1	1	1	1	1	1	1	1
×	×	×	×	×	×	×	×	0	0	1	1	0
×	×	×	×	×	×	×	0	1	0	1	1	1
×	×	×	×	×	×	0	1	1	1	0	0	0
×	×	×	×	×	0	1	1	1	1	0	0	1
×	×	×	×	0	1	1	1	1	1	0	1	0
×	×	×	0	1	1	1	1	1	1	0	1	1
×	×	0	1	1	1	1	1	1	1	1	0	0
×	0	1	1	1	1	1	1	1	1	1	0	1
0	1	1	1	1	1	1	1	1	1	1	1	0

13.3.2　显 示 器

在数字系统中，常常需要将数字、字母、符号等直观地显示出来，供人们读取或监视系统的工作情况。能够显示数字、字母或符号的器件称为数字显示器。常用的数字显示器类型较多。按显示方式分，有字形重叠式、点阵式、分段式等。按发光物质分，有半导体显示器［又称发光二极管（LED）显示器］、荧光显示器、液晶显示器、气体放电管显示器等。

1. 半导体显示器

常见的半导体显示器是一种能将电能或电信号转换成光信号的结型电致发光器件。其内部结构是由磷砷化镓等半导体材料组成的 PN 结。当 PN 结正向导通时，能辐射发光。辐射波长决定了发光颜色，通常有红、绿、橙、黄等颜色。单个 PN 结封装而成的产品就是发光二极管，而多个 PN 结可以封装成半导体数码管（也称 LED 数码管）。

半导体数码管的优点是工作电压低（1.7～1.9V），体积小、可靠性高、寿命长（大于

10000h)、响应速度快(优于 10ns)、颜色丰富等，缺点是耗电比液晶数码管大，工作电流一般为几毫安至几十毫安。

2. 液晶显示器

液晶是一种有机化合物，在一定温度范围内，它既具有液体的流动性，又具有晶体的某些光学特性，其透明度和颜色随电场、磁场、光、温度等外界条件的变化而变化。利用液晶也可以制成分段式数码显示器(又称 LCD 数码管)。

液晶显示器的优点是工作电流小(1μA 左右)、功耗低、工作电压低、结构简单、体积小、成本低等，缺点是显示不够清晰、视角小、响应速度慢、不耐振动、不耐高温和严寒，多用于电子表、计算器及部分数字仪表中。目前，已经制成带有背光板的液晶数码管，可在夜间清晰地看到所显示的内容。

3. 七段数字显示器

在各种数码管中，分段式数码管利用不同的发光段组合来显示不同的数字，应用十分广泛。

七段数字显示器就是将七个发光段(加小数点为八个)按一定的方式排列起来，七段 a、b、c、d、e、f、g(小数点 DP)各对应一个发光段，利用不同发光段的组合，显示不同的阿拉伯数字。

按内部连接方式不同，七段数字显示器分为共阴极和共阳极两种。BS201 是一种七段共阴极半导体数码管，其引脚排列图和内部接线图如图 13.3 所示。BS204 内部则是共阳极接法，其引脚排列图和内部接线图如图 13.4 所示。

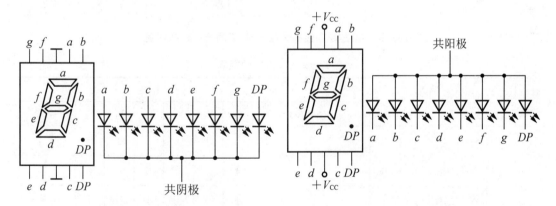

图 13.3　共阴极半导体七段数码管 BS201　　　图 13.4　共阳极半导体七段数码管 BS204

各段笔画的组合能显示出十进制数 0～9 及一些其他字符，如图 13.5 所示。

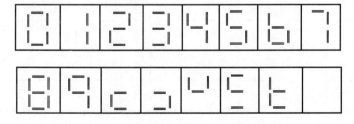

图 13.5　七段显示的数字及其他字符

13.3.3 显示译码器

在数字电路中,数字量都是以一定的代码形式出现的,所以这些数字量要先经过译码,才能送到数字显示器去显示。译码是编码的逆过程,这个过程完成的工作就是将给定的二进制代码转换为编码时赋予的原意。用来实现译码功能的电路称为译码器,目前主要采用集成电路来构成。按功能可以将译码器分为两大类:通用译码器和显示译码器。能把数字量翻译成数字显示器所能识别的信号的译码器称为数字显示译码器。显示译码器是由两大部分组成的,一部分是译码器,另一部分是与显示器相连接的功率驱动器,现在市场上许多显示译码器已经将这两部分集成到同一块芯片中,方便使用。

BCD 七段显示译码/驱动器 74LS48 是一种与共阴极数字显示器配合使用的集成译码器,它的功能是将输入的四位二进制代码转换成显示器所需的七个段信号 $a \sim g$,其管脚排列如图 13.6 所示,功能见表 13 - 2。

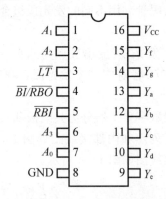

图 13.6 74LS48 四线七段译码器/驱动器引脚排列图

表 13 - 2 74LS48 功能表

数字功能	输入							输出							字形
	$\overline{LT}$	$\overline{RBI}$	A_3	A_2	A_1	A_0	$\overline{BI/RBO}$	Y_a	Y_b	Y_c	Y_d	Y_e	Y_f	Y_g	
0	1	1	0	0	0	0	1	1	1	1	1	1	1	0	0
1	1	×	0	0	0	1	1	0	1	1	0	0	0	0	1
2	1	×	0	0	1	0	1	1	1	0	1	1	0	1	2
3	1	×	0	0	1	1	1	1	1	1	1	0	0	1	3
4	1	×	0	1	0	0	1	0	1	1	0	0	1	1	4
5	1	×	0	1	0	1	1	1	0	1	1	0	1	1	5
6	1	×	0	1	1	0	1	0	0	1	1	1	1	1	6
7	1	×	0	1	1	1	1	1	1	1	0	0	0	0	7

续表

数字功能	输入						$\overline{BI}/\overline{RBO}$	输出							字形
	$\overline{LT}$	$\overline{RBI}$	A_3	A_2	A_1	A_0		Y_a	Y_b	Y_c	Y_d	Y_e	Y_f	Y_g	
8	1	×	1	0	0	0	1	1	1	1	1	1	1	1	8
9	1	×	1	0	0	1	1	1	1	1	0	0	1	1	9
10	1	×	1	0	1	0	1	0	0	0	1	1	0	1	c
11	1	×	1	0	1	1	1	0	0	1	1	0	0	1	⊐
12	1	×	1	1	0	0	1	0	1	0	0	0	1	1	Ц
13	1	×	1	1	0	1	1	1	0	0	1	0	1	1	ᴄ
14	1	×	1	1	1	0	1	0	0	0	1	1	1	1	ᄐ
15	1	×	1	1	1	1	1	0	0	0	0	0	0	0	全暗
$\overline{BI}$	×	×	×	×	×	×	0	0	0	0	0	0	0	0	全暗
$\overline{RBI}$	1	0	0	0	0	0	0	0	0	0	0	0	0	0	全暗
$\overline{LT}$	0	×	×	×	×	×	1	1	1	1	1	1	1	1	8

74LS48 有四个基本输入端 A_3、A_2、A_1、A_0，$a \sim g$ 为译码输出端。当输入信号 $A_3 A_2 A_1 A_0$ 为 0000～1001 时，分别显示 0～9 数字信号；而当输入 1010～1110 时，显示稳定的非数字信号；当输入为 1111 时，七个显示段全暗。从显示段出现非 0～9 数字符号或各段全暗，可以推断出输入已出错，即可检查输入情况。

除了基本输入端和基本输出端外，74LS48 还有几个辅助输入输出端：试灯输入端 $\overline{LT}$，灭零输入端 $\overline{RBI}$，灭灯输入/灭零输出端 $\overline{BI}/\overline{RBO}$。其中 $\overline{BI}/\overline{RBO}$ 比较特殊，它既可以作为输入用，也可以作为输出用。这些辅助输入输出端的功能如下。

（1）灭灯功能。只要将 $\overline{BI}/\overline{RBO}$ 端作为输入使用，并输入 0，即 $\overline{BI}=0$ 时，无论 $\overline{LT}$、$\overline{RBI}$ 及 A_3、A_2、A_1、A_0 状态如何，$a \sim g$ 均为 0，显示器发光段全暗。因此，灭灯输入端 $\overline{BI}$ 可用作显示控制。例如，用一个间歇的脉冲信号来控制灭灯输入端时，要显示的数字将在数码管上间歇地闪亮。

（2）试灯功能。在 $\overline{BI}/\overline{RBO}$ 作为输出端（不加输入信号）的前提下，当 $\overline{LT}=0$ 时，不论 $\overline{RBI}$、A_3、A_2、A_1、A_0 输入处于什么状态，$\overline{BI}/\overline{RBO}$ 为 1，那么 $a \sim g$ 全为 1，所有发光段都亮。因此可以利用试灯输入信号来测试数码管的好坏。

（3）灭零功能。在 $\overline{BI}/\overline{RBO}$ 作为输出端（不加输入信号）的前提下，当 $\overline{LT}=1$，$\overline{RBI}=0$ 时，若 A_3、A_2、A_1、A_0 为 0000 时，$a \sim g$ 均为 0，实现灭零功能，即显示器发光段全暗。与此同时，$\overline{BI}/\overline{RBO}$ 输出低电平，表示译码器处于灭零状态。而对非 0000 数码输入，则照常显示，$\overline{BI}/\overline{RBO}$ 输出高电平。因此灭零输入主要用于输入数字零而不需要显示零的场合。

13.3.4　集成 555 定时器

555 定时器是一种多用途的单片中规模集成电路。该电路使用灵活、方便,只需外接少量的阻容元器件就可以构成单稳态触发器、多谐振荡器和施密特触发器,因而在波形的产生与变换、测量与控制、家用电器和电子玩具等许多领域中都得到了广泛的应用。

目前在产的 555 定时器有双极型和 CMOS 两种类型,其型号分别有 NE555(或 5G555)和 C7555 等多种。通常,双极型产品型号最后的三位数码都是 555,CMOS 产品型号的最后四位数码都是 7555,它们的结构、工作原理及外部引脚排列基本相同。一般双极型定时器具有较大的驱动能力,而 CMOS 定时电路具有功耗低、输入阻抗高等优点。555 定时器工作的电源电压很宽,并可承受较大的负载电流。双极型定时器电源电压范围为 5~16V,最大负载电流可达 200mA;CMOS 定时器电源电压变化范围为 3~18V,最大负载电流在 4mA 以下。

555 定时器的电路结构如图 13.7 所示,其内部由四个部分构成:三个阻值为 5kΩ 的电阻组成的电阻分压器、两个电压比较器 C_1 和 C_2、基本 RS 触发器、放电晶体管 T 及缓冲器 G。

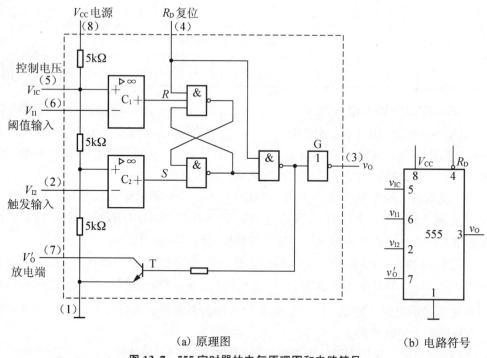

(a) 原理图　　　　　　　　　(b) 电路符号

图 13.7　555 定时器的电气原理图和电路符号

1. 555 定时器的工作原理与功能

555 定时器的工作原理如下所述,其功能见表 13-3。

当 5 脚悬空时,比较器 C_1 和 C_2 的比较电压分别为 $\frac{2}{3}V_{cc}$ 和 $\frac{1}{3}V_{cc}$。

(1) 当 $v_{I1} > \frac{2}{3}V_{cc}$,$v_{I2} > \frac{1}{3}V_{cc}$ 时,比较器 C_1 输出低电平,C_2 输出高电平,基本 RS

触发器被置 0，放电晶体管 VT 导通，输出端 v_O 为低电平。

（2）当 $v_{I1}<\dfrac{2}{3}V_{CC}$，$v_{I2}<\dfrac{1}{3}V_{CC}$ 时，比较器 C_1 输出高电平，C_2 输出低电平，基本 RS 触发器被置 1，放电晶体管 VT 截止，输出端 v_O 为高电平。

（3）当 $v_{I1}<\dfrac{2}{3}V_{CC}$，$v_{I2}>\dfrac{1}{3}V_{CC}$ 时，比较器 C_1 输出高电平，C_2 也输出高电平，即基本 RS 触发器 $R=1$，$S=1$，触发器状态不变，电路亦保持原状态不变。

由于阈值输入端（v_{I1}）为高电平（$>\dfrac{2}{3}V_{CC}$）时，定时器输出低电平，因此也将该端称为高触发端（TH）。

因为触发输入端（v_{I2}）为低电平（$<\dfrac{1}{3}V_{CC}$）时，定时器输出高电平，因此也将该端称为低触发端（TL）。

如果在电压控制端（5 脚）施加一个外加电压（其值为 $0\sim V_{CC}$），比较器的参考电压将发生变化，电路相应的阈值、触发电平也将随之变化，并进而影响电路的工作状态。

此外，R_D 为复位输入端，当 R_D 为低电平时，不管其他输入端的状态如何，输出 v_O 为低电平，即 R_D 的控制级别最高。正常工作时，一般应将其接高电平。

表 13 - 3 555 定时器的功能表

阈值输入（v_{I1}）	触发输入（v_{I2}）	复位（R_D）	输出（v_O）	放电晶体管 VT
$\times$	$\times$	0	0	导通
$<\dfrac{2}{3}V_{CC}$	$<\dfrac{1}{3}V_{CC}$	1	1	截止
$>\dfrac{2}{3}V_{CC}$	$>\dfrac{1}{3}V_{CC}$	1	0	导通
$<\dfrac{2}{3}V_{CC}$	$>\dfrac{1}{3}V_{CC}$	1	不变	不变
$>\dfrac{2}{3}V_{CC}$	$<\dfrac{1}{3}V_{CC}$	1	1	截止

用 555 定时器构成的多谐振荡器电路及工作波形如图 13.8 所示。

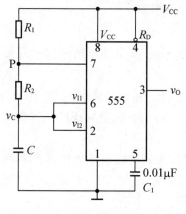

（a）电路组成

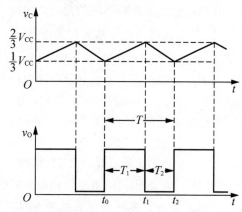

（b）工作波形图

图 13.8 用施密特触发器构成的多谐振荡器

2. 振荡频率的估算

(1) 电容器充电时间 T_1。电容器充电时，时间常数 $\tau_1 = (R_1 + R_2)C$，起始值 $v_C(0^+) = \frac{1}{3}V_{CC}$，终了值 $v_C(\infty) = V_{CC}$，转换值 $v_C(T_1) = \frac{2}{3}V_{CC}$，带入 RC 过渡过程计算公式进行计算：

$$T_1 = \tau_1 \ln \frac{v_C(\infty) - v_C(0^+)}{v_C(\infty) - v_C(T_1)} = \tau_1 \ln \frac{V_{CC} - \frac{1}{3}V_{CC}}{V_{CC} - \frac{2}{3}V_{CC}} = \tau_1 \ln 2 = 0.7(R_1 + R_2)C$$

(2) 电容器放电时间 T_2。电容器放电时，时间常数 $\tau_2 = R_2 C$，起始值 $v_C(0^+) = \frac{2}{3}V_{CC}$，终了值 $v_C(\infty) = 0$，转换值 $v_C(T_2) = \frac{1}{3}V_{CC}$，带入 RC 过渡过程计算公式进行计算：

$$T_2 = 0.7 R_2 C$$

(3) 电路振荡周期 T。

$$T = T_1 + T_2 = 0.7(R_1 + 2R_2)C$$

13.3.5 集成逻辑门电路

数字电路中，门电路是最基本的逻辑元器件，其应用极为广泛，门电路的输入信号与输出信号之间存在着一定的逻辑关系，门电路又被称为逻辑门电路。门电路可分为两种：一种以双极型晶体管和电阻为基本元器件，在一块硅片上进行集成，并实现一定的逻辑功能。这种电路的输入端和输出端都采用晶体管的逻辑门电路简称为 TTL(Transistor-Transistor Logic)电路。MOS 逻辑门电路是继 TTL 逻辑门电路之后发展起来的另一种应用广泛的数字集成电路。由于它功耗低、抗干扰能力强、工艺简单，几乎所有的大规模、超大规模数字集成器件都采用 MOS 工艺。就其发展趋势而言，MOS 电路尤其是 CMOS 电路有可能超越 TTL 成为占统治地位的逻辑器件。在 MOS 管中，用 N 沟道增强型场效应管构成的集成电路称为 NMOS 电路；用 P 沟道场效应管构成的集成电路称为 PMOS 电路；CMOS 电路则是 NMOS 和 PMOS 的互补型电路；双极晶体管工艺混合制成的集成电路称为 BICOMS 电路。其中 CMOS 电路应用最广泛。不同的使用场合，对集成电路的工作速度和功耗等性能有着不同的要求，因此应选用不同系列的产品。

1. TTL 集成逻辑门电路系列简介

TTL 集成逻辑门电路主要分 54 和 74 两大系列，其中 54 系列为军用产品，74 系列为民用品。两者参数相差不大，只是电源电压范围和工作环境温度范围不同。

(1) 74 系列。这是标准 TTL 系列，属中速 TTL 器件，相当于我国的 CT1000 系列。该系列平均传输延迟时间约为 10ns，平均功耗约为 10mW/门。该系列现已基本淘汰，很少使用。

(2) 74L 系列。这是低功耗 TTL 系列，又称 LTTL 系列，没有相当的国产系列与之对应。使用增加电阻阻值的方法可将电路的平均功耗降低为 1mW/门，但平均传输延迟时间较长，约为 33ns。该系列现也已基本淘汰，很少使用。

(3) 74H 系列。这是高速 TTL 系列，又称 HTTL 系列，相当于我国的 CT2000 系列。与 74 标准系列相比，它在电路结构上主要作了两点改进：一是输出级的负载管采用了"达林顿"结构的复合管；二是大幅度地降低了电路中的电阻的阻值，从而提高了工作速度和负载能力，但电路的平均功耗增加了。该系列的平均传输延迟时间为 6ns，平均功耗约为 22mW/门。该系列现在也很少使用。

（4）74S 系列。这是肖特基 TTL 系列，又称 STTL 系列，相当于我国的 CT3000 系列。与 74 系列与非门相比较，为了进一步提高速度主要作了以下三点改进：输出级采用了达林顿结构，降低了输出高电平时的输出电阻，有利于提高速度，也提高了负载能力；利用肖特基二极管的特性，组成了抗饱和型的肖特基晶体管，有效地减轻了晶体管的饱和深度；组成有源泄放电路，进一步提高工作速度。另外，输入端采用三个二极管 D_1、D_2、D_3 用于抑制输入端出现的负向干扰，起保护作用。由于采取了上述措施，74S 系列的平均传输延迟时间缩短为 3ns，但电路的平均功耗较大，约为 19mW。

（5）74LS 系列。这是低功耗肖特基系列，又称 LSTTL 系列，相当于我国的 CT4000 系列。电路中采用了抗饱和晶体管和专门的肖特基二极管来提高工作速度，同时通过加大电路中电阻的阻值来降低电路的功耗，从而使电路既具有较高的工作速度，又有较低的平均功耗，综合性能较好，是现在使用较多的产品。该系列的平均传输延迟时间为 9.5ns，平均功耗约为 2mW/门。

（6）74AS 系列。这是先进的高速肖特基系列，又称 ASTTL 系列，它是 74S 系列的后继产品，是在 74S 的基础上大大降低了电路中的电阻阻值，从而提高了工作速度。该系列的平均传输延迟时间为 1.5ns，但平均功耗较大，约为 20mW/门。

（7）74ALS 系列。这是先进的低功耗肖特基系列，又称 ALSTTL 系列，是 74LS 系列的后继产品。该系列产品在 74LS 的基础上通过增大电路中的电阻阻值、改进生产工艺和缩小内部器件的尺寸等措施，降低了电路的平均功耗、提高了工作速度。该系列的平均传输延迟时间约为 4ns，平均功耗约为 1mW/门。

TTL 集成电路在使用中应注意几个实际问题：TTL 集成电路的电源电压不能高于 +5.5V 使用，不能将电源与地颠倒错接，否则将会因为过大电流而造成器件损坏。在电源接通时，不要移动或插入集成电路，因为电流的冲击可能会造成其永久性损坏；TTL 电路存在电源尖峰电流，要求电源具有小的内阻和良好的地线，必须重视电路的滤波。要求除了在电源输入端接有 $50\mu F$ 电容器的低频滤波外，每隔 5～10 个集成电路，还应接入一个 0.01～0.1 μF 的高频滤波电容器。在使用中规模以上集成电路时和在高速电路中，还应适当增加高频滤波；TTL 电路的各输入端不能直接与高于 +5.5V 和低于 -0.5V 的低内阻电源连接，因为低内阻电源会提供较大的电流，导致器件过热而烧坏。输出端不允许与电源或地短路。否则可能造成器件损坏。但可以通过电阻与地相连，提高输出电平；除了 OC 门与三态门以外，输出端不允许并联使用，OC 门线与时应按要求配置上拉电阻。

2. CMOS 电路集成逻辑门电路系列简介

CMOS 集成电路诞生于 20 世纪 60 年代末，经过制造工艺的不断改进，在应用的广度上已与 TTL 平分秋色，它的技术参数从总体上说，已经达到或接近 TTL 的水平，其中功耗、噪声容限、扇出系数等参数优于 TTL。CMOS 集成电路主要有以下几个系列。

（1）标准型 CMOS 电路。4000 系列、4500 系列是标准型 CMOS 电路，如美国无线电公司的 CD4000/4500 系列，美国摩托罗拉公司的 MC14000/14500 系列，国产的 CC4000/

4500 系列都是标准型 CMOS 电路。这些电路最高工作频率较低且与电源电压有关，V_{DD} 越高，传输时间越短。

（2）高速型 CMOS 电路。40H×××系列为高速型 CMOS 电路，如日本东芝公司的 TC40H 系列就是这种产品，它与 TTL74 系列引脚兼容。

（3）新高速型 CMOS 电路。74HC 系列为新高速型 CMOS 电路。其工作频率与 TTL 相似。74HC 系列还可分为以下四个小系列：①74HC×××系列与 TTL74 系列引脚兼容，其工作速度与 74LS 系列的 TTL 电路相当，但同时具备 CMOS 电路的特点（输入输出是 CMOS 电平）。74HC×××与 74LS×××电路型号中，英文字母后的几位数字相同者，逻辑功能相同，引脚次序也一样，这些都为用 74HC 系列产品替代 74LS 系列产品提供了方便。②74HC4000 系列与 4000 系列引脚兼容。③74HC4500 系列与 4500 系列引脚兼容。④74HCT×××系列除引脚与 TTL74 系列兼容外，输入电平也与 TTL 电路相同，而输出则是 CMOS 电平，不必经过电平转换的产品就可作为 TTL 器件与 CMOS 器件的中间级，同时起电平转换作用。现在，当用 TTL 器件驱动 CMOS 电路时，不必再使用专门的电平转换器件，而较多地使用 74HCT 系列的器件，它们之间的输出、输入电平是兼容的。

（4）先进的高速型 CMOS 电路。74A 系列为先进的高速型 CMOS 电路，它是一种综合性能最好的 CMOS 产品。它分为两个小系列：74AC×××系列和 74ACT×××系列，其引脚与 TTL74 系列兼容。其中 74ACT×××系列的输入电平与 TTL 相同，而输出则是 CMOS 电平，其工作频率比 74HC 高几倍。

CMOS 电路的主要优点：功耗低，其静态工作电流在 10^{-9} A 数量级，是目前所有数字集成电路中最低的，而 TTL 器件的功耗则大得多；高输入阻抗，通常大于 $10^{10}\,\Omega$，远高于 TTL 器件的输入阻抗；接近理想的传输特性，输出高电平可达电源电压的 99.9% 以上，低电平可达电源电压的 0.1% 以下，因此输出逻辑电平的摆幅很大，噪声容限很高；电源电压范围广，可在 +5～+18V 范围内正常运行。

3. CMOS 与 TTL 电路的连接

在一个数字系统中，经常会遇到需要采用不同类型数字集成电路的情况，最常见的就是同时采用 CMOS 和 TTL 电路，于是出现了 TTL 与 CMOS 电路的连接问题。一种类型的集成电路（作为前级驱动门）要能直接驱动另一种类型的集成电路（作为后级负载门），必须保证电平和电流两方面的配合，即驱动门必须能为后一级的负载门提供符合要求的高、低电平和足够的输入电流，即要满足下列条件。

驱动门的 $U_{OH(min)} \geqslant$ 负载门的 $U_{IH(min)}$。

驱动门的 $U_{OL(max)} \leqslant$ 负载门的 $U_{IL(max)}$。

驱动门的 $I_{OH(max)} \geqslant$ 负载门的 $I_{IH(总)}$。

驱动门的 $I_{OL(max)} \geqslant$ 负载门的 $I_{IL(总)}$。

集成逻辑门电路按逻辑功能有许多种，如与门、或门、非门、与非门、或非门、与或非门、异或门、OC 门、TSL 门等。在八路数字显示优先报警电路中，我们选用了 TTL 集成逻辑门电路八输入与非门 74LS30 和反相器 74LS04，下面分别介绍两个芯片的功能和引脚排列图。

74LS30 是二 4 输入与非门电路，即在一块集成电路内含有两个独立的与非门。每个与非门有 4 个输入端。74LS30 芯片引脚排列如图 13.9 所示,采用双列直插式,引脚识别方法是:正对集成电路型号(如 74LS30)或看标记(左边的缺口或小圆点标记),从左下角开始按逆时针方向数 1、2、3、…依次数到最后一脚(在左上角)。在标准型 TTL 集成电路中,电源端 V_{CC} 一般排在左上角,接地端 GND 一般排在右下角。例如,74LS30 为 14 脚芯片,14 脚为 V_{CC},7 脚为 GND。若芯片引脚上的标号为 NC,则表示该引脚为空脚,与内部电路不相连。

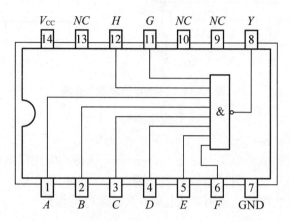

图 13.9　74LS30 八输入与非门引脚排列图

74LS30 的逻辑功能:当输入端中有一个或一个以上是低电平时,输出端为高电平;只有当输入端全部为高电平时,输出才是低电平(即有"0"得"1",全"1"得"0")。

74LS04 是六反相器电路,即在一块集成电路内含有六个独立的非门。其芯片引脚排列如图 13.10 所示。

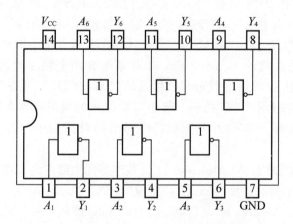

图 13.10　74LS04 六反相器引脚排列图

非逻辑是这样一种因果关系:某事情发生与否,仅取决于一个条件,而且是对该条件的否定。即条件具备时事情不发生,条件不具备时事情才发生,结果与条件总是相反。

电子电路设计中所用到的集成电路芯片一般都是双列直插式的,其引脚排列规则如图 13.11 所示。我们以 74LS00 为例介绍识别方法:正对集成电路型号(如)或看标记(左边的缺口或小圆点标记),从左下角开始按逆时针方向数 1、2、3、…依次数到最后一脚

（在左上角）。在标准型 TTL 集成电路中，电源端 V_{CC} 一般排在左上角，接地端 GND 一般排在右下角。如 74LS00 为 14 脚芯片，14 脚为 V_{CC}，7 脚为 GND。若芯片引脚上的标号为 NC，则表示该引脚为空脚，与内部电路不相连。

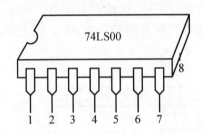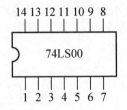

图 13.11　74LS00 引脚识别方法

集成电路使用时注意事项：接插集成电路时，要认清定位标记，不得插反；TTL 集成电路电源电压严格控制在 $+4.5 \sim +5.5V$，一般用 $V_{CC} = +5V$。电源极性绝对不允许接反。CMOS 集成电路电源电压允许在 $+5 \sim +18V$ 选择；为使门电路工作稳定，多余闲置的输入端一律不准悬空，闲置的输入端处理方法：与非门接 V_{CC}，或非门接 GND；在连接电路和插拔集成电路时，应先切断电源，严禁带电操作！

■ 13.4　任务实施过程

13.4.1　绘制仿真电路图

（1）单击电子仿真软件 NI Multisim 11.0 基本界面上侧左列真实元器件工具栏的"TTL"按钮，从弹出的对话框"Family"栏选取"74LS"，再在"Component"栏选取"74LS30"，然后单击右上角"OK"按钮，将 8 输入与非门 74LS30 调出放置在电子平台上。以此方法依次调出"74LS04"、"74LS147"、"74LS48"放置在电子平台上。

（2）单击电子仿真软件 NI Multisim 11.0 基本界面上侧左列真实元器件工具栏的"Basic"按钮，从弹出的对话框"Family"栏选取"SWITCH"，再在"Component"栏选取"SPDT"，最后单击右上角"OK"按钮，将单刀双掷开关调出放置在电子平台上，共需 8 个。分别双击每一个单刀双掷开关图标，将弹出的对话框中"Key for Switch"栏设置成 1~8。

（3）单击电子仿真软件 NI Multisim 11.0 基本界面上侧左列真实元器件工具栏的"Indicator"按钮，从弹出的对话框"Family"栏选取"HEX _ DISPLAY"，再在"Component"栏选取"SEVEN _ SEG _ COM _ K"，后单击右上角"OK"按钮，将共阴七段数码管调出放置在电子平台上。

（4）单击电子仿真软件 NI Multisim 11.0 基本界面上侧左列真实元器件工具栏的"Basic"按钮，从弹出的对话框"Family"栏选取"RPACK"，再在"Component"栏选取"RPACK-VARIABLE-2×8"，最后单击右上角"OK"按钮，将电阻排调出放置在电子平台上，共需 2 个。分别双击每一个电阻排图标，将弹出的对话框中"Resistance"栏设置成 $20K\Omega$ 和 520Ω。

（5）单击电子仿真软件 NI Multisim 11.0 基本界面上侧左列真实元器件工具栏的

"Mixed"按钮，从弹出的对话框"Family"栏中选"TIMER"，再在"Component"栏中选"LM555CM"，单击对话框右上角"OK"按钮将 555 电路调出放置在电子平台上。

（6）单击电子仿真软件 NI Multisim 11.0 基本界面上侧左列真实元器件工具栏的"Source"按钮，从弹出的对话框中调出 V_{CC} 电源和地线，将它们放置到电子平台上。将所有元器件和仪器连成仿真电路如图 13.12 所示。

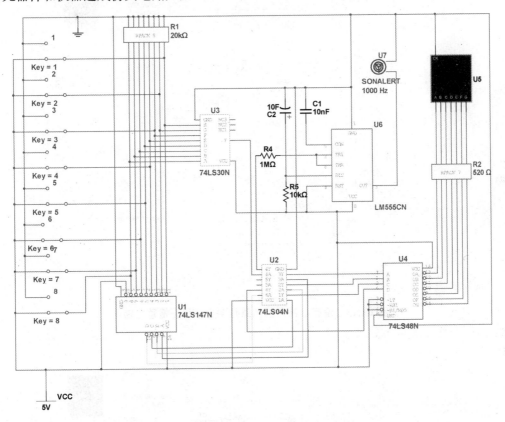

图 13.12　八路数字显示优先报警电路仿真电路图

13.4.2　仿真电路图调试

电路中 74LS30 的八路输入控制端分别接有 Key1～Key8 个开关，对应 74LS147 输入端 1～8。平时 Key1～Key8 均为接通状态，1～8 均为高电平"1"状态，数码管显示"0"，如图 13.13 所示。

当某一个开关断开时，则对应输入端变为低电平"0"状态，74LS147 将其编为二进制码经反相器 74LS04 输出送至译码/驱动器 74LS48 译码后由共阴极数码管显示出报警的路数。假设 Key1 被断开，相应的 74LS147 的 1 端变为高电平"0"，输出端为 1110，经 74LS04 反相后为 0001 送至译码/驱动器 74LS48 译码后由共阴极数码管显示"1"，表示第 1 路出现报警信号，同时 74LS30 输出高电平，经 74LS04 反相后变为低电平，使由 LM555CN 和蜂鸣器构成的报警电路发出报警声。见图 13.14 所示。同理当 Key6 断开时，显示"6"，表示第 6 路出现报警信号，该报警电路存在优先级，在两个或两个以上报警条件符合时，只显示高优先级的编码，如 Key3 和 Key6 同时被断开时，显示"6"，见图 13.15 所示。

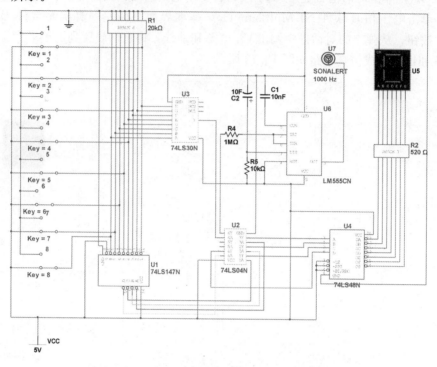

图 13.13　没有断路时的八路数字显示优先报警电路

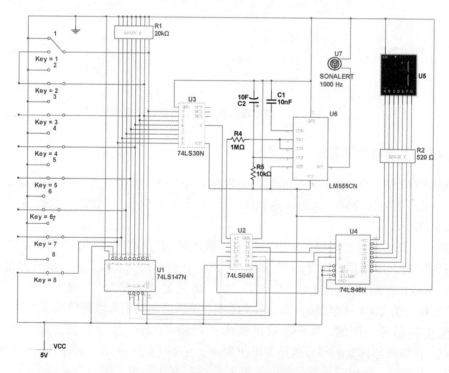

图 13.14　Key1 断开时的八路数字显示优先报警电路

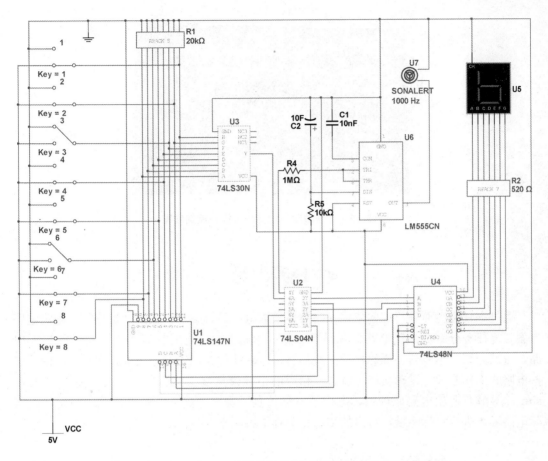

图 13.15　Key3 和 Key6 同时断开时的八路数字显示优先报警电路

13.4.3　实物电路图调试

根据仿真电路图在多功能板上进行元器件的焊接和连线后，通常不急于通电调试，先要认真检查，根据电路图连线，按一定顺序一一检查安装好的线路，由此，可比较容易查出错线和少线。或者以元器件为中心进行查线，把每个元器件引脚的连线一次查清，检查每个去处在电路图上是否存在，这种方法不但可以查出错线和少线，还容易查出多线。为了防止出错，对于已查出的线路通常应在电路图上做出标记，最好用指针式万用表 $R \times 1$ 挡，或是用万用表的"二极管挡"的蜂鸣器来测量元器件引脚，这样可以同时发现接触不良的地方。

对焊好的元器件，要认真检查元器件引脚之间有无短路、连接处有无接触不良、二极管的极性和集成元器件的引脚是否连接有误。

在通电前，可断开一根电源线，用万用表检查电源端对地是否存在短路。若电路经过上述检查，并确认无误后，就可以转入调试。把经过准确测量的电源接入电路。观察发现若将其中 Key1～Key8 任何一段开关断开，则 LED 显示器显示其编码。例如，将 Key5 断开，显示器马上显示数字 5，并发出蜂鸣报警持续 1min，调试情况如图 13.16 所示，再将其他的开关如上测试，发现结果和要求一致，实现了设计要求。

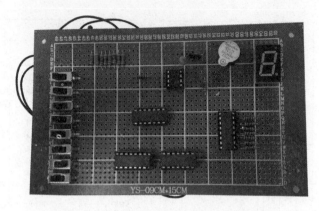

图 13.16　八路数字显示优先报警电路实物图

 任务小结

　　通过本任务主要学习如何依据八路数显报警电路设计要求，通过理论分析，确定电路方案，将任务分解成控制电路、编码器、显示译码电路、定时报警电路等典型的单元电路，重点介绍了编码器、译码器等一些具有特定功能的常用组合逻辑单元电路，讨论了这些电路的工作原理、逻辑功能、特点、相应的中规模集成组件和应用。最后用 NI Multisim 11.0 软件画出电路原理图，进行了电路仿真，确定电路方案的可行性，并制作了实际电路板，进行实际测量，得出的结论与仿真结果基本一致。

习 题

　　1. 问答题

　　(1) 如果显示译码器内部输出级没有集电极电阻，它应如何与 LED 显示器连接？

　　(2) 可否将 LED 数码管各段输入端接高电平的方法来检查该数码管的好坏？为什么？

　　(3) 如何用 74LS49(74LS48) 去驱动共阳极 LED 数码管？

　　(4) 555 时基电路中，CO 端为基准电压控制端，当悬空时，触发电平分别为多少？当接固定电平时，触发电平分别为多少？

　　(5) 555 定时器 5 脚所接的电容器起什么作用？

　　(6) 多谐振荡器的振荡频率主要由哪些元器件决定？

　　2. 仿真题

　　(1) 设计一个将四位二进制数码转换成两位 8421BCD 码，并用两个七段数码管显示这两位 BCD 码的电路。

　　(2) 设计一个显示电路，用七段译码显示器显示 A、B、C、D、E、F、G、H 八个英语字母(提示：可先用三位二进制数对这些字母进行编码，然后进行译码显示)。

　　(3) 利用 555 定时器和 CC4017 芯片设计一个圣诞树电路。要求发光二极管的闪烁时间为 0.5s。

（4）利用 555 定时器设计一个数字定时器，每启动一次，电路即输出一个宽度为 10s 的正脉冲信号。搭接电路并测试其功能。

（5）按图 13.17 接线，组成两个多谐振荡器，调节定时器件，使 I 输出较低频率，II 输出较高频率，连好线，接通电源，试听音响效果。调换外接阻容元器件，再试听音响效果。

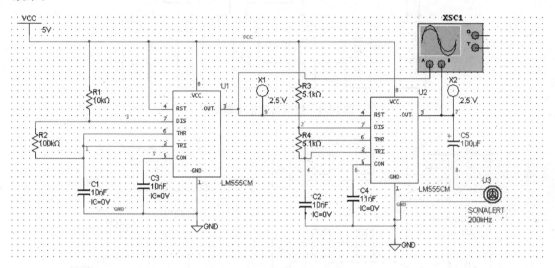

图 13.17　模拟声响电路

任务 14　拔河游戏机电路的设计

14.1　任务导入

随着现代科技的不断发展，人们的生产生活水平也在不断提高。与此同时，各式各样电子产品也在不断涌现，丰富着人们的生活，为人们排忧解难，娱乐身心。拔河游戏机就是一种综合性、趣味性的游戏产品，它结构简单，可以锻炼人的反应能力、协调能力和手指的灵活度，易于安装与调试，是生产或者自行制作电子产品的最佳选择。

14.2　任务分析

本任务所用的拔河游戏机需用 9 个（或 15 个）发光二极管排列成一行，开机后只有中间一个点亮，以此作为拔河的中心线，游戏双方各持一个按键，迅速地、不断地按动产生脉冲，谁按得快，亮点向谁方向移动，每按一次，亮点移动一次。移到任一方终端二极管点亮，这一方就得胜，此时双方按键均无作用，输出保持，只有经复位后才使亮点恢复到中心线。显示器显示胜者的盘数，当两人比赛结束后，裁判可以让计分显示器清零。

设计电路框图如图 14.1 所示。

本设计采用模块化的设计思路，一共包含了六个模块：编码电路、整形电路、译码电路、控制电路、胜负显示、复位电路。图14.2为拔河游戏机整机线路图。

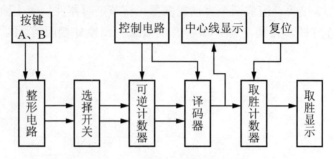

图 14.1　拔河游戏机电路框图

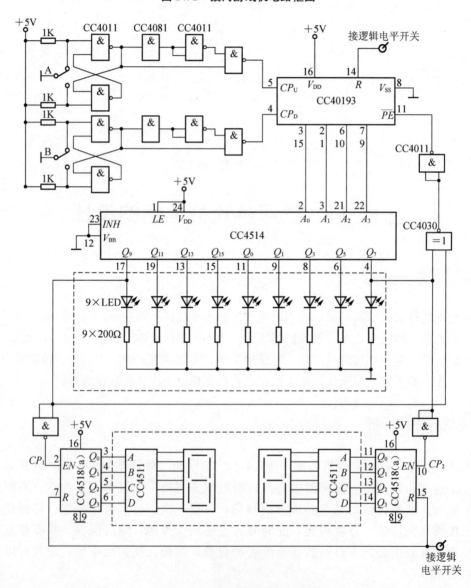

图 14.2　拔河游戏机整机电路图

可逆计数器 CC40193 原始状态输出 4 位二进制数 0000，经译码器输出使中间的一只发光二极管点亮。当按动 A、B 两个按键时，分别产生两个脉冲信号，经整形后分别加到可逆计数器上，可逆计数器输出的代码经译码器译码后驱动发光二极管点亮并产生位移，当亮点移到任何一方终端后，由于控制电路的作用，使这一状态被锁定，而对输入脉冲不起作用。如按动复位键，亮点又回到中点位置，比赛又可重新开始。将双方终端二极管的正端分别经两个与非门后接至两个十进制计数器 CC4518 的允许控制端 EN，当任一方取胜，该方终端二极管点亮，产生一个下降沿使其对应的计数器计数。这样，计数器的输出即显示了胜者取胜的盘数。

14.3　任务知识点

14.3.1　编码电路

编码器有两个输入端，四个输出端，要进行加/减计数，因此选用 CC40193 双时钟十进制同步加/减计数器来完成。其电路及连接方式如图 14.3 所示。

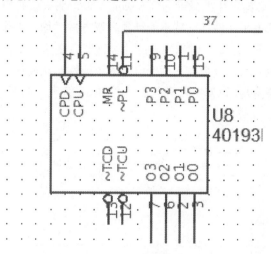

图 14.3　CC40193 电路连线图

CC40193 采用 16 脚 DIP16 双列直插式封装，其引脚图及功能如图 14.4 所示，其特点是采用双时钟的逻辑结构，加减计数具有各自的时钟通道，计数方向由脉冲进入的通道来决定。采用 8421 编码，具有进位制输出 Q_{co} 和借位输出 Q_{bo}，如计数时 CP_d 为高电平，时钟脉冲由 CP_u 输入，在上升沿作用下计数器左增量计数；减计数时 CP_u 位高电平，时钟脉冲由 CP_d 进入在上升沿的作用下作减量计数。预置数时，只要在预置控制端 PE 和 C_R 端加以低电平或负脉冲，即可将接在 $D_1 \sim D_4$ 上的预置数传送到各计数单元的输出端 $Q_1 \sim Q_4$。然后 PE 恢复高电平时，计数器可在预置数的基础上作加 1 或减 1 计数。只要 C_R 段为高电平或正脉冲，则 $Q_1 \sim Q_4$ 将全部输出为零。当加计数达到最大值（1111）且加计数输入端为地电平时，进位输出 Q_{co} 输出一负脉冲；同理，当减计数达到最大值（0000）时，且减计数输入端为低电平时，借位输出端 Q_{bo} 输出一负脉冲。

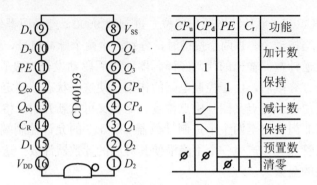

图 14.4　CC40193 引脚及功能

14.3.2　整形电路

CC40193 是可逆计数器，控制加减的 CP 脉冲分别加至 5 脚和 4 脚，此时当电路要求进行加法计数时，减法输入端 CP_d 必须接高电平；进行减法计数时，加法输入端 CP_u 也必须接高电平，若直接由 A、B 键产生的脉冲加到 5 脚或 4 脚，那么就有很多时机在进行计数输入时另一计数输入端为低电平，使计数器不能计数，双方按键均失去作用，拔河比赛不能正常进行。加一整形电路，使 A、B 二键出来的脉冲经整形后变为一个占空比很大的脉冲，这样就减少了进行某一计数时另一计数输入为低电平的可能性，从而使每按一次键都有可能进行有效的计数。整形电路由与门 CC4081 和与非门 CC4011 实现，如图 14.5 所示。

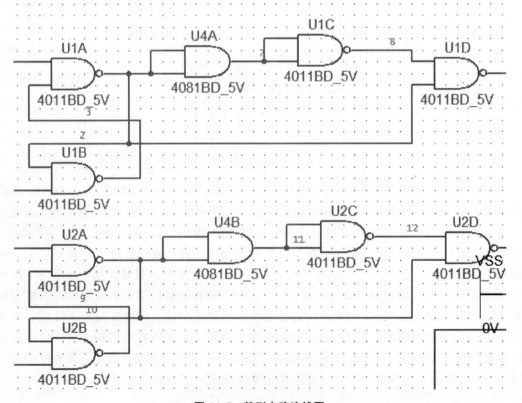

图 14.5　整形电路连线图

整形电路中我们选用了 CMOS 集成逻辑门电路四 2 输入与非门 CD4011 和四 2 输入与门 CD4081，其引脚图如图 14.6、图 14.7 所示，功能见表 14 - 1、表 14 - 2，关于门电路的基础知识已在任务 13 中详细描述，在此不再赘述。

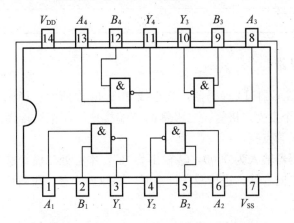

图 14.6　CD4011 四 2 输入与非门引脚图

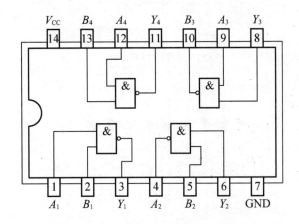

图 14.7　CD4081 四 2 输入与门引脚图

表 14 - 1　CD4081 与门真值表

A	B	Y
0	0	0
0	1	0
1	0	0
1	1	1

表 14 - 2　CD4011 与非门真值表

A	B	Y
0	0	0
0	1	0

续表

A	B	Y
1	0	0
1	1	1

14.3.3　译码电路

选用 4 线—16 线 CC4514 译码器，其连线如图 14.8 所示。译码器的输出端 $Q_0 \sim Q_{14}$ 分接 9 个(或 15 个)个发光二极管，二极管的负端接地，而正端接译码器；这样，当输出为高电平时发光二极管点亮。

比赛准备，译码器输入为 0000，Q_0 输出为"1"，中心处二极管首先点亮，当编码器进行加法计数时，亮点向右移，进行减法计数时，亮点向左移。可将两个或更多片体连结成一个片体。

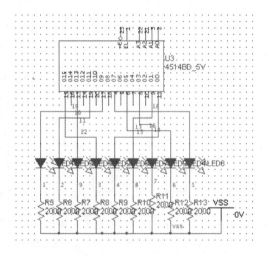

图 14.8　译码电路连线图

CC4514 是 4 线—16 线译码器，其引脚排列如图 14.9 所示，$A_0 \sim A_3$ 为数据输入端，INH 是输出禁止控制端，LE 是数据锁存控制端，$Y_0 \sim Y_{15}$ 是数据输出端，具体功能见表 14-3。

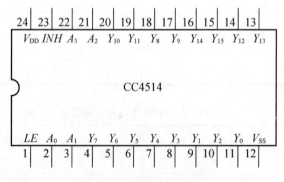

图 14.9　CD4514 引脚图

表 14 - 3 CD4514 功能表

输	入					高电平输出端	输	入					高电平输出端
LE	INH	A_3	A_2	A_1	A_0		LE	INH	A_3	A_2	A_1	A_0	
1	0	0	0	0	0	Y_0	1	0	1	0	0	1	Y_9
1	0	0	0	0	1	Y_1	1	0	1	0	1	0	Y_{10}
1	0	0	0	1	0	Y_2	1	0	1	0	1	1	Y_{11}
1	0	0	0	1	1	Y_3	1	0	1	1	0	0	Y_{12}
1	0	0	1	0	0	Y_4	1	0	1	1	0	1	Y_{13}
1	0	0	1	0	1	Y_5	1	0	1	1	1	0	Y_{14}
1	0	0	1	1	0	Y_6	1	0	1	1	1	1	Y_{15}
1	0	0	1	1	1	Y_7	1	1	×	×	×	×	无
1	0	1	0	0	0	Y_8	0	0	×	×	×	×	①

14.3.4 控制电路

为指示出谁胜谁负，需用一个控制电路，如图 14.10 所示。当亮点移到任何一方的终端时，判该方为胜，此时双方的按键均宣告无效。此电路可用异或门 CC4030 和非门 CC4011 来实现。将双方终端二极管的正极接至异或门的两个输入端，当获胜一方为"1"，而另一方则为"0"，异或门输出为"1"，经非门产生低电平"0"，再送到 CC40193 计数器的置数端 $\overline{PE}$，于是计数器停止计数，处于预置状态，由于计数器数据端 A、B、C、D 和输出端 Q_A、Q_B、Q_C、Q_D 对应相连，输入也就是输出，从而使计数器对输入脉冲不起作用。

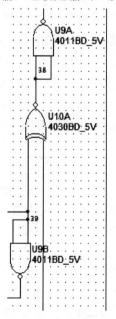

图 14.10 控制电路连线图

控制电路中我们选用了 CMOS 集成逻辑门电路四 2 输入与非门 CD4011 和异或门 CD4030，CD4011 引脚图和功能表已在知识点 14.3.2 中讲述，异或门 CD4030 引脚图如图 14.11 所示，功能见表 14 - 4。

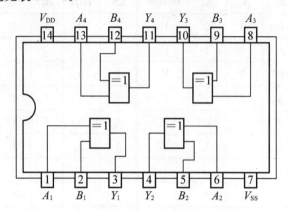

图 14.11　CD4030 四 2 输入异或门引脚图

表 14 - 4　CD4030 异或门真值表

A	B	Y
0	0	0
0	1	1
1	0	1
1	1	0

14.3.5　胜负电路

将双方终端二极管正极经非门后的输出分别接到两个 CD4518 计数器的 EN 端，CD4518 为二—十进制同步加计数器，引脚图如图 14.12 所示，其中 $1CP$、$2CP$ 为时钟输入端，$1R$、$2R$ 为清除端，$1EN$、$2EN$ 为计数允许控制端，$1Q_0 \sim 1Q_3$、$2Q_0 \sim 2Q_3$ 为计数器输出，功能见表 14 - 5。CD4518 的两组 4 位 BCD 码分别接到实验装置的两组译码显示器的 A、B、C、D 插口处。当一方取胜时，该方终端二极管发亮，产生一个上升沿，使相应的计数器进行加一计数，于是就得到了双方取胜次数的显示，若一位数不够，则进行两位数的级联。

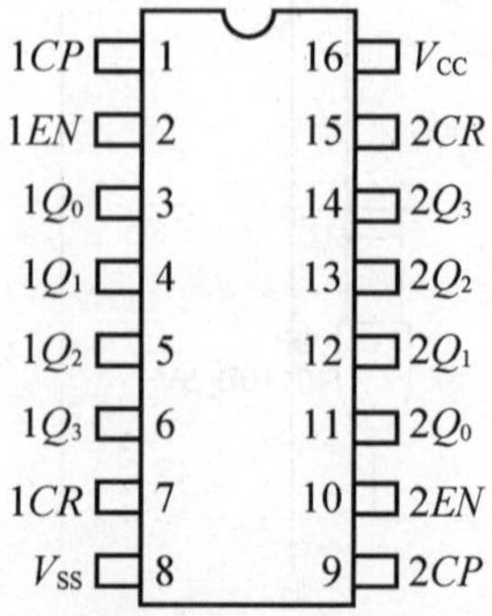

图 14.12　CD4518 双十进制同步计数器引脚图

表 14-5　CD4518 功能表

输　入			输出功能
CP	*R*	*EN*	
↑	0	1	加计数
0	0	↓	加计数
↓	0	×	
×	0	↑	保持
↑	0	0	
1	0	↓	
×	1	×	全部为"0"

14.3.6　复位电路

为能进行多次比赛而需要进行复位操作，使亮点返回中心点，可用一个开关控制 CC40193 的清零端 R 即可。胜负显示器的复位也应用一个开关来控制胜负计数器 CC4518 的清零端 R，使其重新计数。

14.4　任务实施过程

14.4.1　绘制仿真电路图

（1）单击电子仿真软件 NI Multisim 11.0 基本界面上侧左列真实元器件工具栏的 "CMOS"按钮，从弹出的对话框"Family"栏选取"CMOS-5V"，再在"Component"栏输入 "4011"，然后选择 4011BD-5V，单击右上角"OK"按钮，将 4011BD-5V 调出放置在电子平台上。以同样的方法调出 4081、4514、40193、4030 与 4518。

（2）单击电子仿真软件 NI Multisim 11.0 基本界面上侧左列真实元器件工具栏的 "Basic"按钮，从弹出的对话框"Family"栏选取"SWITCH"，再在"Component"栏选取 "SPDT"，最后单击右上角"OK"按钮，将单刀双掷开关调出放置在电子平台上，共需四个。分别双击每一个单刀双掷开关图标，将弹出的对话框中"Key for Switch"栏设置成 A、B、C、D。

（3）单击电子仿真软件 NI Multisim 11.0 基本界面上侧左列真实元器件工具栏的"Indicator"按钮，从弹出的对话框"Family"栏选取"HEX_DISPLAY"，再在"Component"栏选取"DCD_HEX"，最后单击右上角"OK"按钮，将数码管调出放置在电子平台上。

（4）单击电子仿真软件 NI Multisim 11.0 基本界面上侧左列真实元器件工具栏的 "Source"按钮，从弹出的对话框中调出 V_{CC} 电源和地线，将它们放置到电子平台上。

（5）单击电子仿真软件 NI Multisim 11.0 基本界面上侧工具栏里"View"按钮，从弹出的对话框中选取"Toolbars"，再在弹出的对话框中点击"Virtual"，将虚拟元器件库调出，这时在工作界面上将会出现虚拟元器件图标　　　　　　　　　　　　　，单击 　　 ▾

图标然后再单击 ～ Place Virtual Resistor 即可调出电阻，这时双击电阻，即可修改电阻的阻值，当然也可以从实际元器件库里直接调出实际电阻。

（6）单击电子仿真软件 NI Multisim 11.0 基本界面上侧左列真实元器件工具栏的"Place Diode"按钮 ，从弹出的对话框"Family"栏选取"LED"，再在"Component"栏选取"LED"（颜色自选），最后单击右上角"OK"按钮，将 LED 二极管放到电子平台上。将所有元器件连成仿真电路如图 14.13 所示。

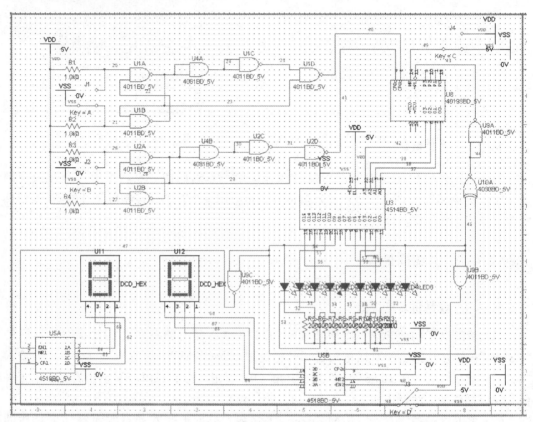

图 14.13　拔河游戏机仿真电路图

14.4.2　仿真电路图调试

电路使用九个发光二极管，开机后只有中间一个发亮，此即拔河的中心点，数码管显示获胜者的盘数都为 0，如图 14.13 所示。

游戏双方各持一个按钮，迅速地、不断地按动，产生脉冲，谁按得快，亮点就向谁的方向移动，每按一次，亮点移动一次。亮点移到任一方终端二极管时，这一方就获胜，此时双方按钮均无作用，输出保持，只有复位后才使亮点恢复到中心。如选手 A 按得快，则每按一次，亮点向右移动一次。亮点移到右方终端二极管时，数码管 U_{12} 显示 A 获胜盘数，如图 14.14 所示。反之，如选手 B 按得快，则每按一次，亮点向左移动一次。亮点移到左方终端二极管时，数码管 U_{11} 显示 B 获胜盘数。

为能进行多次比赛而需要进行复位操作，使亮点返回中心点，可用一个开关 C 控制

CC40193 的清零端 R 即可。当开关 C 打到电源端时可实现亮点返回中心点，如图 14.15 所示。

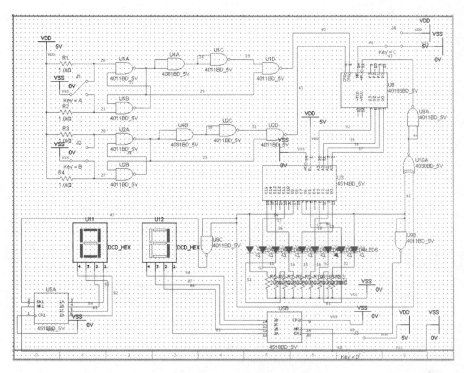

图 14.14　A 选手获胜 1 盘

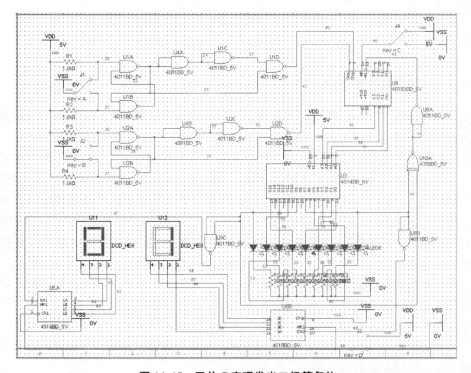

图 14.15　开关 C 实现发光二极管复位

胜负显示器的复位也应用一个开关 D 来控制胜负计数器 CC4518 的清零端 R 使其重新计数，如图 14.16 所示。

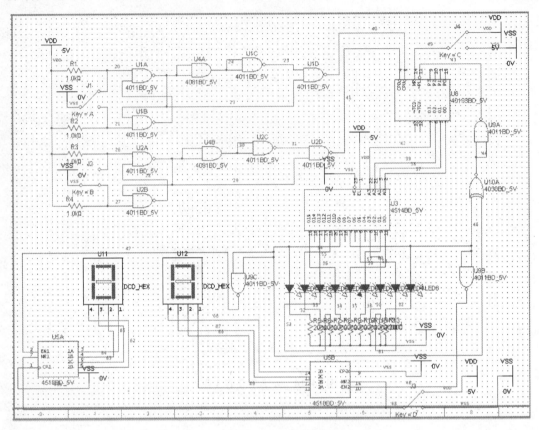

图 14.16 开关 D 实现数码管复位

14.4.3 实物电路图调试

按照多功能板的规格，设定好各集成芯片的排放位置，测试各芯片是否与面板接触良好。对焊好的元器件，要认真检查元器件引脚之间有无短路、连接处有无接触不良、二极管的极性和集成电路的引脚是否连接有误。在不通电的情况下，通过目测，对照电路原理图和装配图，检查每一块片是否正确，极性有无接反，引脚有无损坏，连线有无接错（包括漏线和短路）。通电后，通过类比法、高低电平比较法等方法逐一找出故障点。或用指针式万用表 $R \times 1$ 挡，或是用万用表的"二极管挡"的蜂鸣器来测量元器件引脚，这样可以同时发现接触不良的地方。当检测出问题后分析其原因，是元器件本身原因还是接线错误，更换元器件或重新正确接线，保证电路的正确运行，还有一个细节也不能忽视，就是实物图和计算机仿真上的芯片接法并不完全一样，计算机仿真上的芯片许多引脚已经默认接地或接电源了，在实物图上就必须考虑，否则就会得到错误的结果。

学生制作的拔河游戏机实物如图 14.17 所示，经实际调试，完全实现了拔河游戏机的功能。该游戏机具有计数、控制、复位等功能，设计原理简单易懂，所设计的游戏机的游戏规则和真的拔河比赛规则相类似。

图 14.17   拔河游戏机实物图

任务小结

通过本任务主要学习电子拔河游戏机电路的工作原理、仿真和实际电路的调试方法，电子拔河游戏机电路可分为脉冲发生器电路和计数/译码器电路两大部分。脉冲发生器电路部分采用两个与非门组成的基本 RS 触发器，经整形后产生脉冲信号。计数译码器电路部分以 CD40193 为主体，译码器采用集成芯片 CD4514。计数器根据脉冲输入发生变化，CD4514 的输出随之发生相应的变化，当脉冲信号移动至 Q_7 或 Q_9 时，将 CD4514 的输出端锁存。经调试，整机功能效果等各项性能指标均达到本任务设计要求。

 习 题

1. 问答题

（1）在 Multisim 11.0 中如何显示和隐藏工具栏？它有哪些工具栏？

（2）常用的任意进制计数器的构成方法有哪些？

（3）元器件大致包括哪些信息？

2. 操作题

（1）用 CMOS 门电路组成多谐振荡器，算出该多谐振荡器的振荡和占空比。

（2）设计一个十进制减法计数器，进行 14s 倒计时显示，并用两个七段数码管显示这两位 BCD 码的电路。

任务 15   篮球 24s 倒计时器

■ 15.1   任务导入

NBA 在 20 世纪 50 年代的发展初期引入进攻时限规则前，领先的球队几乎可以无止境地传球、无限期地控球而不受任何处罚，比分落后的那支球队只能选择犯规，让对方罚

球然后拿到球权，这种伴随大量犯规的低得分比赛，导致比赛枯燥乏味，在吸引球迷方面陷入了困境。

在 1954—1955 赛季，NBA 首次采用 24s 进攻时限规则、在比赛中引入 24s 计时器，引入进攻时限，给球队规定时限来完成投篮，否则就失去球权。鲍勃·库西（Bob Cousy）说："我认为引入进攻时限挽救了 NBA。"凯尔特人传奇教练和总经理红衣主教奥尔巴赫（Red Auerbach）称它是"50 年来最重要的规则变化"。

15.2 任务分析

该任务设计的 24s 倒计时器是一款以 LED 显示的计分器，显示信息清晰度高，使用方便，具有启动、暂停、复位等功能。适用于篮球比赛中，向观众、运动员和裁判显示 24s 进攻时间。

分析设计任务，具体设计要求如下：当比赛准备开始时，屏幕上显示 24s 字样，当比赛开始后，倒计时从 24 逐秒倒数到 00，其计时间隔为 1s；分别设置启动键和暂停/继续键，控制两个计时器的直接启动计数，暂停/继续计数功能；设置复位键，按复位键可随时返回初始状态，即进攻方计时器返回到 24s；计时器递减计数到"00"时，计时器跳回"24"停止工作，并给出计时结束发光提示，即发光二极管发光。

15.3 任务知识点

15.3.1 任务总体设计思路

本任务是脉冲数字电路的简单应用。此计时器功能齐全，应用了七段数码管来显示时间，可以直接清零、启动、暂停和连续，可以方便地实现断点计时功能，当计时器递减到零时，会发出光电报警信号，实现了在许多的特定场合进行时间追踪的功能，在社会生活中也具有广泛的实用价值。

此计时器的设计采用模块化结构，主要由 3 个模块组成，即计时模块、控制模块及译码显示模块。采用模块化的设计思想，使设计起来更加简单、方便、快捷。此电路是以时钟产生、触发、倒计时计数、译码显示、报警为主要功能，在此结构的基础上，构造主体电路和辅助电路两个部分。计时器的主要功能包括：进攻方 24s 倒计时和计时结束警报提示。攻方 24s 倒计时，当比赛准备开始时，屏幕上显示 24s 字样，当比赛开始后，倒计时从 24 逐秒倒数到 00。这一模块主要是利用双向计数器 74LS192 来实现；警报提示：当计数器计时到零时，给出提示音。这部分电路主要通过移位寄存器和一些门电路来实现。

篮球 24s 倒计时器的总体方案框图如图 15.1 所示。它包括秒脉冲发生器、计数器、译码显示电路、报警电路和辅助时序控制电路（简称控制电路）五个模块组成。其中计数器和控制电路是系统的主要模块。计数器完成 24s 计时功能，而控制电路完成计数器的直接清零、启动计数、暂停/连续计数、译码显示电路的显示与灭灯、定时时间到报警等功能。

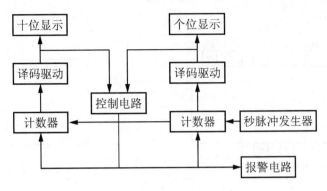

图 15.1 24s 倒计时器总体方案框图

其中秒脉冲发生器产生的信号是电路的时钟脉冲和定时标准，但本设计对此信号要求并不太高，故电路可采用 555 集成电路或由 TTL 与非门组成的多谐振荡器构成。译码显示电路由 74LS48 和共阴极七段 LED 显示器组成。倒计时功能主要是利用 192 计数芯片来实现，同时利用反馈和置数实现进制的转换，以适合分和秒的不同需要。报警电路在实验中可用发光二极管代替。控制电路开关采用了三个按钮：开关 A 能够启动 24s 倒计时器，开关 B 能够随时暂停 24s 倒计时器，开关 C 能够实现手动复位，24s 计数芯片的置数端清零端共用一个开关，比赛开始后，24s 的置数端无效，24s 倒计时器的倒数计时器开始进行倒计时，逐秒倒计到零。选取"00"这个状态，通过组合逻辑电路给出截断信号，让该信号与时钟脉冲在与门中将时钟截断，使计时器在计数到零时停住。

15.3.2 计数器

计数器是一种简单而又最常用的时序逻辑器件，不仅能用于统计输入时钟脉冲的个数，还能用于分频、定时、产生节拍脉冲等，在计算机和其他数字系统中起着非常重要的作用。计数器按计数进制可将计数器分为二进制计数器和非二进制计数器，非二进制计数器中最典型的是十进制计数器。按数字的增减趋势可将计数器分为加法计数器、减法计数器和可逆计数器。根据计数器中触发器翻转是否与计数脉冲同步，计数器可分为同步计数器和异步计数器。

现在计数器普遍采用中规模集成计数器，所谓的中规模集成计数器，就是将整个计数器电路全部集成在一块芯片上，为了增强集成计数器的能力，一般通用中规模集成计数器设有更多的附加功能，使用也更为方便。

本任务计数部分由两片同步十进制可逆计数器 74LS192 构成。74LS192 是十进制计数器，具有"异步清零"和"异步置数"功能，且有进位和借位输出端，方便进行多级扩展。

74LS192 的引脚如图 15.2 所示，图中 $\overline{PL}$ 为置数端，CP_U 为加计数端，CP_U 为减计数端，$\overline{TC_U}$ 为非同步进位输出端，$\overline{TC_D}$ 为非同步借位输出端，P_0、P_1、P_2、P_3 为计数器输入端，MR 为清除端，Q_0、Q_1、Q_2、Q_3 为数据输出端。

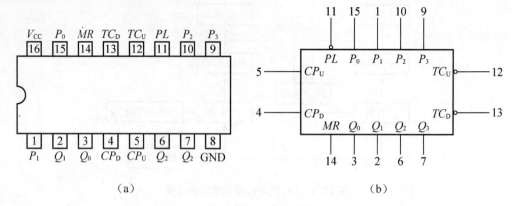

(a)　　　　　　　　　　　　　　　(b)

图 15.2　74LS192 引脚图及逻辑符号

74LS192 具体功能见表 15-1。

表 15-1　74LS192 功能表

输入								输出			
MR	$\overline{PL}$	CP_U	CP_U	P_3	P_2	P_1	P_0	Q_3	Q_2	Q_1	Q_0
1	×	×	×	×	×	×	×	0	0	0	0
0	0	×	×	d	c	b	a	d	c	b	a
0	1		1	×	×	×	×	加计数			
0	1	1		×	×	×	×	减计数			

　　仿真软件 NI Multisim 11.0 中 74LS192 的逻辑符号如图 15.3 所示。其中 A、B、C、D 为置数输入端，$\sim LOAD$ 为置数控制端，CLR 为清零端，UP 为加计数端，$DOWN$ 为减计数端，Q_A、Q_B、Q_C、Q_D 为数据输出端，$\sim C_O$ 为非同步进位输出端，$\sim B_O$ 为非同步借位输出端。本任务为利用减计数器端输入秒脉冲信号，进行减法计数，也就是倒计时。这时计数器按 8421 码递减进行减计数。利用借位输出端 $\sim B_O$ 与下一级 74LS192 的 $DOWN$ 端连接，实现计数器之间的级联。利用置数控制端 $\sim LOAD$ 实现异步置数。当 $CLR=0$，且 $\sim LOAD$ 为低电平时，不管 UP 和 $DOWN$ 时钟输入端的状态如何，将使计数器的输出等于并行输入数据，即 $Q_DQ_CQ_BQ_A=DCBA$。

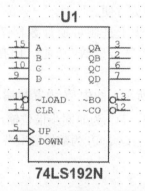

图 15.3　Multisim 11.0 中 74LS192 逻辑符号

这部分电路的主体部分在时钟脉冲的输入情况下工作，用两片 74LS192 分别做个位（低位）和十位（高位）的倒计时计数器，由于本系统只需要从开始时的"24"倒计到"00"然后停止，所以，24 循环的设置为，十位片的 $DCBA=0010$，个位片的 $DCBA=0100$，这里的高位不需要做成六十进制的计数器。因为预置的数不是"00"，所以我们选用置数端 $\sim LOAD$ 来进行预置数。时钟脉冲分别通过两个与门才再输进个位（低位）的 $DOWN$ 端，当停止控制电路送来停止信号时，截断时钟脉冲，从而实现电路的停止功能。低位的借位输出信号用作高位的时钟脉冲。两片计数器具体接法。V_{CC}、UP 接 $+5V$ 电源，GND 接地；时钟脉冲从与门输出后接到低位的 $DOWN$，然后从低位 $\sim B_0$ 接到高位的 $DOWN$；输入端低位 C、高位 B 接电源，其他引脚和 CLR 都接地。$\sim LOAD$ 接到开关 C 的活动端，C 的另外两引脚分别接 G 的活动端和地。而 G 的另外两个引脚分别接到电源和地。

译码及显示电路分两种，一种电路是 74LS192 接译码驱动器 74LS48 和七段共阴数码管组成。74LS48 芯片具有以下功能：七段译码功能、消隐功能、灯测试功能、动态灭零功能。此电路中我们用到的是七段译码功能。作为译码器，74LS48 具有以下特点：74LS48 是 BCD-7段译码器/驱动器，输出高电平有效，专用于驱动 LED 七段共阴极显示数码管。内部上拉输出驱动，有效高电平输出，内部有升压电阻而无须外接电阻。七段数码管分共阴、共阳两种，其内部由发光二极管构成，内部有七个发光段，即 a、b、c、d、e、f、g 在发光二极管两端加上适当的电压时，就会发光，具体连接电路可见图 15.4 所示，关于译码及显示电路的知识我们在任务 13 的任务知识点中已详细讲述，此处不再赘述。

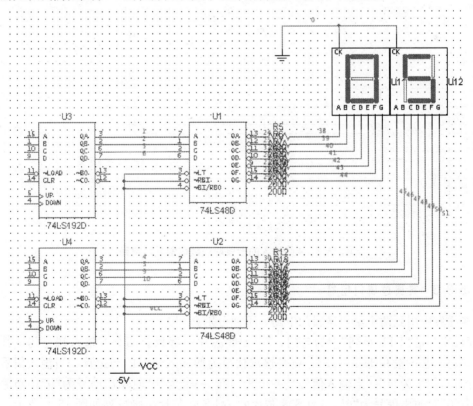

图 15.4　74LS48 和七段共阴数码管组成的译码及显示电路

另外一种显示电路由 74LS192 直接输出给 4 线输入的七段共阴数码管进行显示，这样构成的电路简单，具体连接可见图 15.5 所示，仿真调试时我们可以采用这种方法。虽然 4 线输入的七段共阴数码管构成的电路简单很多，但是市场上很难买到 4 线输入的七段共阴数码管，所以我们在实物制作时选用利用 74LS48 显示译码器作为译码器，七段共阴极数码管显示的方案。

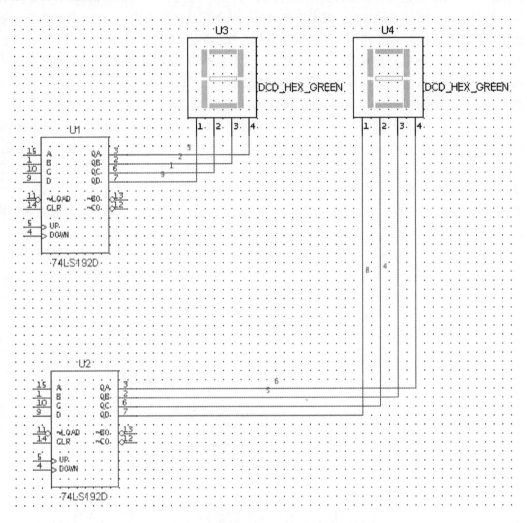

图 15.5　4 线输入的七段阴极数码管显示电路

15.3.3　集成逻辑门电路

本任务中用到两个集成逻辑门电路，下面分别介绍。

74LS08 是"TTL 系列"中的与门，74LS08 芯片内部只有四个 2 输入端与门，其逻辑表达式也非常的简单即 $Y=AB$，就是输出信号为两输入信号的与运算，当输入信号都为"1"时输出信号为"1"；当输入信号是一个为"1"，一个为"0"时输出信号为"0"；当输入信号全为"0"时输出信号为"0"。74LS08 芯片的 74LS00 芯片引脚排列如图 15.6 所示，功能见表 15−2。

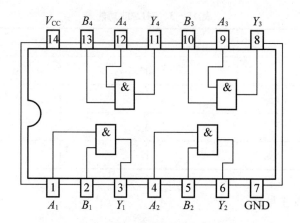

图 15.6　74LS082 输入端四与门引脚排列图

表 15 - 2　74LS08 功能表

A	B	Y
0	0	0
0	1	0
1	0	0
1	1	1

　　与门的逻辑功能：当输入端中有一个或一个以上是低电平时，输出端为低电平；只有当输入端全部为高电平时，输出才是高电平(即有"0"得"0"，全"1"得"1")。

　　74LS00 是"TTL 系列"中的与非门，CD4011 是"CMOS 系列"中的与非门。它们都是四 2 输入与非门电路，即在一块集成电路内含有四个独立的与非门。每个与非门有两个输入端。74LS00 芯片引脚排列如图 15.7 所示。

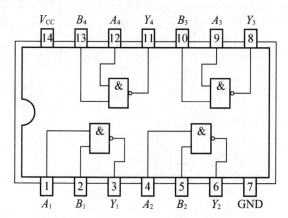

图 15.7　74LS00 四 2 输入与非门引脚排列图

　　与非门的逻辑功能：当输入端中有一个或一个以上是低电平时，输出端为高电平；只有当输入端全部为高电平时，输出才是低电平(即有"0"得"1"，全"1"得"0")。其逻辑函数表达式为 $Y = \overline{A \cdot B}$，功能见表 15 - 3。

表 15 - 3   74LS00 功能表

A	B	Y
0	0	1
0	1	1
1	0	1
1	1	0

15.3.4   信号发生电路

秒脉冲的产生由 555 定时器所组成的多谐振荡电路完成。555 电路的基础知识我们已在任务 13 中详细介绍，此处不再赘述，555 电路图如图 15.8 所示。当开关断开时，555 定时器产生周期为 1s 的脉冲；当开关闭合时，电路不能输出信号，于是没有脉冲输入 74LS192 中，故 74LS192 在保持状态，表现暂停功能。

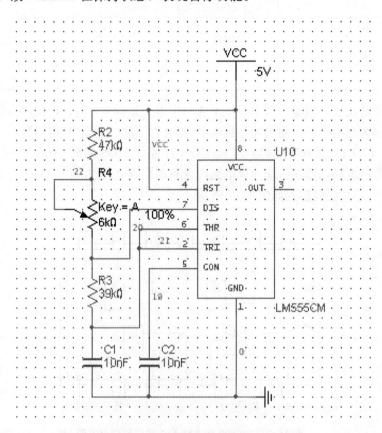

图 15.8   555 构成的信号发生电路

不过在仿真时为使整体电路简洁，555 定时器的部分我们也可由时钟电压源代替，方便仿真调试，具体连接如图 15.9 所示。

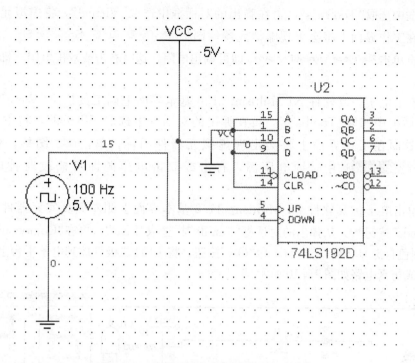

图 15.9　放置时钟电压源的信号发生电路

15.4　任务实施过程

15.4.1　绘制仿真电路图

（1）单击电子仿真软件 NI Multisim 11.0 基本界面上侧左列真实元器件工具栏的"TTL"按钮，从弹出的对话框"Family"栏选取"74LS"，再在"Component"栏选取"74LS08"，然后单击右上角"OK"按钮，将 74LS08 调出放置在电子平台上。以同样的方法调出 74LS192 与 74LS00 芯片。

（2）单击电子仿真软件 NI Multisim 11.0 基本界面上侧左列真实元器件工具栏的"Basic"按钮，从弹出的对话框"Family"栏选取"SWITCH"，再在"Component"栏选取"SPDT"，最后单击右上角"OK"按钮，将单刀双掷开关调出放置在电子平台上，共需三个。分别双击每一个单刀双掷开关图标，将弹出的对话框中"Key for Switch"栏设置成 A、B、C。

（3）单击电子仿真软件 NI Multisim 11.0 基本界面上侧左列真实元器件工具栏的"Indicator"按钮，从弹出的对话框"Family"栏选取"HEX_DISPLAY"，再在"Component"栏选取"DCD_HEX"，后单击右上角"OK"按钮，将数码管调出放置在电子平台上。

（4）单击电子仿真软件 NI Multisim 11.0 基本界面上侧左列真实元器件工具栏的"Source"按钮，从弹出的对话框中调出 V_{CC} 电源和地线，将它们放置到电子平台上。

（5）单击电子仿真软件 NI Multisim 11.0 基本界面上侧工具栏里"View"按钮，从弹出的对话框中选取"Toolbars",再在弹出的对话框中选取"Virtual",将虚拟元器件库调出,这时在工作界面上将会出现虚拟元器件图标 ⊞·⊞·⊞·⊞·圖·圖·圖·圖·圖· ,单击 〜· 图标然后再单击 〜 Place Virtual Resistor 即可调出电阻,这时右击或双击电阻,即可修改电阻的阻值。

(6) 单击电子仿真软件 NI Multisim 11.0 基本界面上侧工具栏里"View"按钮,从弹出的对话框中选取"Toolbars",再在弹出的对话框中选取"Virtual",将虚拟元器件库调出,这时在工作界面上将会出现虚拟元器件图标,单击 ◎· 图标,然后选择 ⊕ Place Clock Voltage Source 选中时钟电压源,右击或双击电压源即可修改时钟电压源的参数。

(7) 单击电子仿真软件 NI Multisim 11.0 基本界面上侧左列真实元器件工具栏的"Place Diode"按钮 ⊬,从弹出的对话框"Family"栏选取"LED",再在"Component"栏选取"LED"(颜色自选),最后单击右上角"OK"按钮,将 LED 二极管放到电子平台上。将所有元器件连成仿真电路如图 15.10 所示。

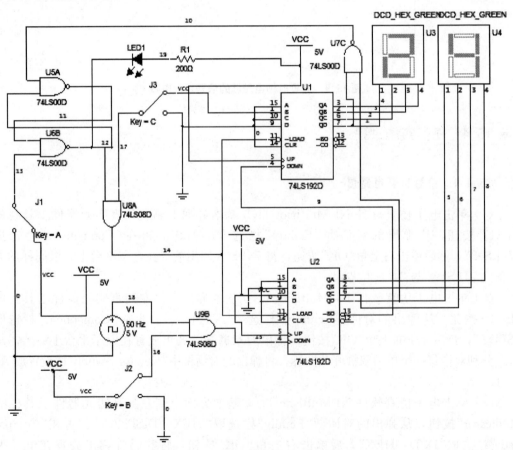

图 15.10　篮球 24s 倒计时仿真电路

15.4.2　仿真电路调试

本电路有三个控制按钮，分别是 A、B、C。A 是启动按钮，当 A 闭合时，计数器开始计数，计数器递减计数到零时，控制电路发出声、光报警信号，计数器保持"24"状态不变，处于等待状态。B 是暂停/连续按钮，当"暂停/连续"开关处于"暂停"时，计数器暂停计数，显示器保持不变，当此开关处于"连续"开关，计数器继续累计计数。C 是手动复位按钮，当按下 C 时，不管计数器工作于什么状态，计数器立即复位到预置数值，即"24"。当松开 C 时，计数器从 24 开始计数。因为 Multisim 中开关断开不能自动识别为高电平，所以仿真时采用了双向开关，当开关断开时接电源模拟，实际电路中用单向开关即可。

闭合启动按钮 A(注意：此时暂停/连续按钮 B、手动复位按钮 C 都处于断开位置)，由 555 定时器输出秒脉冲(此处用时钟电压源模拟)经过 74LS08 输入到个位计数器(U_2) 74LS192 的 *DOWN* 端，作为减计数脉冲，计数器开始倒计时计数，如图 15.11 所示。当计数器计数计到 0 时，U_2 的(13)脚输出借位脉冲使十位计数器 U_1 开始计数。当计数器计数到"00"时应使计数器复位并置数"24"。本电路利用从"00"跳变到"99"时，通过与非门，使电路置数到"24"并且保持该状态。由于"99"是一个过渡时期，不会显示出来，所以本电路采用"99"作为计数器复位脉冲。当计数器由"00"跳变到"99"时，利用个位和十位的"9"即"1001"通过与非门 IC_5 去触发 *RS* 触发器使电路翻转，从"11"脚输出低电平使计数器置数，并保持为"24"，同时 LED 发光二极管亮，蜂鸣器发出报警声，即声光报警，如图 15.12 所示。

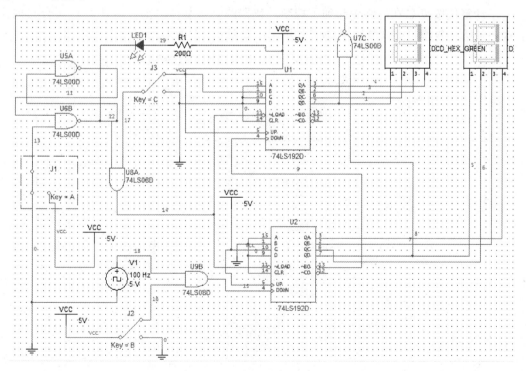

图 15.11　启动篮球 24s 倒计时仿真电路

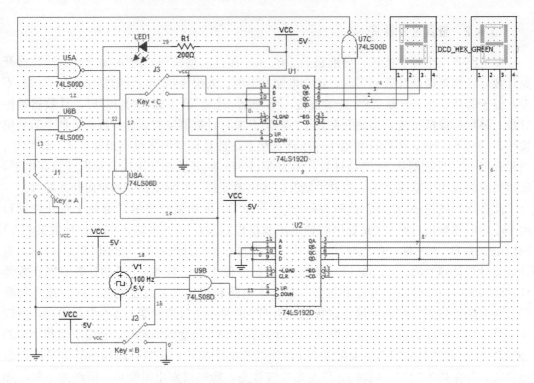

图 15.12　篮球 24s 倒计时结束报警

　　手动复位按钮 C 在电路中起到了控制计数器的直接复位功能。当开关 C 闭合与地连接时，计数器复位，即恢复数字 24，如图 15.13 所示。

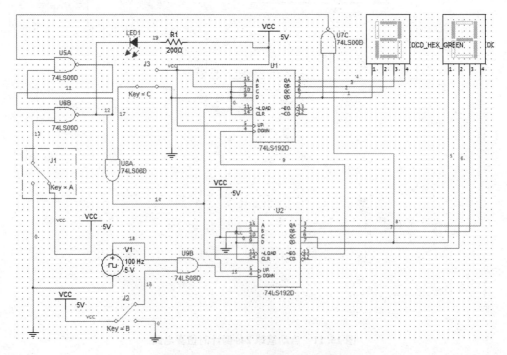

图 15.13　篮球 24s 倒计时手动复位

当"暂停/连续"开关 B 处于"暂停"时，计数器暂停计数，显示器保持不变，如图 15.14 所示，当此开关处于"连续"开关，计数器继续累计计数。

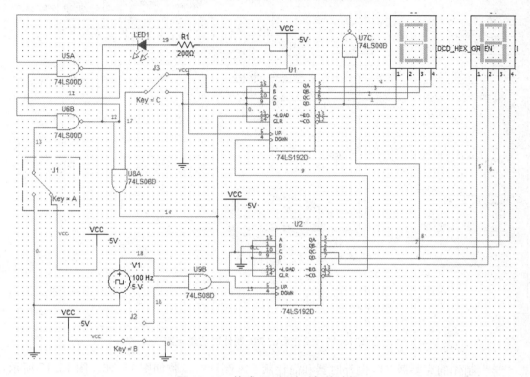

图 15.14　篮球 24s 倒计时暂停计数

15.4.3　实物电路图调试

为方便学生在焊接实物图时一次成功，循序渐进，在实物制作时可先将报警模块、手动复位模块、暂停模块、连续模块统统去掉，1s 信号由信号发生器直接提供，用控制按钮 A 直接控制电路的启动，这样学生比较容易成功看到倒计时的效果，经简化后的电路如图 15.15 所示。

按照多功能板的规格，设定好各集成芯片的排放位置、测试各芯片是否与面板接触良好。对焊好的元器件，要认真检查元器件引脚之间有无短路、连接处有无接触不良、二极管的极性和集成电路的引脚是否连接有误。在不通电的情况下，通过目测，对照电路原理图和装配图，检查每一块片是否正确，极性有无接反，引脚有无损坏，连线有无接错（包括漏线和短路）。通电后，通过类比法、高低电平比较法等方法逐一找出故障点。或用指针式万用表 $R \times 1$ 挡，或是用万用表的"二极管挡"的蜂鸣器来测量元器件引脚，这样可以同时发现接触不良的地方。当检测出问题后分析其原因，是元器件本身原因还是接线错误，更换元器件或重新正确接线，保证电路的正确运行，还有一个细节也不能忽视，就是实物图和计算机仿真上的芯片接法并不完全一样，计算机仿真上的芯片许多引脚已经默认接地或接电源了，在实物图上就必须考虑，否则就会得到错误的结果。

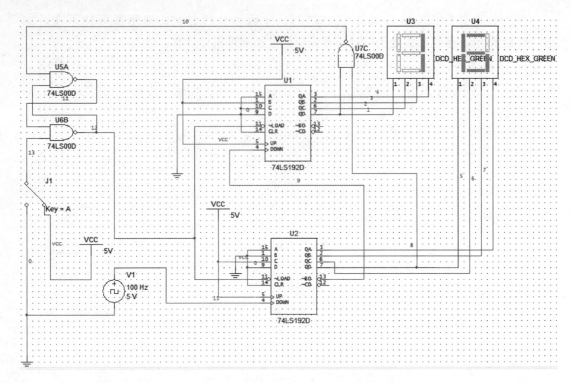

图 15.15　简化后的 24s 倒计时仿真电路

　　学生制作的完整版 24s 倒计时器和简化版 24s 倒计时实物如图 15.16、图 15.17 所示，经实际调试，完全实现了 24s 倒计时功能。

图 15.16　篮球 24s 倒计时电路完整版实物图

图 15.17　篮球 24s 倒计时电路(简化)调试图

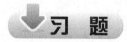

通过本任务的学习,根据篮球 24s 计时器的设计要求,确定了具体方案,将篮球 24s 计时器的设计主要划分为五个模块:时钟模块(即秒脉冲发生模块)、计数模块、显示模块、报警模块、控制模块,同时对电路的工作原理进行分析,在此基础上采用电路仿真软件 NI Multisim 11.0 进行仿真,并制作实物成功进行调试,确定了电路方案的可行性。

⬇️ **习　题**

1. 问答题

74LS192 如何实现预置功能?

2. 仿真题

(1) 用 74LS192 芯片构成 23 进制电路并用数码管显示。

(2) 利用 555 定时器构成如图 15.18 所示的时基振荡电路,分析其振荡频率和占空比。

(3) 利用 555 定时器构成如图 15.19 所示的占空比可调的多谐振荡器,调节电位器的百分比,观察多谐振荡器产生的矩形波占空比的变化。

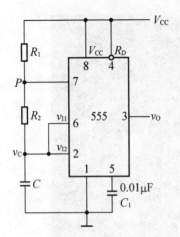

图 15.18　555 构成的时基振荡电路

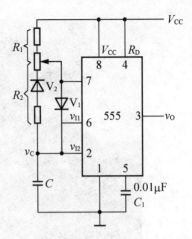

图 15.19　555 构成的占空比可调的多谐振荡器

任务 16　晶体管交流小信号放大器

■ 16.1　任务导入

在电子电路的实际应用中，低频交流小信号放大电路的用途是非常广泛的。在要求较大电压、电流、功率增益时，放大电路多采用共发射极接法。图 16.1 所示为共发射极分压式偏置放大电路原理图。

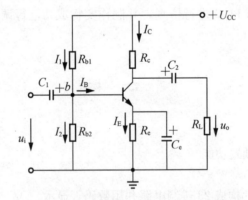

图 16.1　共发射极分压式偏置放大电路原理图

■ 16.2　任务分析

为了使放大电路正常工作，必须选择恰当的静态工作点，也就是合理地选取 R_b、R_c、U_{CC} 等参数。除了这些参数以外，当温度变化、电源电压波动时，放大电路的静态工作点也会受到影响而移动，致使放大器不能正常工作。要使放大电路正常工作，必须设法使静态工作点 Q 稳定，即稳定直流工作状态的 I_C、U_{CE} 等值。实践证明，造成静态工作点不稳定的因素中，温度变化是最重要的。这是因为晶体管的特性参数 β、U_{BE}、I_{CEO} 等都随温度的变化而变化。这些都会导致 I_C 变化而引起工作点不稳定。

如图 16.1 所示偏置电路采用的是 R_{b1} 和 R_{b2} 组成的分压电路，并在发射极中接有发射极电阻 R_e，用以稳定放大器的静态工作点。

▪ 16.3　任务知识点

16.3.1　分压式偏置放大电路工作点稳定的原理

在放大器中偏置电路是必不可少的组成部分，在设置偏置电路中应考虑以下两个方面：偏置电路能给放大器提供合适的静态工作点；温度及其他因素改变时，能使静态工作点稳定。

图 16.2 所示电路为固定偏置电路，设置的静态工作点参数为

$$I_{BQ}=\frac{U_{CC}-U_{EE}}{R_b}\approx\frac{U_{CC}}{R_b}$$

$$I_{CQ}=\beta I_{BQ}+(1+\beta)I_{CBO}$$

$$U_{CEQ}=U_{CC}-I_{CQ}R_c$$

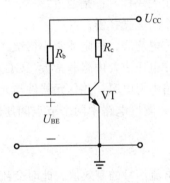

图 16.2　固定偏置电路

由于晶体管参数 β、I_{CBO} 等随温度而变，而 I_{CQ} 又与这些参数有关，因此当温度发生变化时，导致 I_{CQ} 的变化，使静态工作点不稳定，导致放大电路不能正常工作。

为了稳定静态工作点，一般情况下，可以从电路结构上采取措施，我们采用了如图 16.1 所示分压偏置电路。

为了使静态工作点稳定，必须使 U_B 基本不变，$T\uparrow\rightarrow I_{CQ}\uparrow(I_{EQ}\uparrow)\rightarrow U_E\uparrow\rightarrow U_{BE}\downarrow\rightarrow I_{BQ}\downarrow\rightarrow I_{CQ}\downarrow$。反之亦然。由上述分析可知，分压式偏置电路稳定静态工作点的实质是固定 U_B 不变，通过 $I_{CQ}(I_{EQ})$ 变化，引起 U_E 的改变，使 U_{BE} 改变，从而抑制 $I_{CQ}(I_{EQ})$ 改变。通常该电路的经验值如下。

硅管：$I_1=(5\sim10)I_B$，$U_B=(3\sim5)$V。

锗管：$I_1=(10\sim20)I_B$，$U_B=(1\sim3)$V。

16.3.2　NI Multisim 11.0 中数字万用表的使用

虚拟数字万用表是一种多功能的常用仪器，可以用来测量直流或交流电压、直流或交流电流、电阻及电路两节点的电压损耗分贝等。其量程根据待测量参数的大小自动确定，

其内阻和流过的电流可设置为近似的理想值，也可以根据需要更改。通过双击其图标，打开其面板，其面板如图 16.3 所示。

图 16.3　数字万用表面板

　　其连接方式同现实中的万用表一样，都是通过"＋"、"－"两个端子来连接。在数字万用表的参数显示框下面，有四个功能选择键。

　　图标 A：电流挡。此时用作电流表，内阻非常小（1nΩ）。

　　图标 V：电压挡。此时用作电压表，内阻非常大（1GΩ）。

　　图标 Ω：电阻挡。要求电路中无电源，并且元器件与元器件网络有接地端。

　　图标 dB：电压损耗分贝挡。测量电路中两个节点间压降的分贝值。测量时万用表与两节点并联。

　　被测信号类型有以下两种。

　　交流挡：测量交流电压或电流信号的有效值。此时交流信号中的直流成分都被虚拟数字万用表滤除，所以测量结果仅是信号的交流成分。

　　直流挡：测直流电压或电流的大小。

　　注意：测一个既有直流又有交流成分的电路电压平均值时，将一个直流电压表和一个交流电压表同时并联到待测节点上，分别测直流电压和交流电压的大小，则电压平均值可按取前两者的平方根得到。

　　面板的设置：理想仪表在测量时对电路无任何影响，即理想的电压表有无穷大的电阻而无电流通过，理想的电流表内阻几乎为零。而现实中并不是这样的。在 NI Multisim 11.0 中，可以通过设置万用表的内阻来模拟实际仪表的测量结果。具体步骤如下。

　　① 单击万用表面板的"Set"（设置）按钮，探出万用表设置对话框。如图 16.4 所示。

　　② 设置相应的参数。

　　③ 设置完成后单击"Accept"（接受），保存设置。

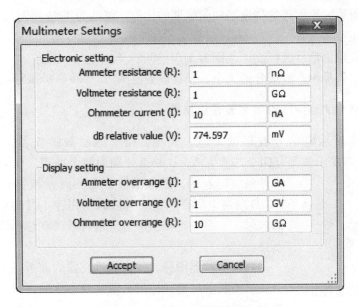

图 16.4 数字万用表设置

16.3.3 NI Multisim 11.0 中函数信号发生器的使用

函数信号发生器是可提供正弦波、三角波、方波三种不同波形的信号的电压信号源。双击函数信号发生器图标，打开其面板，其面板如图 16.5 所示。

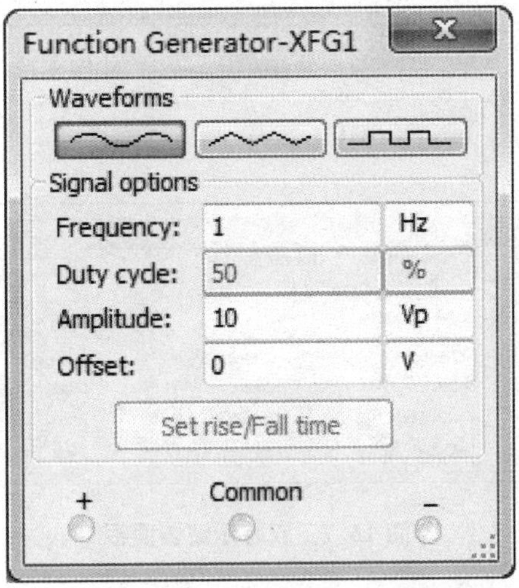

图 16.5 函数信号发生器面板

由图 16.5 可见函数信号发生器有三个接线端。"＋"输出端产生一个正向的输出信号，公共点通常接地，"－"输出端产生一个反向的输出信号。

面板的设置：单击面板图所示的正弦波、三角波或方波的条形按钮可以选择相应的输出波形。

频率：设置输出信号的频率，范围为 $1Hz \sim 999MHz$。

占空比：设置输出信号的持续期和间歇期的比值，范围为1‰～99‰。只对三角波和方波有效，对正弦波无效。

振幅：设置输出信号的幅度，范围为1μV～999kV。

偏移：输出信号中直流成分的大小，偏移设置范围为-999～999kV。

16.3.4　NI Multisim 11.0 中示波器的使用

示波器用来显示电信号波形的形状、大小、频率等参数的仪器。示波器图标如图16.6所示。双踪示波器有四个端点，A、B端点分别为两个通道，G为接地端，T为室外触发输入端。虚拟示波器与实际示波器稍有不同，一是A、B两通道只有一根线与被测点相连，测的是该点与地之间的波形；二是当电路图中有接地符号，双踪示波器接地端可以不接。

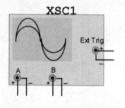

图16.6　双踪示波器图标

双击示波器图标，放大的示波器的面板图如图16.7所示。示波器面板各按键的作用、调整及参数的设置与实际的示波器类似。

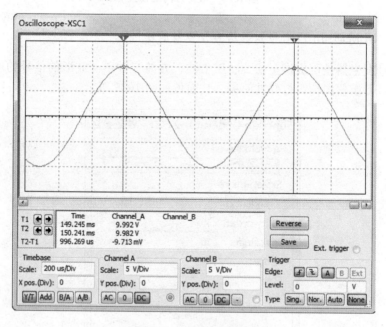

图16.7　双踪示波器面板

面板设置如下。

（1）时基区。

刻度——设置X轴一大格所表示的时间。单击该栏出现一对上翻下翻箭头进行调节。

X位置——X轴方向时间基准的起点位置。

Y/T——显示随时间变化的信号波形。

B/A——将通道A的输入信号作为X轴扫描信号，将通道B的输入信号施加到Y轴上。

A/B——与 B/A 相反。

Add——显示的波形时通道 A 与通道 B 的输入信号之和。

（2）通道 A 区。

刻度——设置 Y 轴的刻度。

Y 位置——设置 Y 轴的起点。

AC——显示信号的波形只含有通道 A 输入信号的交流成分。

0——A 通道的输入信号被短路。

DC——显示信号的波形含有通道 A 输入信号的交、直流成分。

（3）通道 B 区。

设置方法与通道 A 相同。

（4）触发区。

边沿——将输入信号的上升沿或下降沿作为触发信号。

水平——用于选择触发电平的大小。

内——当触发电平高于所设置的触发电平时，示波器就触发一次。

无——只要触发电平高于所设置的触发电平时，示波器就触发一次。

自动——若输入信号变化比较平坦或只要有输入信号就尽可能显示波形时，就选择它。

A——通道 A 的输入信号作为触发信号。

B——通道 B 的输入信号作为触发信号。

外——用示波器的外触发端的输入信号作为触发信号。

要显示波形读数的精确值时，可用鼠标将垂直光标拖到需要读取数据的位置。显示屏幕下方的方框内，显示光标与波形垂直相交点处的时间和电压值，以及两光标位置之间的时间、电压的差值。

单击"Reverse"按钮可改变示波器屏幕的背景颜色。单击"Save"按钮可按 ASCII 码格式存储波形读数。

在示波器显示区有两个可以任意移动的游标，游标所处的位置和所测量的信号幅度值在该区域中显示。其中，"T1"、"T2"分别表示两个游标的位置，即信号出现的时间；"VA1"、"VB1"和"VA2"、"VB2"分别表示两个游标所测得的通道 A 和通道 B 信号在测量位置具有的幅值。

16.3.5　NI Multisim 11.0 的分析功能

Multisim 具有较强的分析功能，执行 Simulate→Analysis 命令，可以弹出电路分析菜单。单击设计工具栏的图标也可以弹出该电路分析菜单。

Multisim 的电路分析方法：主要有直流工作点分析、交流分析、瞬态分析、傅里叶分析、噪声分析、失真分析、直流扫描分析、灵敏度分析、参数扫描分析、温度扫描分析、零—极点分析、传递函数分析、最坏情况分析、蒙特卡罗分析、批处理分析、用户自定义分析、噪声系数分析，本任务主要介绍 Multisim 的直流工作点分析和交流分析方法。

直流工作点分析（DC Operating）是在电路中电容器开路、电感器短路时，计算电路的直流工作点，即在恒定激励条件下求电路的稳态值。在电路工作时，无论是大信号还是小信号，都必须给半导体器件以正确的偏置，以便使其工作在所需的区域，这就是直流分析要解决的问题。了解电路的直流工作点，才能进一步分析电路在交流信号作用下电路能否正常工作。求解电路的直流工作点在电路分析过程中是至关重要的。

交流分析(AC Analysis)用于分析电路的频率特性。需先选定被分析的电路节点，在分析时，电路中的直流源将自动置零，交流信号源、电容器、电感器等均处在交流模式，输入信号也设定为正弦波形式。若把函数信号发生器的其他信号作为输入激励信号，在进行交流频率分析时，会自动把它作为正弦信号输入。因此输出响应也是该电路交流频率的函数。直流工作点分析和交流分析的具体分析步骤将在后面的任务实施中详细讲述。

■ 16.4 任务实施过程

16.4.1 绘制仿真电路图

(1) 单击电子仿真软件 NI Multisim 11.0 基本界面上侧左列真实元器件工具栏的 ⁎ 按钮，如图 16.8 所示，从弹出的"Family"栏选取"BJT _ NPN"，再在"Component"栏选取"2N2222A"，然后单击右上角的"OK"按钮，将晶体管 2N2222A 调出放置在电子平台上。

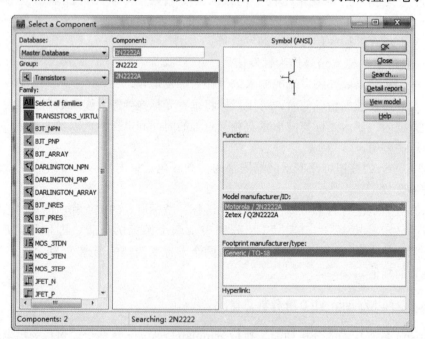

图 16.8 晶体管选取对话框

(2) 单击电子仿真软件 NI Multisim 11.0 基本界面左侧左列真实元器件工具栏的"Basic"按钮，从弹出的对话框中调出如图 16.9 所示的电阻和电解电容器，将它们调出放置在电子平台上。

(3) 单击电子仿真软件 NI Multisim 11.0 基本界面左侧右列虚拟元器件工具栏，调出电位器。

(4) 单击电子仿真软件 NI Multisim 11.0 基本界面上侧左列真实元器件工具栏的

"Source"按钮，从弹出的对话框中调出 V_{CC} 电源和地线，将它们放置到电子平台上。

（5）从电子仿真软件 NI Multisim 11.0 基本界面右侧虚拟仪器工具栏中调出信号发生器和虚拟双踪示波器放置在电子平台上，将所有元器件和仪器连成仿真电路如图 16.9 所示。

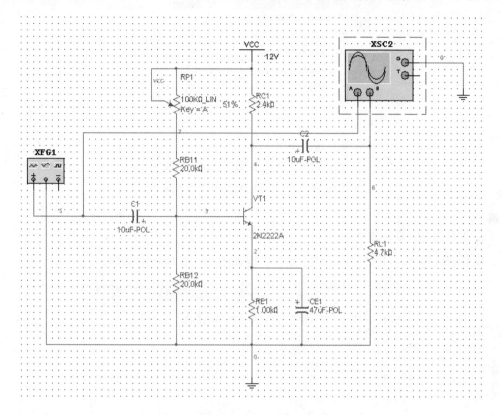

图 16.9　共发射极分压式偏置放大电路仿真图

16.4.2　直流工作点分析

1. 函数信号发生器参数设置

在创建的仿真电路图中，双击函数信号发生器图标，出现如图 16.10 面板图，改动面板上的相关设置，可改变输出电压信号的波形类型、大小、占空比或偏置电压等。

"Waveforms"区：选择输出信号的波形类型，有正弦波、三角波和方波三种周期信号供选择。本例选择正弦波。

"Signal Options"区：对"Waveforms"区中选取的信号进行相关参数设置。

Frequency：设置所要产生信号的频率，范围在 1Hz～999MHz。本例选择 1kHz。

Duty Cycle：设置所要产生信号的占空比。设定范围为 1%～99%。

Amplitude：设置所要产生信号的最大值（电压），其可选范围从 1μV～999kV。本例选择 10mV。

Offset：设置偏置电压值，即把正弦波、三角波、方波叠加在设置的偏置电压上输出，其可选范围从 1μV～999kV。

当所有面板参数设置完成后，可关闭其面板对话框，仪器图标将保持输出的波形。

图 16.10　函数信号发生器面板图

2. 电位器 R_P 参数设置

双击电位器 R_P，单击"Value"标签，出现如图 16.11 所示对话框。

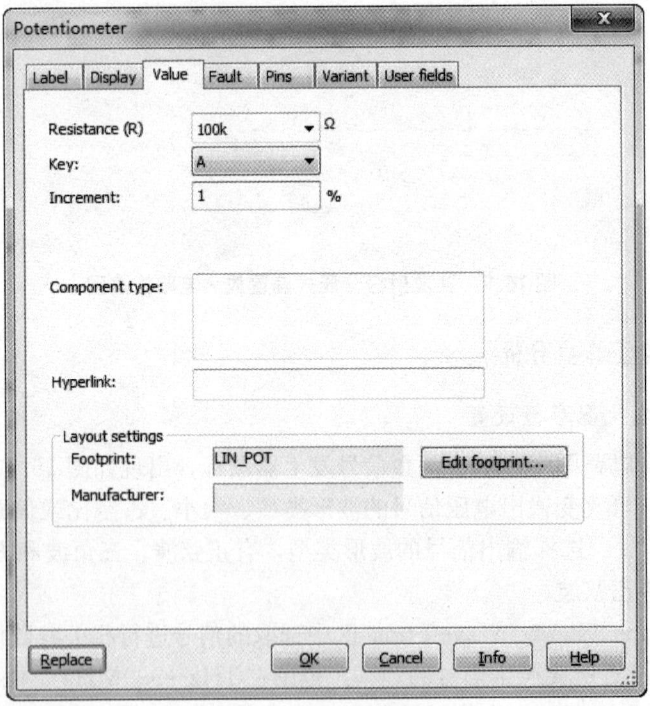

图 16.11　电位器设置

Key：调整电位器大小所按键盘。

Increment：设置电位器按百分比增加或减少。

调整图 16.11 中的电位器 R_P 确定静态工作点。电位器 R_P 旁标注的文字"Key＝a"表明按动键盘上"A"键，电位器的阻值按 5% 的速度增加；若要减少，按动"Shift"＋"A"组合键，阻值将以 5% 的速度减小。电位器变动的数值大小直接以百分比的形式显示在一旁。

在弹出的如图 16.11 所示的对话框"Increment"栏改为"1"%；将"Resistance"栏改为"100k"Ω，再单击下方"OK"按钮退出。启动仿真电源开关，反复按键盘上的"A"键。双击示波器图标，观察示波器输出波形如图 16.12 所示的波形。

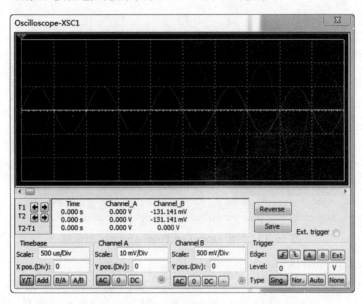

图 16.12　示波器显示节点 1、2 的波形

通过拖曳示波器面板中的指针可分别测出输出电压的峰-峰值及周期。示波器使用方法参照任务知识点的 16.3.4 所述。

3. 直流工作点分析

在输出波形不失真情况下，执行 Options→Preferences→Show node names 命令使图 16.9 显示节点编号，执行 Simulate→Analysis→DC Operating Point 命令，将弹出"DC Operating Point Analysis"对话框，进入直流工作点分析状态。如图 16.13 所示，"DC Operating Point Analysis"对话框有 Output、Analysis Options 和 Summary 三个标签，分别介绍如下。

1）"Output"标签对话框

"Output"标签对话框用来选择需要分析的节点和变量。

（1）"Variables in Circuit"栏。

在"Variables in Circuit"栏中列出的是电路中可用于分析的节点和变量。单击"Variables in circuit"按钮中的下箭头按钮，可以给出变量类型选择表。在变量类型选择表中：

单击"Voltage and current"选择电压和电流变量。

单击"Voltage"选择电压变量。

单击"Current"选择电流变量。

单击"Device/Model Parameters"选择元器件/模型参数变量。

单击"All variables"选择电路中的全部变量。

单击该栏下的"Filter unselected variables"按钮，可以增加一些变量。

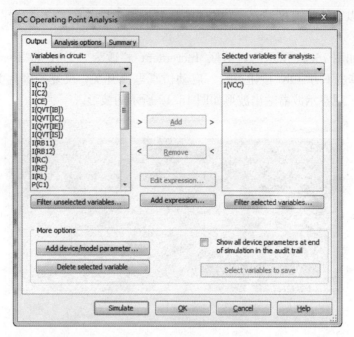

图 16.13　"DC Operating Point Analysis"对话框

（2）"More Options"区。

在"Output"对话框中包含"More Options"区，在"More Options"区中，单击"Add device/model parameter"可以在"Variables in circuit"栏内增加某个元器件/模型的参数，弹出"Add device/model parameter"对话框。

在"Add device/model parameter"对话框中，可以在"Parameter Type"栏内指定所要新增参数的形式；然后分别在"Device Type"栏内指定元器件模块的种类，在"Name"栏内指定元器件名称（序号），在"Parameter"栏内指定所要使用的参数。

"Delete selected variables"按钮可以删除已通过"Add device/model parameter"按钮选择到"Variables in circuit"栏中的变量。首先选中需要删除变量，然后单击该按钮即可删除该变量。

（3）"Selected variables for analysis"栏。

在"Selected variables for analysis"栏中列出的是确定需要分析的节点。默认状态下为空，用户需要从"Variables in circuit"栏中选取，方法是首先选中左边的"Variables in circuit"栏中需要分析的一个或多个变量，再单击"Plot during simulation"按钮，则这些变量出现在"Selected variables for analysis"栏中。如果不想分析其中已选中的某一个变量，可先选中该变量，单击"Remove"按钮即将其移回"Variables in circuit"栏内。

"Filter selected variables"筛选"Filter unselected variables"已经选中并且放在"Selected variables for analysis"栏的变量。

2）"Analysis Options"标签对话框

"Analysis Options"标签对话框如图 16.14 所示。在"Analysis Options"标签对话框中包含有"SPICE Options"区和"Other Options"区。"Analysis Options"标签对话框用来设定分析参数，建议使用默认值。

如果选择"Use custom settings"，可以用来选择用户所设定的分析选项。可供选取设定的项目已出现在下面的栏中，其中大部分项目应该采用默认值，如果想要改变其中某一个分析选项参数，则在选取该项后，再选中下面的"Customize"选项。选中"Customize"选项将出现另一个窗口，可以在该窗口中输入新的参数。单击左下角的"Restore to Recommended Settings"按钮，即可恢复默认值。

图 16.14　"Analysis Options"标签对话框

3）"Summary"标签对话框

在"Summary"标签对话框中，给出了所有设定的参数和选项，用户可以检查确认所要进行的分析设置是否正确。

4. 直流工作点具体分析步骤

左边"Variables in circuit"栏内列出电路中各节点电压变量和流过电源的电流变量。右边"Selected variables for analysis"栏用于存放需要分析的节点。

具体做法是先在左边"Variables in circuit"栏中选中需要分析的变量（可以通过鼠标拖拉进行全选），再单击"Add"按钮，相应变量则会出现在"Selected variables for analysis"栏中。如果"Selected variables for analysis"栏中的某个变量不需要分析，则先选中它，然后单击"Remove"按钮，该变量将会回到左边"Variables in circuit"栏中。

分析的参数设置和"Summary"标签页中排列了该分析所设置的所有参数和选项。用户通过检查可以确认这些参数的设置。

选择输出节点如图 16.15 所示。

启动仿真电路，单击图 16.15 下部"Simulate"按钮，测试结果如图 16.16 所示。测试结果给出电路各个节点的电压值。根据这些电压的大小，可以确定该电路的静态工作点是否合理。如果不合理，可以改变电路中的某个参数，利用这种方法，可以观察电路中某个元器件参数的改变对电路直流工作点的影响，显示节点电压。

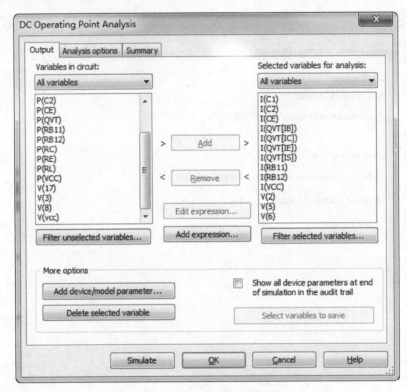

图 16.15　选择输出节点

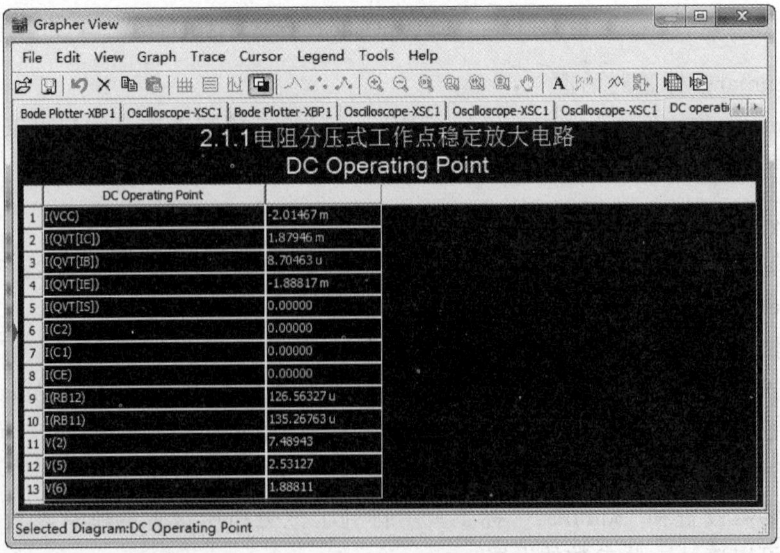

图 16.16　系统运行结果显示

5. 交流分析

交流分析用于分析电路的频率特性。需先选定被分析的电路节点，在分析时，电路中的直流源将自动置零，交流信号源、电容器、电感器等均处在交流模式，输入信号也设定为正弦波形式。若把函数信号发生器的其他信号作为输入激励信号，在进行交流频率分析时，会自动把它作为正弦信号输入。因此输出响应也是该电路交流频率的函数。

执行 Simulate→Analysis→AC Analysis 命令，将弹出"AC Analysis"对话框，进入交流分析状态，"AC Analysis"对话框如图 16.17 所示。"AC Analysis"对话框有 Frequency Parameters、Output、Analysis Options 和 Summary 四个标签，其中 Output、Analysis Options 和 Summary 三个标签与直流工作点分析的设置一样，本任务中首先单击其中 "Output"标签选定节点 8 进行仿真，然后单击"Frequency Parameters"标签，弹出"Frequency Parameters"标签对话框如图 16.17 所示。

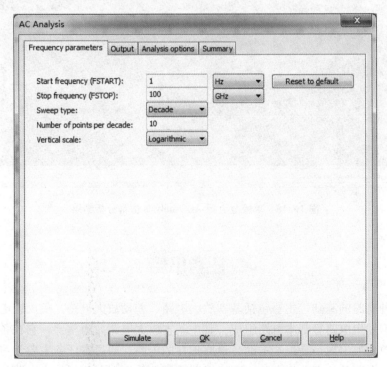

图 16.17   "Frequency Parameters"标签对话框

在 Frequency Parameters 参数设置对话框中，可以确定分析的起始频率、终点频率、扫描形式、分析采样点数和纵向坐标(Vertical scale)等参数。本例中：

在"Start frequency(FSTART)"中，设置分析的起始频率，设置为 1Hz。

在"Stop frequency(FSTOP)"中，设置扫描终点频率，设置为 100GHz。

在"Sweep type"中，设置分析的扫描方式为"Decade"(十倍程扫描)。

在"Number of points per decade"中，设置每十倍频率的分析采样数，默认为 10。

在"Vertical scale"中，选择纵坐标刻度形式为"Logarithmic"(对数)形式。默认设置为对数形式。

单击"Reset to default"按钮，即可恢复默认值。

按下"Simulate"（仿真）按钮，即可在显示图上获得被分析节点的频率特性波形。交流分析的结果，可以显示幅频特性和相频特性两个图，仿真分析结果如图 16.18 所示，在对模拟小信号电路进行交流频率分析的时候，数字器件将被视为高阻接地。

如果用波特图仪连至电路的输入端和被测节点，双击波特图仪同样也可以获得交流频率特性，此处不再赘述。

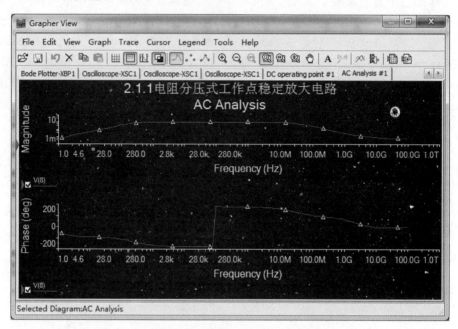

图 16.18　单管放大器 AC Analysis 仿真分析结果

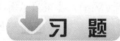 任务小结

作为各种电路的基础，主要包括基本放大电路、差动放大电路、负反馈电路、功率放大电路、波形发生电路等基本电路组成。其中基本放大电路尤为重要，它在各种电路中都以原型或简单变形出现，是最基本的、最原理性的电路。通过本任务主要学习共发射极分压式偏置放大电路的仿真分析方法，在这里着重用软件不仅分析了放大电路的直流工作点分析，同时也进行了动态特性，说明了软件在中频段电路进行设计与分析的可行性。

习　题

1. 计算分析题

（1）放大电路如图 16.19（a）所示。设所有电容器对交流均视为短路，$U_{BEQ} = 0.7V$，$\beta=50$。

① 估算该电路的静态工作点 Q。

② 画出小信号等效电路 。

③ 求电路的输入电阻 R_i 和输出电阻 R_o。

④ 求电路的电压放大倍数。

⑤ 若 u_o 出现如图 16.19(b)所示的失真现象，是截止失真还是饱和失真？为消除此失真，应该调整电路中哪个元器件，如何调整？

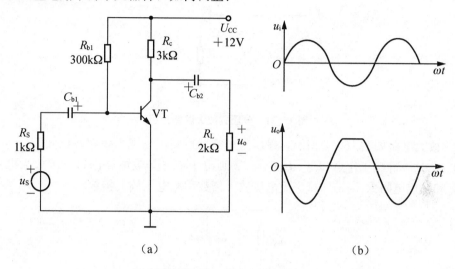

（a）　　　　　　　　　　　（b）

图 16.19　单管放大器电路图

（2）求解图 16.20 所示电路的静态工作点。

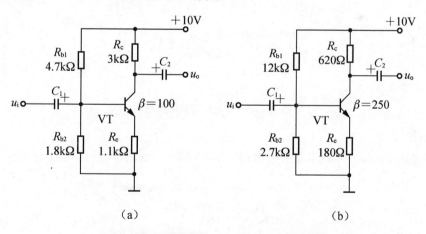

（a）　　　　　　　　　　　（b）

图 16.20　分压式放大电路静态工作点计算

（3）图 16.21 所示 NPN 晶体管组成的分压式工作点稳定电路中，假设电路其他参数不变，分别改变以下某一项参数时，试定性说明放大电路的 I_{BQ}、I_{CQ}、U_{CEQ}、R_{be} 和电压放大倍数将增大、减小还是基本不变。

① 增大 R_{b1}。

② 增大 R_{b2}。

③ 增大 R_e。

④ 增大 β。

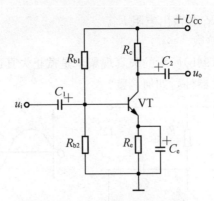

图 16.21　分压式放大电路分析

（4）放大电路如图 16.22 所示，设所有电容器对交流均视为短路。已知 $U_{BEQ}=0.7V$，$\beta=100$。①估算静态工作点（I_{CQ}，U_{CEQ}）；②画出小信号等效电路图；③求放大电路输入电阻 R_i 和输出电阻 R_o；④计算交流电压放大倍数和源电压放大倍数。

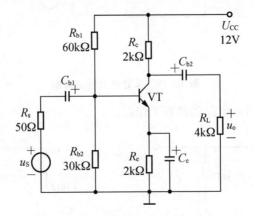

图 16.22　分压式放大电路计算

2. 操作题

根据如图 16.23 所示的基本放大电路，用 NI Multisim 软件进行静态工作点和动态分析。

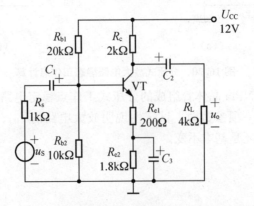

图 16.23　分压式放大电路 Multisim 仿真练习题

任务 17　波形发生电路

■ 17.1　任务导入

在测量、自动控制、通信、无线电广播和遥测(Remote Measure)、遥感(Remote Sensing)等许多技术领域，波形发生电路和波形变换电路都有着广泛的应用。收音机、电视机和电子钟表等日常生活用品也离不开它。波形发生电路包括正弦波振荡电路和非正弦波振荡电路。所谓非正弦波信号，指的是正弦波以外的波形，如在数字电路中经常用到上升沿和下降沿都很陡峭的方波和矩形波、在电视扫描电路中要用到锯齿波等。波形发生电路不需要外加输入信号就能产生各种周期性的连续波形，如正弦波、方波、三角波和锯齿波等。波形变换电路则能将输入信号从一种波形变换成另一种波形，如将方波变换成三角波，将三角波变换成锯齿波或正弦波等。

■ 17.2　任务分析

正弦波和非正弦波发生电路常常作为信号源被广泛地应用于无线电通信、自动测量和自动控制等系统中。本任务主要介绍 RC 正弦波电路的产生。而方波、三角波、锯齿波的产生电路通常由迟滞电压比较器和 RC 充放电电路组成，工作过程有一张一弛的变化，所以又将这些电路称为张弛振荡器(Relaxation Oscillator)。

■ 17.3　任务知识点

17.3.1　正弦波振荡电路的基本概念

1. 振荡条件

在图 17.1 所示的框图中，$\dot{A}$ 是放大电路，$\dot{F}$ 是反馈电路，$\dot{U}_i$ 为放大电路的输入信号。当开关 S 打在端点 2 处时，放大电路没有反馈，其输入电压为外加输入信号(设为正弦信号)$\dot{U}_i$，经放大后，输出电压为 $\dot{U}_o$，如果通过正反馈引入的反馈信号与 $\dot{U}_i$ 的幅度和相位相同，即 $\dot{U}_f = \dot{U}_i$，那么，可以用反馈电压代替外加输入电压，这时如果将开关 S 打到 1 上，即使去掉输入信号 $\dot{U}_i$，仍能维持稳定输出。这时电路就成为不需要输入信号就有输出信号的自激振荡电路。

由框图可知，产生振荡的基本条件是反馈信号与输入信号大小相等、相位相同。反馈信号为

$$\dot{U}_f = \dot{F}\dot{U}_o = \dot{F}\dot{A}\dot{U}_{id}$$

当 $\dot{U}_f = \dot{U}_{id}$ 时，有

$$\dot{A}\dot{F} = 1$$

上式就是振荡电路的自激振荡条件。

由于 $\dot{A}=A\angle\varphi_a$，$\dot{F}=F\angle\varphi_f$，代入上式得

$$\dot{A}\dot{F}=A\angle\varphi_a\times F\angle\varphi_f=1$$

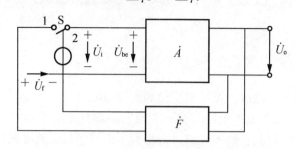

图 17.1　正弦波振荡电路的框图

这样可分解为以下两个条件。

（1）幅值（Amplitude）平衡条件：

$$|AF|=1$$

上式说明放大倍数 A 与反馈系数 F 的乘积的模为 1，它表示反馈信号 $\dot{U}_f$ 的幅度与原输入信号 $\dot{U}_{ID}$ 的幅度相等，也就是必须有足够强的反馈。

（2）相位（Phase）平衡条件：

$$\varphi_a+\varphi_f=2n\pi\,(n=0,\ 1,\ 2,\ \cdots)$$

上式说明放大电路的相移与反馈网络的相移之和为 $2n\pi$，即同相位，也即必须引入正反馈。

以上就是振荡电路能稳定工作的两个基本条件。但这时对振荡器产生的输出波形及信号的频率并无任何约束，可包含着各种频率的谐波分量，得不到正弦波输出。为了获得某一频率 f_o 的正弦波输出，可在放大电路或反馈电路中加入具有选频特性的电路，使得只有某一选定频率 f_o 的信号满足振荡条件，而其他频率的信号则不能满足振荡条件。即正弦波振荡器是由放大器加上足够的正反馈再加上选频电路组成的。

2. 起振与稳幅

当振荡电路接通电源时，当满足 $\dot{U}_f=\dot{U}_i$ 时，随着电源电流从零开始的突然增大，电路必然会产生微小的噪声或扰动信号，它包含从低频到甚高频的各种频率的谐波成分，最初的输入信号 $\dot{U}_i$ 就是这样产生的，但其中只有一种频率 f_o 的信号满足相位平衡条件。如果这时放大倍数足够大，即可以满足 $|AF|>1$ 的条件，经过正反馈不断放大后，输出信号在很短的时间内由小变大，使振荡电路起振。随着输出信号的增大，晶体管工作范围进入截止区或饱和区，电路的放大倍数 A 自动地逐渐下降，限制了振荡幅度的增大，最后当 $|AF|=1$ 时可得到稳定的输出电压。通常，从起振到等幅振荡所经历的时间是极短的（大约经历几个振荡周期的时间）。

3. 振荡电路的组成、分析和分类

根据振荡电路对起振、稳幅和振荡频率的要求，一般振荡电路由以下部分组成。

（1）放大电路：具有放大信号作用，并将直流电源转换成振荡的能量。

（2）反馈网络：形成正反馈，能满足相位平衡条件。

（3）选频网络：在正弦波振荡电路中，它的作用是选择某一频率 f_o，使之满足振荡条

件，形成单一频率的振荡。

（4）稳幅电路：用于稳定振幅，改善波形。

对于一个振荡电路，首先要判断它能否产生振荡。通常可采用下列步骤来判断。

（1）检查振荡电路是否具有以上的几个基本环节，特别是前三项。

（2）检查放大电路的静态工作点是否合适。

（3）分析振荡电路是否满足自激振荡的条件。

一般说来，振幅条件容易满足，主要是检查相位平衡条件。其方法是将反馈端点处断开，引入输入信号 $\dot{U}_i$，并假设极性为（＋），通过判断输出信号 $\dot{U}_o$ 的极性，从而获得反馈信号 $\dot{U}_f$ 的极性。如果 $\dot{U}_f$ 与 $\dot{U}_i$ 的极性相同，则电路为正反馈，满足相位平衡条件。即说明放大电路引入了正反馈。

为了保证振荡电路产生单一频率的正弦波，电路必须有选频电路（又称选频网络）（frequency-selective network），根据选频网络组成的元器件，通常可分为 RC、LC 和石英晶体正弦波振荡电路。

17.3.2 RC正弦波振荡电路

图 17.2 所示的 RC 正弦波振荡电路又称为文氏电桥（Wien Bridge），它一般用来产生零点几赫兹到数百千赫兹的低频信号。它的电路结构简单，目前常用的低频信号源大多采用这种形式的振荡电路。

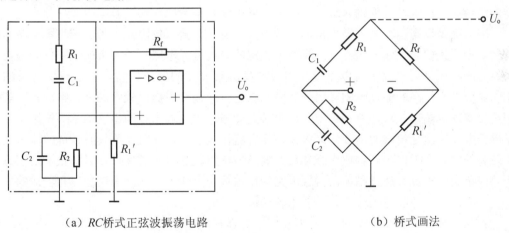

（a）RC桥式正弦波振荡电路　　　　　　　（b）桥式画法

图 17.2　RC桥式正弦波振荡电路

（1）电路组成：由于 RC 串并联选频网络在 $f=f_0$ 时，输出信号 $\dot{U}_2$ 最大，相移 $\varphi=0$，构成正反馈振荡电路时，要求放大电路的相移 $\varphi_A=\pm 2n\pi$，放大电路采用同相输入的电压串联负反馈方式。可以满足正弦波振荡的相位平衡条件。

（2）振荡频率：RC 串并联正弦波振荡电路的振荡频率为

$$f_0=\frac{1}{2\pi RC}$$

可见，改变 R、C 的参数值，就可以调节振荡频率。为了保证相移 $\varphi=0$，必须同时改变 R_1 和 R_2 值或 C_1 和 C_2 的值，可采用双联电位器或双联可变电容器来实现。

（3）起振条件：因为 $|F|=\dfrac{1}{3}$，根据起振条件 $|AF|>1$，所以要求图 17.2 所示的电压串联负反馈放大电路的电压放大倍数应略大于 3。若 R_f 略大于 $2R_1{}'$，就能顺利起振；若 $R_f<2R_1{}'$，即 $A_f<3$，电路不能振荡；若 $A_f\gg3$，输出 $\dot{U}_o$ 的波形失真，变成近似方波。

（4）常用的稳幅措施：可利用二极管的非线性自动完成稳幅的电路。在负反馈电路中，二极管 VD_1、VD_2 与电阻并联。

振荡电路起振时，输出电压较小，二极管正向交流电阻较大，负反馈较弱，使 A_f 略大于 3，有利于起振。当输出电压增大时，通过二极管电流也相应增大，二极管的交流电阻 R_{VD} 减小，负反馈增强，使 A_f 减小，从而达到自动稳定输出的目的。

RC 正弦波振荡器特点是电路简单，容易起振，但调节频率不方便，振荡频率不高，一般适用于 $f_0<1MHz$ 的场合。

17.3.3 集成运算放大器 μA741 芯片

集成电路(Integrated Circuit，IC)是指采用一定的工艺，把电路中所需要的晶体管、电阻、电容器等元器件及电路的连线都集成制作在一块半导体基片上，再封装在一个管壳内，成为具有所需功能的模块。集成电路按性能和用途的不同，可分为数字集成电路和模拟集成电路两大类。集成运算放大器(Integrated Operational Amplifier)是模拟集成电路的一种。集成运算放大器是用集成电路工艺制成的具有很高电压增益的直接耦合多级放大器的结构，电路常可分为输入级、中间级、输出级和偏置电路四个基本组成部分。

输入级是提高运算放大器质量的关键部分，要求其输入电阻高，为了减小零点漂移和抑制共模干扰信号，输入级都采用具有恒流源的差动放大电路；中间级的主要任务是提供足够大的电压放大倍数。所以要求中间级本身具有较高的电压增益，为了减少前级的影响，还应具有较高的输入电阻，另外，中间级还应向输出级提供较大的驱动电流，并能根据需要实现单端输入双端差动输出，或双端差动输入单端输出；输出级的主要作用是给出足够的电流以满足负载的需要，大多采用复合器作输出级，同时还要具有较低的输出电阻和较高的输入电阻以起到将放大级和负载隔离的作用，并有过流保护，以防止输出端意外短路或负载电流过大烧毁晶体；偏置电路的作用是为上述各级电路提供稳定和合适的偏置电流，决定各级的静态工作点，一般由各种恒流源电路构成。

集成运算放大器在最近的 30 年内发展十分迅速。通用型产品经历了四代的更替，各项技术指标不断改进。同时，又发展了适应特殊需要的各种专用型集成运算放大器。为了在工作中能够根据要求正确地选用，首先必须了解运算放大器的分类。

按特性分类，可分为通用型及专用型两大类。一般认为，在没有特殊参数要求情况下工作的运算放大器可列为通用型。由于通用型应用范围宽，产量大，所以价格便宜。作为一般应用，首先考虑的是选择通用型，但并非通用型的性能都一样。专用型又称高性能型，它按某特性参数分类，可分成高速型、高阻型、高压型、大功率型、低功耗型、低漂移型、低噪声型、高精度型、单电源型等。

按构造分类可分为：①双极型输入级运算放大器，指输入级差动放大电路采用双极型晶体管构成，用 BJE 表示。②结型场效应管输入级运算放大器，基本上由双极型构成，但输入级差动电路采用结型场效应管，其特点是输入阻抗高，输入偏流小，动态输入范围较大。但是它的失调电压、温漂用共模抑制比等性能比双极型输入级运算放大器差。这种运算放大器用 JFET-BJT 表示。③MOS 型场效应管输入级运算放大器,输入差动放大电路采用 MOS 场效应管,因此输入阻抗可视为无穷大。其输入信号漏泄电流只有 0.1pA 数量级的微小值,运算放大器缩写用 MOSFET-BJT 表示。④CMOS 型运算放大器,晶体管全部用 CMOS 场效应管构成,特点是输入阻抗高,静态电流小,它用 CMOS-FET 表示。

在选择运算放大器时,必须注意并不是档次越高的产品其各项指标均能全面提高。仔细分析可以发现有不少指标是互相矛盾又互相制约的,在实际应用时一定要从整机或系统的技术要求出发考虑,只需考虑其中几项有特殊要求指标,对其他指标不必苛求,尽量选用通用型运算放大器。

在应用集成运算放大器时需要知道它的几个引脚的用途,以及放大器的主要参数,不一定需要详细了解它的内部电路结构。本任务采用通用集成运算放大器 μA741,其符号和引脚图如图 17.3 所示。这种运算放大器有 7 个端点需要与外电路相连,通过 7 个引脚引出。各引脚的用途如下。

2 脚为反相输入端。由此端接输入信号,则输出信号与输入信号是反相的。

3 脚为同相输入端。由此端接输入信号,则输出信号与输入信号是同相的。

4 脚为负电源端,接 $-18\sim-3$V 电源。

7 脚为正电源端,接 $3\sim18$V 电源。

1 脚和 5 脚为外接调零电位器(通常为 10kΩ)的两个端子。

8 脚为空脚。

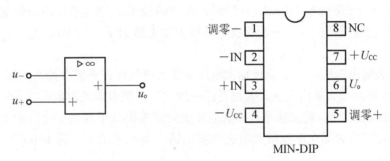

图 17.3 集成运算放大器 μA741 的符号和引脚图

非理想运算放大器的性能可用一些参数来表示。为了合理地选用和正确使用运算放大器必须了解各主要参数的意义。

(1)开环差模放大电压倍数 A_{uD}。在没有外接反馈电路时所测出的差模电压放大倍数 A_{uD} 称为开环电压倍数。A_{uD} 越高,所构成的运算放大器的运算精度越高,一般为 $10^4\sim10^7$,即 $80\sim140$dB。

(2)输入失调电压 U_{IO}。一个理想的集成运算放大器能实现零输入零输出。而实际的集成运算放大器,当输入电压为零时,存在一定的输出电压,把它折算到输入端就是输入失调电压。它在数值上等于输出电压为零时,输入端间应施加的直流补偿电压。失调电压的大小主要反映了差动输入级元器件的失配程度。通用型运算放大器的 U_{IO} 为毫伏数量级,有些运算放大器可小至 μV 数量级。

(3)输入失调电流 I_{IO}。一个理想的集成运算放大器的两输入端的静态电流完全相等。

实际上，当集成运算放大器的输出电压为零时，流入两输入端的电流不相等，这个静态电流之差 $I_{IO}=|I_{B1}-I_{B2}|$ 就是输入失调电流。失调电流的大小反映了差动输入级两个晶体管 β 的不平衡程度。I_{IO} 也是越小越好。通常型运算放大器的 I_{IO} 为纳安数量级。

（4）输入偏置电流 I_{IB}。它是指当输出电压为零时，流入两输入端的静态电流的平均值，即 $I_{IB}=\frac{1}{2}(I_{B1}+I_{B2})$ 其值也是越小越好，通用型运算放大器为几十个微安数量级范围内。

（5）输入失调电压温度漂移 dU_I/dt。这个指标说明运算放大器的温漂性能的好坏。一般以 $\mu V/℃$ 为单位。通用型集成运算放大器的指标为 μV 数量级。

（6）开环差模输入电阻 R_{iD}。它是指运算放大器开环工作时，两个输入端之间的动态电阻，一般运算放大器的 R_{iD} 为几百千欧至几兆欧。

（7）最大差模输入电压 U_{IDM}。它是指在运算放大器同相输入端和反相端之间所能承受的最大电压。超过这个电压，运算放大器输入端的晶体管将会出现反向击穿。一般集成运算放大器电路的 U_{IDM} 为几伏至几十伏。

（8）最大共模输入电压 U_{ICM}。在运算放大器工作的输入信号中往往既有差模成分又有共模成分。如果共模成分超过一定限度，则输入端晶体管将进入非线性区工作，就会造成失真，并会使输入端晶体管反向击穿。通用型运算放大器的最高共模电压基本上与电源电压相等。

（9）$-3dB$ 带宽 f_h 和单位增差带宽 f_c。f_h 和 f_c 是表征运算放大器在开环幅频的参数。当 $|A_{uD}|$ 下降 3dB 时的频率称为 $-3dB$ 带宽或截止频率 f_h。

当 $|A_{uD}|$ 进一步下降至 $0dB(A_{uD}=1)$ 时，对应的频率 f_c 称为单位增益带宽，这时将无法对该频率的信号进行放大。一般集成运算放大器电路的 f_c 为 1MHz 左右，有的可达几十兆赫。

（10）最大输出电压 U_{OPP}。能使输出电压和输入电压保持不失真关系的最大输出电压，称为运算放大器的最大输出电压。其绝对值一般比正、负电源绝对值低 0.5～1.5V。

（11）转换速率 S_R。转换速率是反映运算放大器输出对于高速变化的输入信号的响应能力。S_R 是运算放大器在单位增益组态和额定输出电压情况下，输出电压的最大变化速率，它定义为

$$S_R=\left|\frac{du_o}{dt}\right|_{max}$$

S_R 越大，表示运算放大器的高频性能越好，影响转换速率的主要原因是运算放大器内部电路的寄生电容和相位补偿电容。

总之，集成运算放大器具有开环电压放大倍数大、输入电阻大、输出电阻小、漂移小、可靠性高、体积小等主要特点，所以它已成为一种通用器件，广泛而灵活地应用于各个技术领域。在选用集成运算放大器时，就像选用其他电路元器件一样，要根据它们的参数说明确定适合的型号。

17.3.4 方波发生器

由集成运算放大器构成的方波发生器和三角波发生器，一般均包括滞回比较器和 RC 积分器两大部分。构成的方波和三角波发生器有多种形式，本设计选用最常用的、线路比

较简单的电路加以分析。

1. 电路组成

图 17.4 为方波发生器(也称方波振荡器)的基本电路。由图 17.4 可见，它是在滞回比较器的基础上，增加一条 $R_f C$ 充、放电负反馈支路构成的。从本质上看，它工作于比较器状态，$R_f C$ 构成负反馈回路，R_1、R_2 构成正反馈。电路的输出电压由运算放大器的同相端电压 U_P 与反相端电压 U_N 比较决定。

如果改变电路中 C 的正反向充电时间常数，可以改变占空比，如图 17.5 所示。

2. 电路工作原理

假设电容器的初始电压为 0，因而 $U_N = 0$；电路通电后，由于电流由零突然增大，产生骚动干扰，在同相端获得一个最初的输入电压。因为电路有强烈的正反馈，输出电压迅速升到最大值 $+U_z$，也可能降到最小值 $-U_z$。设开始时输出电压为 $+U_z$，同相输入端的电压为

$$U_{P1} = \frac{R_2}{R_1 + R_2} \times U_z$$

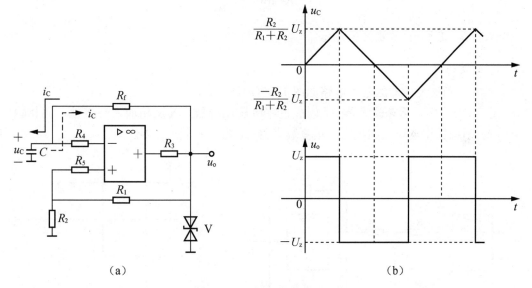

（a）　　　　　　　　　　　　　　　　　（b）

图 17.4　方波发生电路及其波形

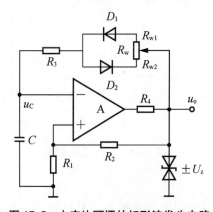

图 17.5　占空比可调的矩形波发生电路

从负反馈回路看，输出电压$+U_z$通过电阻R_f向电容器C充电，使电容器电压u_C逐渐上升。当u_C稍大于门限电压U_{P1}时，电路发生翻转，输出电压迅速由$+U_z$跳变为$-U_z$，这时同相端电压为

$$U_{P2}=-\frac{R_2}{R_1+R_2}\times U_z$$

因为R_f上的电压为左正右负，所以电路翻转后，电容器C就开始经R_f放电，u_C逐渐下降。u_C降至零后由于输出端为负电压，所以电容器C开始反向充电，u_C继续下降。当u_C下降到稍低于另一门限电压U_{P2}时，电路又发生翻转，输出电压由$-U_z$迅速变成$+U_z$。

输出电压变成$+U_z$后，电容器又反过来充电，如此充电放电循环不已。在输出端即产生方波电压，其占空比（Pulse Duration Ration）为50%。R_fC的乘积越大，充放电时间就越长，方波的频率就越低。

经计算分析可知：方波的周期为

$$T=2RC\ln(1+2\frac{R_2}{R_1})$$

17.3.5 方波-三角波发生器

1. 电路组成

方波-三角波发生器的基本电路如图17.6(a)所示。

图17.6(a)中，运算放大器A_1构成过零电压比较器，其反相输入端接地，同相输入端由前、后级输出电压共同决定。运算放大器A_2构成一个积分器。

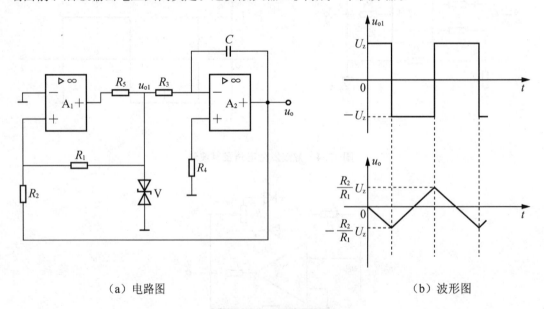

（a）电路图 （b）波形图

图17.6 三角波发生器

2. 工作原理

集成运算放大器A_1构成滞回电压比较器，其反相端接地，集成运算放大器A_1同相

端的电压由 u_o 和 u_{o1} 共同决定，其值为

$$u_+ = u_{o1}\frac{R_2}{R_1+R_2} + u_o\frac{R_1}{R_1+R_2}$$

当 $u_P > 0$ 时，$u_{o1} = +U_z$；当 $u_P < 0$ 时，$u_{o1} = -U_z$。

假设接通电源瞬间，$u_{o1} = -U_z$，电容器 C 上无电压，A_2 的输出为零，A_1 的同相输入端电压 u_P 为负值，这时，积分器的输出电压 u_o 从零开始线性上升。这样 A_1 的同相输入端电压 u_P 由负值渐渐上升。当 u_{o2} 达到某值正好使 u_P 由负值升到稍大于零时，过零电压比较器 A_1 翻转，使 u_{o1} 迅速跳变到 $+U_z$。

因为

$$u_P = -U_z \times \frac{R_2}{R_1+R_2} + u_o \times \frac{R_1}{R_1+R_2} = 0$$

所以

$$u_o = \frac{R_2}{R_1}U_z$$

上式表明，当 u_o 上升至 $\frac{R_2}{R_1}U_z$ 时，电压比较器 A_1 发生翻转，u_{o1} 由 $-U_z$ 变成 $+U_z$。当然，此时 u_P 也突变为正值。

u_{o1} 变成正值（$+U_z$）后，积分器的输出电压 u_o 开始线性下降，这时 A_1 的 u_P 也逐渐下降。当 u_o 降至正好使 u_P 由正值降至稍小于零，电压比较器又发生翻转，u_{o1} 迅速由 $+U_z$ 跳变成 $-U_z$。

A_1 翻转的另一 u_o 为

$$u_P = U_z \times \frac{R_2}{R_1+R_2} + u_o \times \frac{R_1}{R_1+R_2} = 0$$

上式表明，当 u_o 下降至 $-\frac{R_2}{R_1}U_z$ 时，电压比较器 A_1 又翻转，u_{o1} 从 $+U_z$ 变成 $-U_z$。

电路的工作波形如图 17.6(b) 所示，图中 u_{o1} 为方波，其幅值为 U_z，u_o 为三角波，其幅值为 $\frac{R_2}{R_1}U_z$。

由图 17.6(b) 可见，方波和三角波的周期是 u_o 从零变至 $\frac{R_2}{R_1}U_z$ 所需时间的 4 倍，所以方波和三角波的周期为

$$T = 4\frac{R_2}{R_1}RC$$

由周期公式可知，该电路产生的方波和三角波的周期与 R_1、R_2、R 及 C 有关，一般先调节 R_1 或 R_2，使三角波的幅值满足要求后，再调节 R 或 C，以调节方波和三角波的周期。

此外，如在示波器等仪器中，为了使电子按照一定规律运动，以利用荧光屏显示图像，常用到锯齿波产生器作为时基电路。例如，要在示波器荧光屏上不失真地观察到被测信号波形间做线性变化的电压——锯齿波电压，使电子束沿水平方向匀速扫过荧光屏。而电视机中显像管荧光屏上的光点，是靠磁场变化进行偏转的，所以需要用锯齿波电流来控制。

如果三角波是不对称的，即上升时间不等于下降时间，则成为锯齿波。因此在三角波发生电路中，改变积分电路 RC 充、放电时间常数，即可改变输出电压上升和下降的斜率，当其中一个时间常数远大于另一个时，便可在滞回比较器输出矩形波，在积分电路得到锯齿波。图 17.7(a) 为矩形波-锯齿波发生器。锯齿波发生器的工作原理与三角波发生电路基本相同，只是在集成运算放大器 A_2 的反相输入电阻 R_3 上并联由二极管 V_1 和电阻 R_5 组成的支路，这样积分器的正向积分和反向积分的速度明显不同。当 $u_{o1} = -U_z$ 时，V_1 反偏截止，正向积分的时间常数为 $R_3 C$；当 $u_{o1} = +U_z$ 时，V_1 正偏导通，负向积分常数为 $(R_3 /\!/ R_5)C$，若取 $R_5 R_3$，则负向积分时间小于正向积分时间，形成如图 17.7(b) 所示的锯齿波。

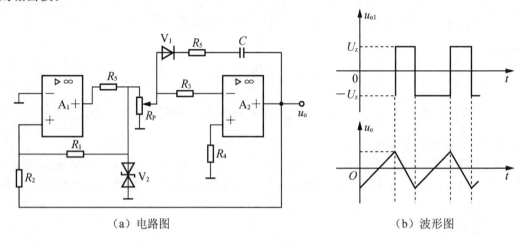

（a）电路图　　　　　　　　　　（b）波形图

图 17.7　锯齿波发生器

17.4　任务实施过程

17.4.1　绘制仿真电路图

1. 矩形波发生电路

（1）单击电子仿真软件 NI Multisim 11.0 基本界面上侧左列真实元器件工具栏的 ➡ 按钮，在弹出的对话框"Component"栏输入"741"，然后单击右上角"OK"按钮，将 741 调出放置在电子平台上。

（2）单击电子仿真软件 NI Multisim 11.0 基本界面上侧虚拟元器件工具栏的 ～～ 按钮，从下拉菜单中调出如图 17.8 所示的电阻和电解电容器，将它们调出放置在电子平台上，并双击后修改成如图所示的电阻值和电容值。

（3）单击电子仿真软件 NI Multisim 11.0 基本界面左侧右列虚拟元器件工具栏调出电位器，并双击后修改成如图 17.8 所示的电阻值。

（4）单击电子仿真软件 NI Multisim 11.0 基本界面上侧左列真实元器件工具栏的"Diode"按钮，在弹出的对话框"Component"栏输入"1N4007"，然后单击右上角"OK"按钮，二极管 1N4007 调出放置在电子平台上，再依次调出稳压管 02DZ4.7 放置在电子平台上。

（5）单击电子仿真软件 NI Multisim 11.0 基本界面上侧左列真实元器件工具栏的"Source"按钮，从弹出的对话框中调出 V_{CC} 电源和地线，将它们放置到电子平台上。

（6）从电子仿真软件 NI Multisim 11.0 基本界面右侧虚拟仪器工具栏中调出虚拟双踪示波器放置在电子平台上，将所有元器件和仪器连成如图 17.8 所示仿真电路。

2. 三角波发生电路

（1）单击电子仿真软件 NI Multisim 11.0 基本界面上侧左列真实元器件工具栏的 ✛ 按钮，在弹出的对话框"Component"栏输入"741"，然后单击右上角"OK"按钮，将 741 调出放置在电子平台上，需两个。

（2）单击电子仿真软件 NI Multisim 11.0 基本界面上侧虚拟元器件工具栏的 ∿ 按钮，从下拉菜单中调出如图 17.8 所示的电阻和电解电容器，将它们调出放置在电子平台上，并双击后修改成如图所示的电阻值和电容值。

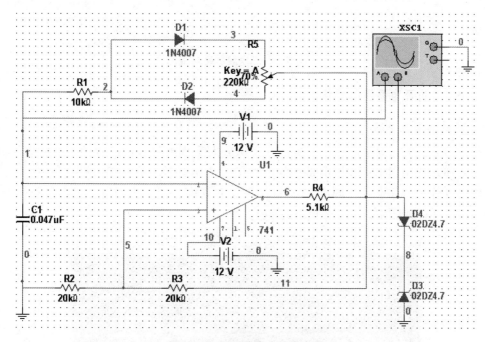

图 17.8　矩形波发生仿真电路

（3）单击电子仿真软件 NI Multisim 11.0 基本界面左侧右列虚拟元器件工具栏调出电位器，并双击后修改成如图所示的电阻值。

（4）单击电子仿真软件 NI Multisim 11.0 基本界面上侧左列真实元器件工具栏的"Diode"按钮，在弹出的对话框"Component"栏输入"02DZ4.7"，然后单击右上角"OK"按钮，调出稳压管 02DZ4.7 放置在电子平台上。

（5）单击电子仿真软件 NI Multisim 11.0 基本界面上侧左列真实元器件工具栏的"Source"按钮，从弹出的对话框中调出 V_{CC} 电源和地线，将它们放置到电子平台上。

（6）从电子仿真软件 NI Multisim 11.0 基本界面右侧虚拟仪器工具栏中调出虚拟双踪示波器和安捷伦示波器放置在电子平台上，将所有元器件和仪器连成如图 17.9 所示的仿真电路。

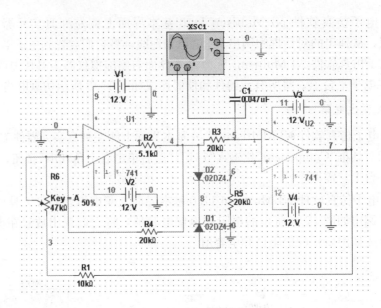

图 17.9　三角波仿真电路

17.4.2　仿真电路图的调试

1. 矩形波发生电路

打开仿真开关，双击虚拟示波器图标，从放大面板屏幕上可以看到产生的矩形波如图 17.10 所示。用虚拟示波器屏幕上的读数指针读出矩形波的周期、频率和占空比，改变电位器百分比，分别将它调成 15％和 85％，并观察、测量矩形波，读出它们的周期、频率和占空比，如图 17.11、图 17.12 所示。

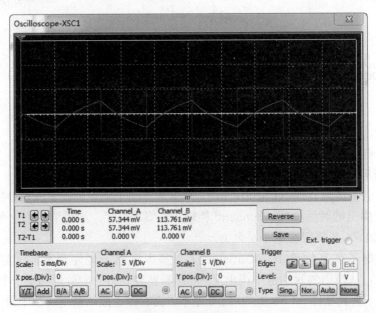

图 17.10　方波波形

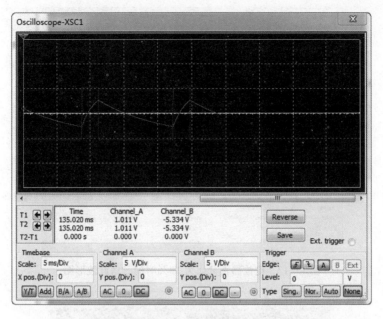

图 17.11　正脉冲波形

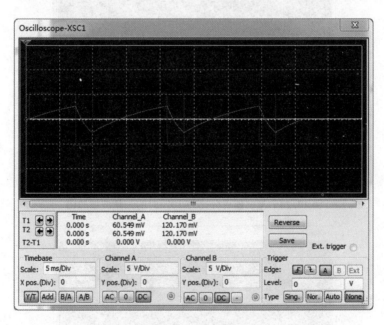

图 17.12　负脉冲波形

2. 三角波发生电路

按照矩形波调试的方法，打开仿真开关，双击虚拟示波器图标，从放大面板屏幕上可以看到产生的三角波波形如图 17.13 所示。用虚拟示波器屏幕上的读数指针读出三角波的幅度、周期、频率和占空比，改变电位器百分比，分别将它调成 10% 和 65%，并观察、测量三角波，读出它们的幅度、周期、频率和占空比，如图 17.14、图 17.15所示。

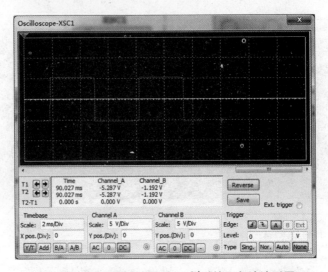

图 17.13　电位器百分比为 50％时的三角波波形图

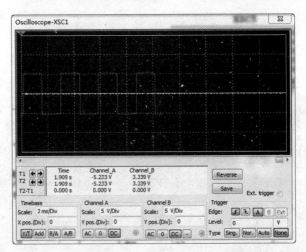

图 17.14　电位器百分比为 10％时的三角波波形图

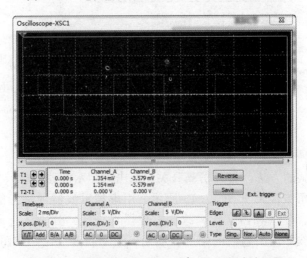

图 17.15　电位器百分比为 65％时的三角波波形图

17.4.3 实物电路图调试

1. 矩形波发生电路

根据电路图，焊接的电路板如图 17.16 所示，实物调试结果如图 17.17～图 17.19 所示。

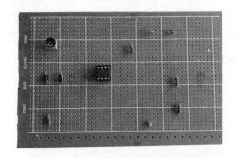

图 17.16 矩形波发生电路实物图

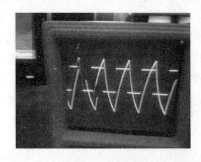

图 17.17 双踪示波器实测方波波形图

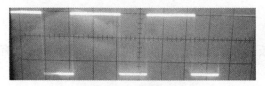

图 17.18 负脉冲波形

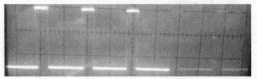

图 17.19 正脉冲波形

2. 三角波发生电路

根据电路图，焊接的电路板如图 17.20 所示，实物调试结果如图 17.21 所示。当调节电位器时，可以观察到三角波的幅度和周期发生了明显的变化，如图 17.22 所示。

图 17.20 三角波发生电路实物图

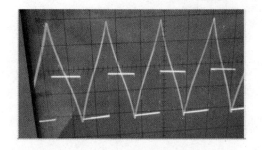

图 17.21 三角波波形图

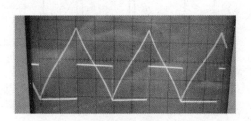

图 17.22 调节电位器三角波波形变化图

 **任务小结**

通过本任务主要学习了各种波形发生电路的工作原理，RC 桥式振荡电路的振荡频率 $f_0 = 1/(2\pi RC)$，通常作为低频信号发生器。方波发生器是由 RC 充放电支路与迟滞电压比较器组成。三角波是在方波的基础上，加上积分器来产生的。当三角波电压上升时间不等于下降时间时，即成为锯齿波，重点介绍了矩形波发生电路和三角波发生电路两种电路的 NI Multisim 11.0 软件仿真方法，确定电路方案的可行性，并制作了实际电路板，进行实际测量，得出的结论与仿真结果基本一致。

习　题

1. 问答题

(1) 振荡电路与放大电路有何异同点？

(2) 正弦波振荡器振荡条件是什么？负反馈放大电路产生自激的条件是什么？两者有何不同？为什么？

(3) 根据选频网络的不同，正弦波振荡器可分为哪几类？各有什么特点？

(4) 正弦波信号产生电路一般由几个部分组成？各部分作用是什么？

(5) 当产生 20Hz～20kHz 的正弦波时，应选用什么类型的振荡器？当产生 100MHz 的正弦波时，应选用什么类型的振荡器？当要求产生频率稳定度很高的正弦波时，应选用什么类型的振荡器？

(6) 电路如图 17.23 所示，试用相位平衡条件判断哪个电路可能振荡，哪个不能振荡，并简述理由。

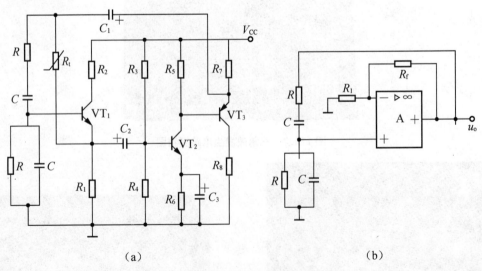

(a)　　　　　　　　　　　　(b)

图 17.23　(6)题图

（7）电路如图 17.24 所示。

① 保证电路振荡，求 R_P 的最小值。

② 求振荡频率的 f_o 的调节范围。

（8）如图 17.25 所示各元器件。

① 请将各元器件正确连接，组成一个 RC 文氏桥正弦波振荡器。

② 若 R_1 短路，电路将产生什么现象？

③ 若 R_1 断路，电路将产生什么现象？

④ 若 R_f 短路，电路将产生什么现象？

⑤ 若 R_f 断路，电路将产生什么现象？

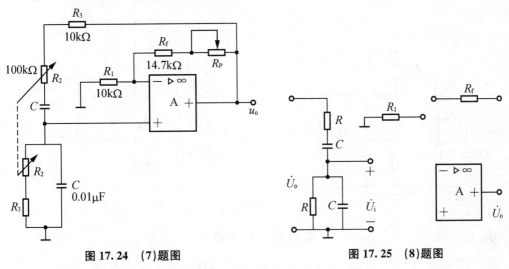

图 17.24 (7)题图   图 17.25 (8)题图

（9）图 17.26 所示为正弦波振荡电路，已知 A 为理想运算放大器。

① 已知电路能够产生正弦波振荡，为使输出波形频率增大应如何调整电路参数？

② 已知 $R_1 = 10\text{k}\Omega$，若产生稳定振荡，则 R_f 约为多少？

③ 已知 $R_1 = 10\text{k}\Omega$，$R_f = 15\text{k}\Omega$，问电路产生什么现象？简述理由。

④ 若 R_f 为热敏电阻，试问其温度系数是正还是负？

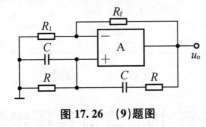

图 17.26 (9)题图

（10）电路如图 17.27 所示。试用相位平衡条件判断电路是否能振荡，并简述理由。指出可能振荡的电路属于什么类型。

（11）电路如图 17.28 所示，设二极管和运算放大器都是理想的：①A_1、A_2 各组成什么电路？②求出电路周期 T 的表达式。

2. 仿真题

画出图 17.28 的仿真图，用示波器观察波形，测出波形的幅度和周期。

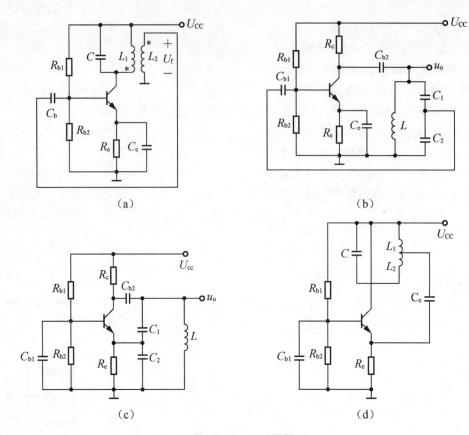

（a）　　　　　　　　　　　　（b）

（c）　　　　　　　　　　　　（d）

图 17.27　（10）题图

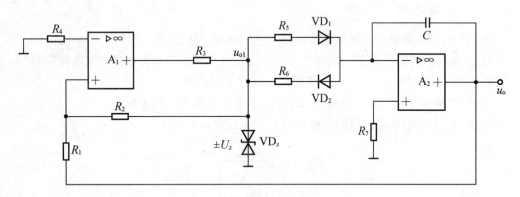

图 17.28　（11）题图

任务 18　直流稳压电源

　　在实际工作中经常需要各种放大电路，而这些电路都必须用直流电源来提供能量。这些电源除少数情况采用化学电池外，大多数采用交流电网供电。直流稳压电源一般由变压器、整流电路、滤波电路和稳压电路四部分组成。交流电压经降压整流，变换成脉动的直流电，再经滤波后得到比较平滑的直流电，但是这种直流电源的性能很差，输出电压不稳定。特别是采用电容滤波的情况下，当负载电流增加时，其输出直流电压下降较多，其外特性是很差的。所以电源性能的优劣对放大电路的性能有直接的影响。

18.2　任务分析

电子设备如测量仪器、电子计算机、自动控制等装置中，要求所使用的直流电源电压必须是稳定的，当然这里指的电压稳定是指变化要小到可以允许的程度，并不是绝对不变。如果电源电压不稳定会引起测量误差或电路工作不稳定、自动控制误动作，严重时甚至造成电路无法正常工作。

引起直流稳压电源输出不稳定的主要原因有以下三点。

（1）交流电网输入电压不稳定。由于电网供电有高峰和低谷期存在，可能会在－20%～+10%波动，引起整流、滤波后的直流输出电压也有相同比例的波动。

（2）负载电流变化。极端的情况是如果负载短路，这时输出电流极大，输出电压为零；而当负载开路，负载电流为零，输出电压为最大值，这就是说负载电阻的变化也会引起电源输出的变化。在一般情况下，负载阻抗减小，负载电流就增大，由于电源有一定内阻，所以一部分电动势就降落在内阻上，反映在输出端的现象是输出电压降低。

（3）稳压电源本身的元器件变化。由于老化、温度环境、温度变化等影响而引起其特性参数的变化也会使稳压电源不稳定。

因此我们需要在直流电源中采取稳压措施，使当市电或负载变化时维持输出直流电压基本不变。

18.3　任务知识点

18.3.1　稳压电源的主要技术指标

电源的技术指标包括特性指标、非电气指标、质量指标。

1. 特性指标、非电气指标

特性指标指是从功能角度来说明电源的容量大小、输出电压、输出电流、电压调节范围、过电压、过电流的保护、效率高低等指标。非电气指标主要有外观、体积和重量等指标。性能指标是衡量电源的稳定度、质量高低的重要技术指标。

2. 质量指标

质量指标指衡量稳压电源稳定性能状况的参数，如稳压系数、输出电阻、纹波电压及温度系数等。具体含义简述如下。

（1）稳压系数 S_U，指在负载不变时，输入电压的变化 ΔU_i 引起输出电压 ΔU_o 变化之比，是稳压电源性能的一个重要指标，即

$$S_U = \frac{\Delta U_o}{\Delta U_i}\Big|_{\Delta I_o} = 0 \times 100\%$$

稳压系数(Coefficient of Voltage Stabilization)S_U越小，说明相同的$-\Delta U_i$引起的ΔU_o越小，则稳压电源的稳定性越好。为了准确地测出输入、输出电压的变化，可用数字式直流电压表来测量。

有时还可以用相对稳压系数S来表示稳定性，即

$$S=\frac{\Delta U_o}{U_o}\Big/\frac{\Delta U_i}{U_i}\Big|_{\Delta I_o=0}\times100\%$$

（2）输出电阻R_o，表示输入电压不变的情况下，输出电流变化ΔI_o引起的输出电压的变化ΔU_o，即

$$R_o=\frac{-\Delta U_o}{\Delta I_o}\Big|_{\Delta U_i=0}$$

$$S_T=\frac{\Delta U_o}{\Delta T}\Big|_{\substack{\Delta U_i=0\\ \Delta I_o=0}}$$

R_o越小，输出电压的稳定性能越好，带负载能力越强。

（3）纹波电压S，指稳压电路输出端中含有的交流分量，通常用有效值或峰值表示。

S值越小越好，否则影响正常工作，如在电视接收机中表现交流"嗡嗡"声和光栅在垂直方向呈现S形扭曲。

（4）温度系数S_T，表示在U_i和I_o都不变的情况下，环境温度T变化所引起的输出电压变化，即

将稳压电源置于不同温度的环境中一定时间后，用温度计和数字式直流电压表分别测出它们的变化值。

（5）负载调整系数(Ioad Regulation Stabilization)，又称电流调整率S_i。表示稳压电路在输入电压U_i不变的条件下，输出电压的变化与负载电流变化量之比，即

$$S_i=\Delta U_o/U_o\big|_{\Delta U_i=0}\times100\%$$

工程上也常用输出电流I_o从零变到最大额定电流输出值时，输出电压的相对变化来表示。

以上稳压电源的性能指标与电路形式和电路参数密切有关。通常情况下是通过实际测试得到稳压性能指标，来表征稳压电源的性能优劣。

18.3.2　硅稳压管并联稳压电路

常用的直流稳压电源有硅稳压管并联稳压电路、串联式晶体稳压电路、串联式集成稳压器、开关型电源等，我们在这里重点介绍前几种稳压电路。

1. 硅稳压管并联稳压电路及工作原理

稳压二极管工作在反向击穿状态时，反向电流I_z在较大范围内变化，稳压管两端的电压变化量ΔU_z变化却很小，利用这种特性可以在稳压二极管两端得到较稳定的电压U_z。

图18.1是由硅稳压管组成的稳压电路，其中R起限流作用，负载电阻R_L与稳压二极管 VZ 并联。

电路的稳压过程如下。

（1）当R_L不变，而U_i改变时：若电网电压升高，经过整流滤波后的直流电压U_i也会增加，随之引起输出电压U_o也升高，并联在负载两端的稳压管电压U_z升高后，导致I_z大大增加，这样与负载串联的电阻R上的压降$U_R=(I_o+I_z)R$也随之增加，使输出电压

下降，可见该电路是用稳压管中的电流变化 I_z（通过 R 转换成压降）来吸收 U_i 的变化。如果输入电压 U_i 减小，R 上压降减小，其工作过程与上述相反，输出电压 U_i 仍保持基本不变。

（2）当 U_i 不变、R_L 变化时：若负载电阻 R_L 减小，会造成 I_o 和 I_R 增大，引起 U_o 减小，则此时 I_z 随之大大减小，电阻 R 上的压降也随之减小，使 U_o 的变化量大大减小，其实质是用稳压管中的电流的减小来补偿 I_o 的增大。如果负载 R_L 增大，其工作过程与上述相反，输出电压 U_o 仍保持基本不变。

由以上分析可知，硅稳压管稳压原理是利用稳压管两端电压 U_z 的微小变化，引起电流 I_z 的较大的变化，通过电阻 R 起电压调整作用，保证输出电压基本恒定，从而达到稳压作用。

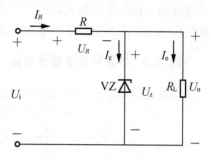

图 18.1　稳压管稳压电路

2. 硅稳压管并联稳压电路的设计

稳压管稳压电路的设计要求：选定输入电压和稳压二极管，再确定限流电阻 R。

（1）输入电压 U_i 确定。输入电压 U_i 一般可在下式范围内选择。

$$U_i = (2 \sim 3)U_o$$

（2）稳压二极管的选定。稳压管的参数可按下式选择。

$$U_z = U_o$$
$$I_{zmax} = (2 \sim 3)I_{omax}$$

动态电阻 R_z 越小的稳压管，其特性曲线就越陡，稳压电源的输出电阻 $R_o \approx R_z /\!/ R \approx R_z$ 就较小，稳压效果就越好。

（3）确定限流电阻 R 应能满足下述要求。

当电网电压最高、负载电流最小时，I_z 不至于超过稳压管最大允许电流，即

$$\frac{U_{imax} - U_o}{R} < I_{zmax}$$

所以

$$R_{min} > \frac{U_{imax} - U_o}{I_{zmax}}$$

当电网电压最低、负载电流最大时，I_z 不允许小于稳压管的最小值。

$$\frac{U_{imin} - U_o}{R} > I_{zmin} + I_{omax}$$

所以

$$R_{max} < \frac{U_{imin} - U_o}{I_{zmin} + I_{omax}}$$

R 取值应满足：

$$\frac{U_{imin} - U_o}{I_{zmin} + I_{omax}} \geqslant R \geqslant \frac{U_{imax} - U_o}{I_{zmax}}$$

因为电网电压一般允许波动的范围是 $\pm 10\%$，因此式中的 $U_{imax} = 1.1U_i$，$U_{imin} = 0.9U_i$。R 阻值还要按电阻标称系列值，并保证限流电阻的额定功率

$$P_R \geqslant \frac{(U_{imax} - U_o)^2}{R}$$

稳压管并联稳压电路，电路很简单，但稳压二极管在稳压范围内允许电流的变化有一定的范围，输出电阻较大，稳压精度也不够高，且输出电压不能调节、效率也较低，故通常用在电压不需调节、输出电流和稳压要求不高的场合。

18.3.3 串联反馈型稳压电路

串联反馈型稳压电路的基本电路如图 18.2 所示。

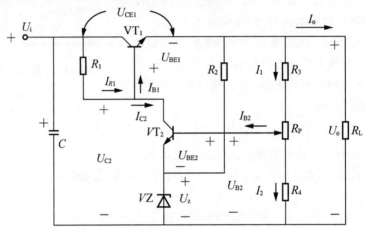

图 18.2 串联型稳压电路

串联反馈型稳压电路及工作原理如下。

(1) 当负载 R_L 不变，输入电压 U_i 减小时，输出电压 U_o 有下降趋势，通过取样电阻的分压使比较放大管的基极电位 U_{B2} 下降，而比较放大管的发射极电压不变($U_{E2} = U_z$)，因此 U_{BE2} 也下降，于是比较放大管导通能力减弱，U_{C2} 升高，调整管导通能力增强，调整管 VT_1 集电极与发射极之间的电阻 R_{CE1} 减小，管压降 U_{CE1} 下降，使输出电压 U_o 上升，保证了 U_o 基本不变。当输入电压减小时，稳压过程与上述过程相反。

(2) 当输入电压 U_i 不变，负载 R_L 增大时，引起输出电压 U_o 有增长趋势，则电路将产生下列调整过程：

$$U_L \uparrow \to U_o \uparrow \to U_{BE2} \uparrow \to U_{C2} \downarrow (U_{B1}) \downarrow \to R_{CE} \uparrow \to U_{CE1} \uparrow$$

当负载 R_L 减小时，稳压过程相反。

由此看出，稳压的过程实质上是通过负反馈使输出电压维持稳定的过程。

(3) 输出电压计算。

图 18.2 所示稳压电路中有一个电位器 R_4 串接在 R_3 和 R_5 之间，可以通过调节 R_4 来改变输出电压 U_o。设计这种电路时要满足 $I_2 \gg I_{B2}$，因此，可以忽略 I_{B2}，$I_1 \approx I_2$，则

$$U_{B2} = U_o \cdot \frac{R_5 + R_4'}{R_3 + R_4 + R_5}$$

$$U_o = U_{B2} \cdot \frac{R_3 + R_4 + R_5}{R_5 + R_4'} = (U_z + U_{BE2}) \cdot \frac{R_3 + R_4 + R_5}{R_5 + R_4'}$$

式中，U_z 为稳压管的稳压值；U_{BE2} 为 VT_2 发射结电压；R_4' 为图 18.2 中电位器滑动触点下

半部分的电阻值。

当 R_4 调到最上端时，输出电压为最小值。

$$U_{omin} = (U_z + U_{BE2}) \cdot \frac{R_3 + R_4 + R_5}{R_4 + R_5}$$

当 R_4 调到最下端时，输出电压为最大值。

$$U_{omin} = (U_z + U_{BE2}) \cdot \frac{R_3 + R_4 + R_5}{R_4 + R_5}$$

$$= \left(1 + \frac{R_3 + R_4}{R_5}\right)(U_z + U_{BE2})$$

串联反馈型稳压电路框图如图 18.3 所示。

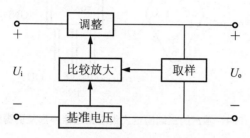

图 18.3　串联型稳压电源框图

串联反馈型稳压电路，由于采用电压调整晶体管，取样比较放大器，所以输出电流较大，稳压精度较高，并且输出电压可以连续调节，但电路较复杂，这是目前采用较多的直流稳压电源的形式。要求输出电流大的稳压电源，为了提高控制灵敏度，往往采用复合管作为调整管。

18.3.4　串联反馈型集成稳压器

随着电子技术的发展，集成化的串联型稳压器应用越来越广泛，集成稳压器具有性能好、体积小、重量轻、价格便宜、使用方便，有过热、短路电流限流保护和调整管安全区等保护措施，使用安全可靠等优点。

串联型(线性)集成稳压器有输出电压不可调的集成稳压器和输出电压可调的集成稳压器两大类，从输出电压极性来分，可分为正输出电压和负输出电压两大类。这里只介绍使用较多的典型系列产品，它们的参数特性可查阅相关手册。

1. 三端固定式集成稳压器

1) 三端固定式集成稳压器外形及引脚排列

三端固定式集成稳压器的外形和引脚排列如图 18.4 所示。由于它只有输入端、输出端和公共接地端三个端子，故称为三端稳压器。

三端固定式集成稳压器的型号组成及其意义如图 18.5 所示。

国产的三端固定集成稳压器有 CW78×× 系列(正电压输出)和 CW79×× 系列(负电压输出)，其输出电压有 ±5V、±6V、±8V、±9V、±12V、±15V、±18V、±24V，最大输出电流有 0.1A、0.5A、1A、1.5A、2.0A 等。

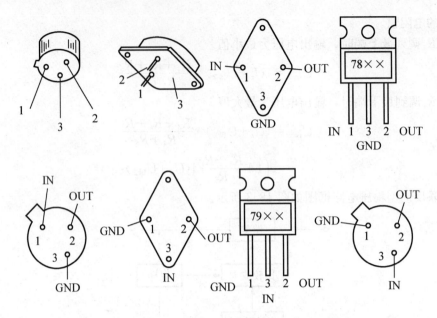

图 18.4 国产的三端固定式集成稳压器外形及引脚排列

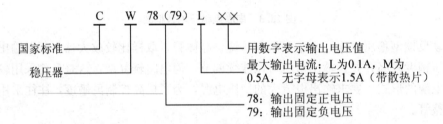

图 18.5 三端固定式集成稳压器型号组成及其意义

2）三端固定式集成稳压器的应用

电路组成如图 18.6 所示。在图 18.6 中，交流电网电压经变压、桥式整流、电容滤波后的不稳定的直流电压加至 CW7800 系列集成稳压器的输入端（IN）和公共端（GND）之间，则在输出端（OUT）和公共端（GND）之间可得到固定的稳定电压输出。其中，C_1 为滤波电容器，C_2 是高频旁路，以及为防止自激振荡用，最好采用钽电解电容器或瓷介电容器。C_1、C_2 焊接时要尽量靠近集成稳压器的引脚，C_3 的作用改善负载瞬态响应。

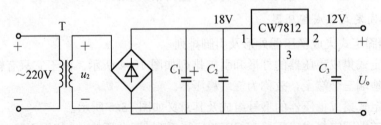

图 18.6 三端固定式集成稳压器应用于某电视机电源电路图

3）提高输出电压的方法

如果需要输出电压高于三端稳压器输出电压时，可采用如图 18.7 所示电路。

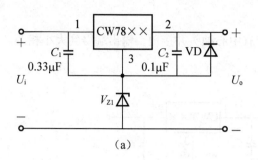 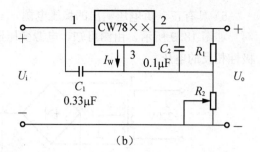

$$(a)\qquad\qquad\qquad\qquad(b)$$

图 18.7　提高输出电压的接线图

图 18.7(a)中：

$$U_o = U_{\times\times} + U_z$$

式中，$U_{\times\times}$ 为集成稳压器的输出电压；U_z 为稳压管的稳压值。

图 18.7(b)中：

$$U_o = U_{\times\times}\left(1 + \frac{R_2}{R_1}\right) + I_W R_2$$

式中，I_W 为三端稳压器的静态电流，一般为几毫安。若经过 R_1 的电流 $I_{R1} > 5I_W$，可以忽略 $I_W R_2$ 的影响。

4）提高输出电流的方法

当负载电流大于三端稳压器输出电流时，可采用如图 18.8 所示电路。

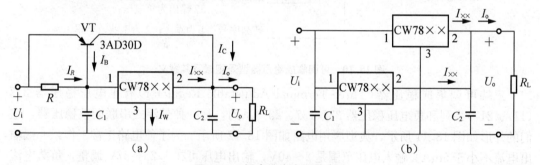

$$(a)\qquad\qquad\qquad\qquad(b)$$

图 18.8　提高输出电流的电路

$$I_o = I_{\times\times} + I_C$$

$$I_{\times\times} = I_R + I_B - I_W$$

$$I_o = I_R + I_B - I_W + I_C = \frac{U_{BE}}{R} + \frac{1+\beta}{\beta}I_C - I_W$$

由于 $\beta \gg 1$，且 I_W 很小，可忽略不计，所以

$$I_o \approx \frac{U_{BE}}{R} + I_C$$

$$R \approx \frac{U_{BE}}{I_o - I_C}$$

式中，R 为 V 提供偏置电压，具体数据可由公式决定；U_{BE} 由晶体管决定，锗管为 0.3V，硅管为 0.7V。

图 18.8(b)中，输出电流为单片三端稳压器的两倍，即 $I_o = 2I_{\times\times}$。

5) 具有正、负电压输出的稳压电源

如图 18.9 所示，由图可知，电源变压器带有中心抽头并接地。输出端得到大小相等、极性相反的电压。

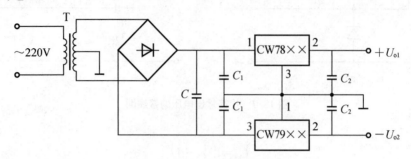

图 18.9 正负对称的稳压电路

2. 三端可调式集成稳压器

三端可调式集成稳压器克服了固定三端稳压器输出电压不可调的缺点，继承了三端固定式集成稳压器的诸多优点，其型号组成及意义如图 18.10 所示。

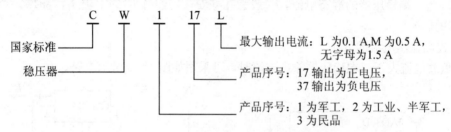

图 18.10 可调集成稳压器型号组成及其意义

三端可调集成稳压器(Three-Terminal Adjustable Regulator)有正电压稳压器 317 (117、217) 系列和负电压稳压器 337(137、237) 系列，是一种悬浮式串联调整稳压器，它们的外形如图 18.11 所示，典型应用电路如图 18.12 所示。为了使电路正常工作，一般输出电流不小于 5mA。输入电压范围是 2~40V，输出电压可在 1.25~37V 调整，负载电流可达 1.5A，该系列内部同样具有过热、限流和安全工作区保护电路。使用安全可靠，比三端固定式集成稳压器有更好的电压调整率和电流调整率指标。

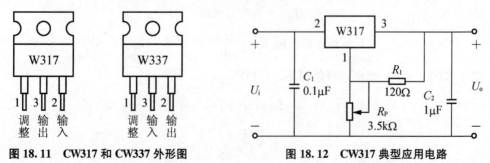

图 18.11 CW317 和 CW337 外形图   图 18.12 CW317 典型应用电路

因为调整端的输出电流非常小($50\mu A$)且恒定，故可将其忽略，那么输出电压可用下式表示。

$$U_{\text{o}}=U_{\text{REF}}\left(1+\frac{R_{\text{P}}}{R_1}\right)\approx1.25\left(1+\frac{R_{\text{P}}}{R_1}\right)$$

式中，1.25V 是集成稳压器输出端与调整端之间的固定参考电压 U_{REF}；R_1 一般取值 120～240Ω（此值保证稳压器在空载时也能正常工作）；调节 R_{P} 可改变输出电压的大小（R_{P} 取值视 R_{L} 和输出电压的大小而定）。

18.4　任务实施过程

18.4.1　绘制仿真电路图

1. 串联反馈型稳压电路

（1）单击电子仿真软件 NI Multisim 11.0 基本界面上侧左列真实元器件工具栏的 * 按钮，在弹出的对话框"Component"栏输入"2N222A"，然后单击右上角"OK"按钮，将晶体管 2N222A 调出放置在电子平台上。

（2）单击电子仿真软件 NI Multisim 11.0 基本界面上侧虚拟元器件工具栏的 按钮，从下拉菜单中调出如图 18.13 所示的电阻和电解电容器，将它们调出放置在电子平台上，并双击后修改成如图所示的电阻值和电容值。

（3）单击电子仿真软件 NI Multisim 11.0 基本界面左侧右列虚拟元器件工具栏调出电位器，并双击后修改成如图所示的电阻值。

（4）单击电子仿真软件 NI Multisim 11.0 基本界面上侧左列真实元器件工具栏的"Diode"按钮，在弹出的对话框"Component"栏输入"LED"，然后单击右上角"OK"按钮，将发光二极管调出放置在电子平台上，再依次调出稳压管 RD2.7S 放置在电子平台上。

（5）单击电子仿真软件 NI Multisim 11.0 基本界面上侧左列真实元器件工具栏的"Source"按钮，从弹出的对话框中调出 V_{CC} 电源和地线，将它们放置到电子平台上。

（6）从电子仿真软件 NI Multisim 11.0 基本界面右侧虚拟仪器工具栏中调出虚拟电压表和电流表放置在电子平台上，将所有元器件和仪器连成如图 18.13 所示的仿真电路。

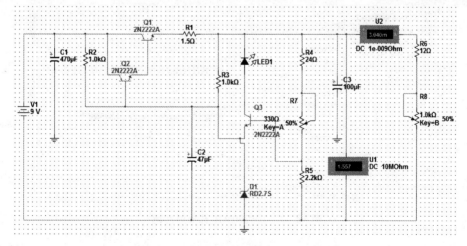

图 18.13　串联反馈型稳压电路仿真图

2. 三端固定式集成稳压器

（1）单击电子仿真软件 NI Multisim 11.0 基本界面上侧左列真实元器件工具栏的 按钮，从弹出的如图 18.14 所示的对话框中寻找到"LM7805"，然后单击右上角"OK"按钮，将三端固定式集成稳压器晶体管 LM7805 调出放置在电子平台上。

（2）单击电子仿真软件 NI Multisim 11.0 基本界面上侧虚拟元器件工具栏的 按钮，从下拉菜单中调出如图 18.15 所示的电阻和电解电容器，将它们调出放置在电子平台上，并双击后修改成如图所示的电阻值和电容值。

（3）单击电子仿真软件 NI Multisim 11.0 基本界面左侧右列虚拟元器件工具栏调出电位器，并双击后修改成如图所示的电阻值。

（4）单击电子仿真软件 NI Multisim 11.0 基本界面上侧左列真实元器件工具栏的"Diode"按钮，在弹出的对话框"Component"栏输入"MDA2501"，然后单击右上角"OK"按钮，将桥堆调出放置在电子平台上。

（5）单击电子仿真软件 NI Multisim 11.0 基本界面上侧左列真实元器件工具栏的"Source"按钮，从弹出的对话框中调出交流电压源和地线，将它们放置到电子平台上。

（6）单击电子仿真软件 NI Multisim 11.0 基本界面上侧左列真实元器件工具栏的"Basic"按钮，在弹出的对话框"Component"栏输入"TS-AUDIO-10-TO-1"，然后单击右上角"OK"按钮，将变压器调出放置在电子平台上。

（7）从电子仿真软件 NI Multisim 11.0 基本界面右侧虚拟仪器工具栏中调出虚拟万用表放置在电子平台上，将所有元器件和仪器连成如图 18.16 所示的仿真电路。

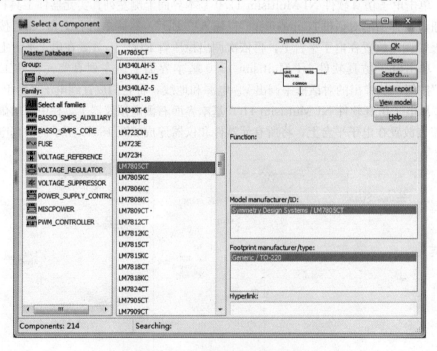

图 18.14　LM7805CT 选择对话框

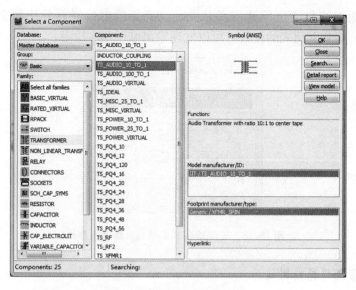

图 18.15　变压器选择对话框

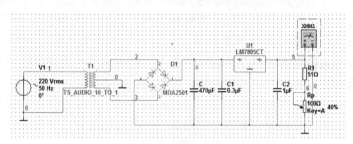

图 18.16　三端固定式集成稳压器

18.4.2　仿真电路图调试

打开串联反馈型稳压电路仿真开关，改变电位器百分比，分别将它调成 100％（图 18.17）和 0％，观察电压表的读数，可以测量串联反馈型稳压电路的输出电压调节范围。也可分别改变 9V 电源盒电位器 β 等参数，测量稳压电源的电压调整率、电流调整率输出电阻等质量指标。

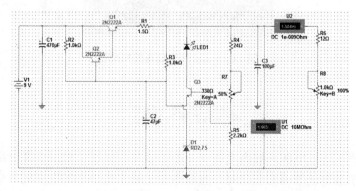

图 18.17　串联反馈型稳压电路最小输出电压的仿真图

打开三端固定式集成稳压器仿真开关，改变负载电位器百分比和交流电源值，如图 18.18 所示，观察万用表的读数，可以发现输出电压基本稳定。

图 18.18　三端固定式集成稳压器输出电压

18.4.3　实物电路图调试

制作的串联反馈型稳压电路实物如图 18.19 所示。电路焊接安装完毕后，应先对照电路图按顺序检查一遍，检查每个元器件的规格型号、数值、安装位置引脚接线是否正确。着重检查电源线、变压器连线是否正确可靠。检查每个焊点是否有漏焊、假焊和搭锡现象，线头和焊锡等杂物是否残留在印制电路板上。检查调试所用仪器仪表是否正常，清理好测试场地和台面，以便做进一步的调试。

通电检测后，不要急于测试，先要用眼看、用鼻闻，观察有无异常现象，如果出现元器件冒烟、有焦味等异常现象，要及时中断通电，等排除故障后再行通电检测。

通电后用万用表测试，和理论分析结果基本吻合。

图 18.19　串联稳压电路实物图

🔧 任务小结

小功率的直流稳压电源一般由电源变压器、整流、滤波和稳压等部分组成。由于电网电压的波动或负载电流等因素变化时，直流电源的输出电压会发生变化。稳压电路的作用是保证输出电压稳定，使输出电压变化减少到允许的程度。稳压电源的性能指标是衡量电源的稳定度的重要技术指标。

硅稳压管并联稳压电路利用硅稳压管的稳压特性来稳定负载电压,适用于输出电流较小、输出电压固定、稳压要求不高的场合。串联反馈型稳压电路中,调整管与负载相串联,输出电压经取样电路取出反馈电压并与基准电压比较、放大后去控制调整管进行负反馈调节,使输出电压达到基本稳定。串联型稳压电路输出电流较大,输出电压可以调节,适用于稳压精度要求高、对效率要求不高的场合。单片集成稳压器的稳压性能好,品种多、体积小、质量轻、使用方便、安全可靠,但整个稳压电源的效率并不高,我们可根据稳压电源的参数要求来选择集成稳压器的型号。

通过此任务,学会进一步了解各种稳压电源的工作原理及各种元器件的性能,熟悉元器件的焊接技术;学会仿真,利用相关实验仪器及设备,对串联型稳压电源电路的主要性能指标进行测试,并对所产生的问题加以解决;同时提高自己独立思考问题解决问题的能力。

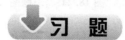

1. 问答题

(1)已知稳压管的稳压值 $U_z = 6V$,稳定电流的最小值 $I_{zmin} = 5mA$。求图 18.20 所示电路中 U_{o1} 和 U_{o2} 各为多少。

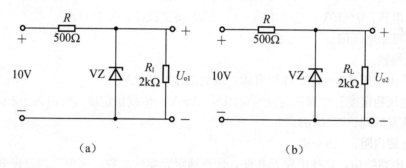

图 18.20　(1)题图

(2)已知如图 18.21 所示电路中稳压管的稳定电压 $U_z = 6V$,最小稳定电流 $I_{zmin} = 5mA$,最大稳定电流 $I_{zmax} = 25mA$。

① 分别计算 U_i 为 10V、15V、35V 三种情况下输出电压 U_o 的值。

② 若 $U_i = 35V$ 时负载开路,则会出现什么现象?为什么?

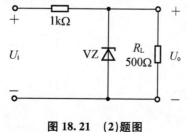

图 18.21　(2)题图

（3）如图 18.22 所示电路中，已知 $U_2=20V$，设二极管为理想二极管，操作者用直流电压表测得输出电压值出现五种情况：28V、24V、20V、18V、9V。试讨论：

① 五种情况中哪些是正常工作情况？哪几种已发生故障？

② 故障形成原因。

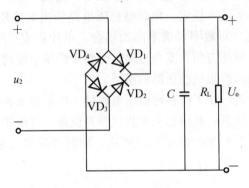

图 18.22　（3）题图

2. 设计题

在电子电路中，都需要不同电压值的稳压电源给电路供电，如计算机机箱上的直流电源就有 12V、−12V、5V、3.3V 等电压值，因此我们要求设计一个 0～15V 可调直流稳压电源。要求如下：

输入电压：AC 180～240V；工作频率：50Hz。

输出电压：0～15V；输出电流：0～1A；恒流设定：0.1～1A。

数字显示电压值。

电源参数：

① 输出电压从 0～15V 连续可调，最大工作电流 2A。

② 电压稳定度：电源稳定度≤0.01%±2mV；负载稳定度≤0.01%±2mV。

③ 恢复时间：≤100μs。

④ 电源内阻：≤30mΩ。

设计电路结构，选择电路元器件，计算确定元器件参数，画出实用原理电路图；自拟实验方法、步骤及数据表格，提出测试所需仪器及元器件的规格、数量，交指导教师审核；批准后，进实验室进行组装、调试，并测试其主要性能参数；写出详细设计报告。

Multisim 快捷键

Multisim 命令及其快捷键见附表 1－1。

附表 1－1　Multisim 命令及其快捷键

命令	快捷键
Edit	
90 Degrees Clockwise	Ctrl＋R
90 Degrees CounterCW	Ctrl＋Shift＋R
Cancel	Esc
Copy	Ctrl＋C
Cut	Ctrl＋X
Delete	Delete
Find	Ctrl＋F
Flip Horizontal	Alt＋X
Flip Vertical	Alt＋Y
Paste	Ctrl＋V
Redo	Ctrl＋Y
Select All	Ctrl＋A
Undo	Ctrl＋Z
Help	
Contents	F1
Place	
Arc	Ctrl＋Shift＋A
Bus	Ctrl＋U
Ellipse	Ctrl＋Shift＋E
HB/SC Connector	Ctrl＋I
Hierarchical Block from File...	Ctrl＋H
Junction	Ctrl＋J
Line	Ctrl＋Shift＋L

命令	快捷键
New Subcircuit	Ctrl+B
Place Component	Ctrl+W
Place Wire	Ctrl+Q
Polygon	Ctrl+Shift+G
Replace by Hierarchical Block	Ctrl+Shift+H
Replace by Subcircuit	Ctrl+Shift+B
Text	Ctrl+T
Simulation	
Pause	F6
Run	F5
Standard	
New File	Ctrl+N
Open File	Ctrl+O
Print	Ctrl+P
Save File	Ctrl+S
Tools	
File Information	Ctrl+Alt+I
View	
Circuit Description Box	Ctrl+D
Zoom Area	F10
Zoom Fit to Page	F7
Zoom In	F8
Zoom Out	F9
Zoom Selection	F12
Zoom To Magnification	F11

Multisim、PROTEUS 元器件中英文对照

Multisim 元器件名称及其详细说明见附表 2-1。

附表 2-1 Multisim 元器件名称及详细说明

元器件名称	说明
7407	驱动门
1N914	二极管
74LS00	与非门
74LS04	非门
74LS08	与门
74LS390TTL	双十进制计数器
7SEG4 针 BCD-LED	输出从 0~9 对应于 4 根线的 BCD 码
7SEG3-8 译码器电路	BCD-7SEG[size=+0]转换电路
ALTERNATOR	交流发电机
AMMETER-MILLI	mA 电流表
AND	与门
BATTERY	电池/电池组
BUS	总线
CAP	电容
CAPACITOR	电容器
CLOCK	时钟信号源
CRYSTAL	晶体振荡器
D-FLIPFLOP	D 触发器
FUSE	熔丝
GROUND	地
LAMP	灯
LED-RED	红色发光二极管
LM016L	2 行 16 列液晶，可显示 2 行 16 列英文字符，有 8 位数据总线 D0~D7，RS、R/W、EN 三个控制端口（共 14 线），工作电压为 5V。无背光，和常用的 1602B 功能和引脚一样（除了调背光的两个引脚）

续表

元器件名称	说明
LOGIC ANALYSER	逻辑分析器
LOGICPROBE	逻辑探针
LOGICPROBE[BIG]	逻辑探针，用来显示连接位置的逻辑状态
LOGICSTATE	逻辑状态，用鼠标点击，可改变该方框连接位置的逻辑状态
LOGICTOGGLE	逻辑触发
MASTERSWITCH	按钮，手动闭合，立即自动打开
MOTOR	发动机
OR	或门
POT-LIN	三引线可变电阻器
POWER	电源
RES	电阻
RESISTOR	电阻器
SWITCH	按钮，手动按一下一个状态
SWITCH-SPDT	二选通一按钮
VOLTMETER	伏特表
VOLTMETER-MILLI	毫伏表
VTERM	串行口终端
Electromechanical	发电机
Inductors	变压器
Laplace Primitives	拉普拉斯变换
Memory ICs	存储器
Microprocessor ICs	微控制器
Miscellaneous	各种器件
AERIAL	天线
ATA HDD	ATA 硬盘驱动器
ATMEGA64	基于增强的 AVR RISC 结构的低功耗 8 位 CMOS 微控制器
BATTERY	电池、蓄电池
CELL	电池
METER	仪表
Modelling Primitives	各种仿真器件，是典型的基本元器件模拟，不表示具体型号，只用于仿真，没有印制电路板

续表

元器件名称	说明
Optoelectronics	各种发光器件，如发光二极管等
PLDs and FPGAs	可编程逻辑器件和现场可编程门阵列
Resistors	各种电阻
Simulator Primitives	常用的器件
Speakers and Sounders	传声器、扬声器
Switches and Relays	开关、继电器、键盘
Switching Devices	闸流晶体管
Transistors	晶体管（场效应管）
TTL 74 Series	
TTL 74ALS Series	
TTL 74AS Series	
TTL 74F Series	
TTL 74HC Series	
TTL 74HCT Series	
TTL 74LS Series	
TTL 74S Series	
Analog ICs	模拟电路集成芯片
Capacitors	电容集合
CMOS 4000 Series	
Connectors	排座、接插件
Data Converters ADC，DAC	数/模、模/数库
Debugging Tools	调试工具
ECL 10000 Series	

PROTEUS 元器件库元器件名称及详细说明见附表 2-2。

附表 2-2　PROTEUS 元器件库元器件名称及详细说明

元器件名称	说明
AND	与门
ANTENNA	天线
BATTERY	直流电源
BELL	铃、钟
BVC	同轴电缆接插件

续表

元器件名称	说明
BRIDEG 1	整流桥(二极管)
BRIDEG 2	整流桥(集成块)
BUFFER	缓冲器
BUZZER	蜂鸣器
CAP	电容
CAPACITOR	电容器
CAPACITOR POL	有极性电容器
CAPVAR	可调电容器
CIRCUIT BREAKER	熔丝
COAX	同轴电缆
CON	插口
CRYSTAL	晶体振荡器
DB	并行插口
DIODE	二极管
DIODE SCHOTTKY	稳压二极管
DIODE VARACTOR	变容二极管
DPY _ 3-SEG	3 段 LED
DPY _ 7-SEG	7 段 LED
DPY _ 7-SEG _ DP	7 段 LED(带小数点)
ELECTRO	电解电容器
FUSE	熔断器
INDUCTOR	电感器
INDUCTOR IRON	带铁心电感器
INDUCTOR 3	可调电感器
JFET N	N 沟道场效应管
JFET P	P 沟道场效应管
LAMP	灯泡
LAMP NEDN	辉光启动器
LED	发光二极管
METER	仪表
MICROPHONE	传声器

元器件名称	说明
MOSFET	MOS 场效应管
MOTOR AC	交流电动机
MOTOR SERVO	伺服电动机
NAND	与非门
NOR	或非门
NOT	非门
NPN	NPN 晶体管
NPN-PHOTO	感光晶体管
OPAMP	运算放大器
OR	或门
PHOTO	感光二极管
PNP	晶体管
NPN DAR	NPN 晶体管
PNP DAR	PNP 晶体管
POT	滑动变阻器
PELAY-DPDT	双刀双掷继电器
RES 1.2	电阻
RES 3.4	可变电阻
RESISTOR BRIDGE	桥式电阻
RESPACK	电阻
SCR	闸流晶体管
PLUG	插头
PLUG AC FEMALE	三相交流插头
SOCKET	插座
SOURCE CURRENT	电流源
SOURCE VOLTAGE	电压源
SPEAKER	扬声器
SW	开关
SW-DPDY	双刀双掷开关
SW-SPST	单刀单掷开关
SW-PB	按钮
THERMISTOR	电热调节器
TRANS1	变压器

元器件名称	说明
TRANS2	可调变压器
TRIAC	三端双向闸流晶体管
TRIODE	晶体管
VARISTOR	变阻器
ZENER	稳压二极管
DPY _ 7-SEG _ DP	数码管
SW-PB	开关

PROTEUS 原理图元器件库及详细说明见附表 2-3。

附表 2-3 PROTEUS 原理图元器件库及详细说明

元器件库	说明
DEVICE. LIB	包括电阻、电容器、二极管、晶体管和印制电路板的连接器符号
ACTIVE. LIB	包括虚拟仪器和有源器件
DIODE. LIB	包括二极管和整流桥
DISPLAY. LIB	包括 LCD、LED
BIPOLAR. LIB	包括晶体管
FET. LIB	包括场效应管
ASIMMDLS. LIB	包括模拟元器件
VALVES. LIB	包括电子管
ANALOG. LIB	包括电源调节器、运算放大器和数据采样集成电路
CAPACITORS. LIB	包括电容器
COMS. LIB	包括 4000 系列
ECL. LIB	包括 ECL 10000 系列
MICRO. LIB	包括通用微处理器
OPAMP. LIB	包括运算放大器
RESISTORS. LIB	包括电阻
FAIRCHLD. LIB	包括 FAIRCHLD 半导体公司的分立器件
LINTEC. LIB	包括 LINTEC 公司的运算放大器
NATDAC. LIB	包括国家半导体公司的数字采样器件
NATOA. LIB	包括国家半导体公司的运算放大器
TECOOR. LIB	包括 TECOOR 公司的 SCR 和 TRIAC
TEXOAC. LIB	包括德州仪器公司的运算放大器和比较器
ZETEX. LIB	包括 ZETEX 公司的分立器件

Multisim 菜单栏

1. File

File 菜单中包含了对文件和项目的基本操作及打印等命令，见附表 3-1。

附表 3-1　File 菜单命令及其功能

命令	功能
New	建立新文件
Open	打开文件
Close	关闭当前文件
Save	保存
Save As	另存为
New Project	建立新项目
Open Project	打开项目
Save Project	保存当前项目
Close Project	关闭项目
Version Control	版本管理
Print Circuit	打印电路
Print Report	打印报表
Print Instrument	打印仪表
Recent Files	最近编辑过的文件
Recent Project	最近编辑过的项目
Exit	退出 Multisim

2. Edit

Edit 菜单提供了类似于图形编辑软件的基本编辑功能，用于对电路图进行编辑，见附表 3-2。

附表 3 - 2　**Edit 菜单命令及其功能**

命令	功能
Undo	撤销编辑
Cut	剪切
Copy	复制
Paste	粘贴
Delete	删除
Select All	全选
Flip Horizontal	将所选的元器件左右翻转
Flip Vertical	将所选的元器件上下翻转
90 Clockwise	将所选的元器件顺时针 90°旋转
90 CounterCW	将所选的元器件逆时针 90°旋转
Component Properties	元器件属性

3. View

通过 View 菜单可以决定使用软件时的视图，对一些工具栏和窗口进行控制，见附表 3 - 3。

附表 3 - 3　**View 菜单命令及其功能**

命令	功能
Toolbars	显示工具栏
Component Bars	显示元器件栏
Status Bars	显示状态栏
Show Simulation Error Log/Audit Trail	显示仿真错误记录信息窗口
Show XSpice Command Line Interface	显示 XSpice 命令窗口
Show Grapher	显示波形窗口
Show Simulate Switch	显示仿真开关
Show Grid	显示栅格
Show Page Bounds	显示页边界
Show Title Block and Border	显示标题栏和图框
Zoom In	放大显示
Zoom Out	缩小显示
Find	查找

4. Place

通过 Place 菜单命令输入电路图，具体命令及其功能见附表 3 - 4。

附表 3 - 4　**Place 菜单命令及其功能**

命令	功能
Place Component	放置元器件
Place Junction	放置连接点
Place Bus	放置总线
Place Input/Output	放置输入/输出接口
Place Hierarchical Block	放置层次模块
Place Text	放置文字
Place Text Description Box	打开电路图描述窗口，编辑电路图描述文字
Replace Component	重新选择元器件替代当前选中的元器件
Place as Subcircuit	放置子电路
Replace by Subcircuit	重新选择子电路替代当前选中的子电路

5. Simulate

通过 Simulate 菜单执行仿真分析命令，具体命令及其功能见附表 3 - 5。

附表 3 - 5　**Simulate 菜单命令及其功能**

命令	功能
Run	执行仿真
Pause	暂停仿真
Default Instrument Settings	设置仪表的预置值
Digital Simulation Settings	设定数字仿真参数
Instruments	选用仪表(也可通过工具栏选择)
Analyses	选用各项分析功能
Postprocess	启用后处理
VHDL Simulation	进行 VHDL 仿真
Auto Fault Option	自动设置故障选项
Global Component Tolerances	设置所有器件的误差

6. Transfer

Transfer 菜单提供的命令可以完成 Multisim 对其他 EDA 软件需要的文件格式的输出，具体命令及其功能见附表 3 - 6。

附表 3－6　Transfer 菜单命令及其功能

命令	功能
Transfer to Ultiboard	将所设计的电路图转换为 Ultiboard（Multisim 中的电路板设计软件）的文件格式
Transfer to other PCB Layout	将所设计的电路图转换为其他电路板设计软件所支持的文件格式
Backannotate From Ultiboard	将在 Ultiboard 中所做的修改标记到正在编辑的电路中
Export Simulation Results to MathCAD	将仿真结果输出到 MathCAD
Export Simulation Results to Excel	将仿真结果输出到 Excel
Export Netlist	输出电路网表文件

7. Tools

Tools 菜单主要针对元器件进行编辑与管理，具体命令及其功能见附表 3－7。

附表 3－7　Tools 菜单命令及其功能

命令	功能
Create Components	新建元器件
Edit Components	编辑元器件
Copy Components	复制元器件
Delete Component	删除元器件
Database Management	启动元器件数据库管理器，进行数据库的编辑管理工作
Update Component	更新元器件

8. Options

通过 Option 菜单可以对软件的运行环境进行定制和设置，具体命令及其功能见附表 3－8。

附表 3－8　Options 菜单命令及其功能

命令	功能
Preference	设置操作环境
Modify Title Block	编辑标题栏
Simplified Version	设置简化版本
Global Restrictions	设定软件整体环境参数
Circuit Restrictions	设定编辑电路的环境参数

9. Help

Help 菜单提供了对 Multisim 的在线帮助和辅助说明，具体命令及其功能见附表 3 - 9。

附表 3 - 9　Help 菜单命令及其功能

命令	功能
Multisim Help	Multisim 的在线帮助
Multisim Reference	Multisim 的参考文献
Release Note	Multisim 的发行申明
About Multisim	Multisim 的版本说明

参 考 文 献

[1] 赵翱东. 数字电子技术[M]. 北京：化学工业出版社，2009.

[2] 王国明. 常用电子元器件检测与应用[M]. 北京：机械工业出版社，2011.

[3] 孟贵华. 电子技术工艺基础[M]. 6版. 北京：电子工业出版社，2012.

[4] 李新成. 电子技术实验[M]. 北京：中国电力出版社，2012.

[5] 代伟. 电工电子实验技术[M]. 北京：科学出版社，2012.

[6] 宋学瑞. 电工电子实习教程[M]. 长沙：中南大学出版社，2009.

[7] 夏西泉，刘良华. 电子工艺与技能实训教程[M]. 北京：机械工业出版社，2011.

[8] 周南权. 电子技能及项目训练[M]. 北京：化学工业出版社，2013.

[9] 张大彪. 电子技能与实训[M]. 2版. 北京：电子工业出版社，2007.

[10] 胡斌. 图表细说元器件及实用电路[M]. 北京：电子工业出版社，2005.

[11] 刁宇清. 基于PROTEUS的单片机仿真实验系统研究及应用[D]. 西安：西安工业大学，2011.

[12] 刘伟. PROTEUS在电子实验教学中的应用研究[D]. 济南：山东师范大学，2008.

[13] 黄智伟. 基于NI Multisim的电子电路计算机仿真设计与分析[M]. 修订版. 北京：电子工业出版社，2011.

[14] 沈任元，吴勇. 模拟电子技术基础[M]. 2版. 北京：机械工业出版社，2009.

北京大学出版社高职高专电子信息系列规划教材

序号	书号	书名	编著者	定价	出版日期
		电子信息类			
1	978-7-301-12384-3	电路分析基础	徐 锋	22.00	2010.3 第 2 次印刷
2	978-7-301-19639-7	电路分析基础(第 2 版)	张丽萍	25.00	2012.9
3	978-7-301-11566-4	电路分析与仿真教程与实训	刘辉珞	20.00	2007.2
4	978-7-301-19310-5	PCB 板的设计与制作	夏淑丽	33.00	2011.8
5	978-7-301-21147-2	Protel 99 SE 印制电路板设计案例教程	王 静	35.00	2012.8
6	978-7-301-18520-9	电子线路分析与应用	梁玉国	34.00	2011.7
7	978-7-301-12387-4	电子线路 CAD	殷庆纵	28.00	2012.7 第 4 次印刷
8	978-7-301-12390-4	电力电子技术	梁南丁	29.00	2010.7 第 2 次印刷
9	978-7-301-17730-3	电力电子技术	崔 红	23.00	2010.9
10	978-7-301-12182-5	电工电子技术	李艳新	29.00	2007.8
11	978-7-301-19525-3	电工电子技术	倪 涛	38.00	2011.9
12	978-7-301-18519-3	电工技术应用	孙建领	26.00	2011.3
13	978-7-301-22546-2	电工技能实训教程	韩亚军	22.00	2013.6
14	978-7-301-22923-1	电工技术项目教程	徐超明	38.00	2013.8
15	978-7-301-12392-8	电工与电子技术基础	卢菊洪	28.00	2007.9
16	978-7-301-17569-9	电工电子技术项目教程	杨德明	32.00	2012.4 第 2 次印刷
17	978-7-301-19953-4	电子技术项目教程	徐超明	38.00	2012.1
18	978-7-301-17712-9	电子技术应用项目式教程	王志伟	32.00	2012.7 第 2 次印刷
19	978-7-301-22959-0	电子焊接技术实训教程	梅琼珍	24.00	2013.8
20	978-7-301-12173-3	模拟电子技术	张 琳	26.00	2007.8
21	978-7-301-17696-2	模拟电子技术	蒋 然	35.00	2010.8
22	978-7-301-13572-3	模拟电子技术及应用	刁修睦	28.00	2012.8 第 3 次印刷
23	978-7-301-12391-1	数字电子技术	房永刚	24.00	2009.7
24	978-7-301-18144-7	数字电子技术项目教程	冯泽虎	28.00	2011.1
25	978-7-301-13575-4	数字电子技术及应用	何首贤	28.00	2008.6
26	978-7-301-19153-8	数字电子技术与应用	宋雪臣	33.00	2011.9
27	978-7-301-20009-4	数字逻辑与微机原理	宋振辉	49.00	2012.1
28	978-7-301-12386-7	高频电子线路	李福勤	20.00	2013.8 第 3 次印刷
29	978-7-301-20706-2	高频电子技术	朱小祥	32.00	2012.6
30	978-7-301-18322-9	电子 EDA 技术(Multisim)	刘训非	30.00	2012.7 第 2 次印刷
31	978-7-301-14453-4	EDA 技术与 VHDL	宋振辉	28.00	2013.8 第 2 次印刷
32	978-7-301-22362-8	电子产品组装与调试实训教程	何 杰	28.00	2013.6
33	978-7-301-19326-6	综合电子设计与实践	钱卫钧	25.00	2013.8 第 2 次印刷
34	978-7-301-17877-5	电子信息专业英语	高金玉	26.00	2011.11 第 2 次印刷
35	978-7-301-23895-0	电子电路工程训练与设计、仿真	孙晓艳	39.00	2014.3

相关教学资源如电子课件、电子教材、习题答案等可以登录 www.pup6.cn 下载或在线阅读。

　　扑六知识网(www.pup6.com)有海量的相关教学资源和电子教材供阅读及下载(包括北京大学出版社第六事业部的相关资源),同时欢迎您将教学课件、视频、教案、素材、习题、试卷、辅导材料、课改成果、设计作品、论文等教学资源上传到 pup6.com,与全国高校师生分享您的教学成就与经验,并可自由设定价格,知识也能创造财富。具体情况请登录网站查询。

　　如您需要免费纸质样书用于教学,欢迎登录第六事业部门户网(www.pup6.com.cn)填表申请,并欢迎在线登记选题以到北京大学出版社来出版您的大作,也可下载相关表格填写后发到我们的邮箱,我们将及时与您取得联系并做好全方位的服务。

　　扑六知识网将打造成全国最大的教育资源共享平台,欢迎您的加入——让知识有价值,让教学无界限,让学习更轻松。

联系方式:010-62750667,xc96181@163.com,linzhangbo@126.com,欢迎来电来信。